JN016713

ネスペ R1
れいわいち

左門至峰・平田賀一 著

技術評論社

本書で扱っている過去問題は，令和元年度ネットワークスペシャリスト試験の午後Ⅰ・午後Ⅱのみです。午前試験は扱っていません。

本書に掲載されている会社名，製品名などは，それぞれ各社の商標，登録商標で，商品名です。なお，本文中にTMマーク，®マークは明記しておりません。

はじめに

　本書は，ネットワークスペシャリストを目指す皆さんが，試験に合格されることを願って書いた本です。

　これまでのこの「ネスペ」シリーズは「剣」「道」「魂」「知」などの漢字一文字をテーマとしてタイトルに入れていました。新しい「令和」の時代になり，今年は東京オリンピックも開催されます（楽しみです！）。ネットワークの技術では，今までの100倍の速度も可能ともいわれる5Gサービスも始まります。5GのGはgeneration（世代）です。2020年，まさに新しい時代がはじまるかのような新鮮さもあります。そういう新しい時代に合わせ，（若干ではありますが）タイトルも付け直そうと考えました。編集者と相談し，今回『ネスペR1』としました。また，サブタイトルには「本物のネットワークスペシャリストになるための」と付けました。それは，本書は，「最も詳しい」過去問解説であるだけでなく，「本物のネットワークスペシャリスト」になってもらうことを意識して書いた本だからです。

　資格だけ持っていて，業務がまったくできないネットワークスペシャリストでは意味がありません。プロ中のプロ，「さすがネットワークスペシャリストは違うなあ」「彼（彼女）は本物だ！」といわれるような知識・経験を身に付けられるような本を目指しました。この「ネスペ」シリーズは毎年のことですが，わずか1年分の，しかも午後解説しか記載していません。ですが，単に正解を解説しているだけでなく，実務での実情や，実際の設定も紹介しています。また，各技術の裏側にある本質的なところも，なるべく丁寧に解説しました。

　これまで書籍やセミナーでも何度もお伝えしていますが，ネットワークスペシャリストに合格するための勉強方法は，基礎を学習し過去問を解くことです。この二つの勉強を，愚直に，真剣に取り組んだ方が合格しているのです。

　基礎の学習に関しては，拙書の『ネスペ教科書　改訂第2版』（星雲社）や『ネスペの基礎力』，そして過去問解説は本書を含む「ネスペ」シリーズを活用し，ぜひとも合格を勝ち取っていただきたいと思います。

　皆さまがネットワークスペシャリスト試験に合格されることを，心からお祈り申し上げます。

2020年2月　　左門 至峰

もくじ

nespeR1

第1章

本書の使い方／
過去問を解くための
基礎知識

1.1 本書の使い方と合格体験記

1.2 ARP および
ARPスプーフィングについて

1.3 DNS の仕組み

本書の使い方と合格体験記

1 合格へは3ステップで学習を

　ネットワークスペシャリスト試験は，合格率がわずか15％前後という超難関試験です。そんな試験に合格するためには，やみくもに勉強を始めるのではなく，以下に示すような3ステップで行っていくとよいでしょう。まず，受験するまでの大まかな計画を立てます。計画を立てたのち，本格的な勉強に入ります。そして，ネットワークについての基礎知識をしっかりと押さえたのち，過去問題（以下「過去問」と略す）の学習を行います。

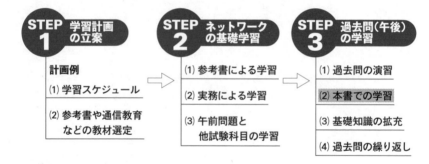

STEP 1　学習計画の立案

　学習計画を立てるときは，情報収集が大事です。まず，合格に向けた青写真を描けなければいけません。「こうやったら受かる」という青写真があるから，学習計画が立てられるのです。また，仕事やプライベートも忙しい皆さんでしょうから，どうやって時間を捻出するかも考えなければいけません。
　計画は，ネットワークスペシャリスト試験だけのものとは限りません。ドットコムマスターやCCNAなどのネットワーク関連の試験を受けることもあるでしょう。どのような仕事に携わってどのような知識を得られるのかや，学

生であれば学校の講義内容なども意識しましょう。ネットワークスペシャリスト試験の勉強方法は，過去問を解いたりテキストを読むことだけではありません。日々の業務も大事ですし，自分のPCでメールの設定を確認したり，オンラインバンキングの証明書の中身を見ることも，この試験の勉強につながるのです。

　計画というのは，あくまでも予定です。計画どおりいかないことのほうが多いでしょう。ですから，あまり厳密に立てる必要はありません。しかし，「これなら受かる！」と思える学習スケジュールを立てないと，長続きしません。もし，日常業務が忙しくて，合格できると思えるスケジュール立案が難しければ，受ける試験を変えたり，翌年に延期するなど，冷静な判断が必要かもしれません。

　この試験に合格するまでの学習期間は，比較的長くなるでしょう。ですから，合格に向けてモチベーションを高めることも大事です。誰かにモチベーションを高めてもらうことは期待できません。自分で自分自身をencourage

する（励ます）のです。拙書『資格は力』（技術評論社）では，資格の意義や合格のコツ，勉強方法，合格のための考え方などをまとめています。勉強を始める前に，ぜひご一読いただければと思います。

■資格の意義や合格のコツ，勉強方法，合格のための考え方などを
まとめた『資格は力』

　また，P.10からは令和元年のネットワークスペシャリスト試験に見事合格された5人の方の合格体験談も掲載しています。皆さんの学習計画の立案に役立ててください。

STEP 2 ネットワークの基礎学習

　次はネットワークの基礎学習です。いきなり過去問を解くという勉強方法もあります。ですが，基礎固めをせずに過去問を解いても，その答えを不必要に覚えてしまうだけで，あまり得策とはいえません。まずは，市販の参考書を読んで，ネットワークに関する基礎を学習しましょう。

参考書選びは結構大事です。なぜなら相性があるからです。書店に行っていろいろ見比べて，自分にあった本を選んでください。私からのアドバイスは，あまり分厚い本を選ばないことです。基礎固めの段階では，浅くてもいいので，この試験の範囲の知識を一通り学習することです。分厚い本だと，途中で挫折する可能性があります。気持ちが折れてしまうと，勉強は続きません。

　これまた拙書で恐縮ですが，『ネスペ教科書 改訂第2版』（星雲社）は，ネットワークスペシャリスト試験を最も研究した私が，試験に出るところだけを厳選してまとめた本です。ページ数も316ページと，手頃なものにしています。理解を助ける図やイラストも多用していますので，まずはこの本で学習していただくのもいいかと思います。

■『ネスペ教科書』は試験に出るところだけを厳選

　私が書いた基礎固めの本としては，『ネスペの基礎力』（技術評論社）もあります。合格者にいただいたアンケート結果を見ると，この本を推奨してくださる方がたくさんいます。こちらは，タイトルに「プラス20点の午後対策」と入れているように，ある程度基礎を理解した人向けの本です。なので，いきなり読む本というより，他の本で基礎固めしてから読んでいただくことを意識しています。

　この本では，基礎知識の解説中に143個の質問を皆さんに投げかけています。この投げかけた質問の答えはすぐに見るのではなく，自らしっかりと考えて答えてください。そうすることで，わかったつもりになっていた知識，あいまいだった知識に対して，新たな気づきがあると思います。

■『ネスペの基礎力』はある程度基礎を理解した人向け

STEP 3 過去問（午後）の学習

　網羅的に基礎知識が身に付いたら，過去問を学習しましょう。合格するには過去問を何度も繰り返し解くことが大事です。

　私はかねてから，**過去問演習は4年分を3回繰り返してください**とお伝えしています。このとき，問題文を一言一句まで理解してください。なぜなら，この試験は，問題文にちりばめられたヒントを用いて正答を導くように作られているからです。単に，設問だけを読んでも正解はできません。それに，問題文に書かれたネットワークに関する記述が，ネットワークの基礎知識の学習につながるからです。

　ここで役立つのが本書です。本書の過去問解説は，1年分しかありません。しかも，午前解説はなく，午後問題の解説だけです。その分，問題文の解説や，設問における答えの導き方，答案の書き方までを丁寧に解説しました。

　また，女性キャラクター（剣持成子といいます）が，解説の中でいくつかの疑問を投げかけます。ぜひ皆さんも，彼女の疑問に対して，自分が先生になったつもりで解説を考えてください。

　そして，過去問解説の終わりには，令和元年度試験に合格された方の復元答案を記載しています。試験当日のお疲れなところですが，記憶が新しいうちに高い精度で復元してもらった答案ばかりです。IPAから発表される解答例そのままを答えることは不可能です。ですが，違う表現で答えても多くの方が点をもらって合格されています。合格者がどのような答案を書いているかも参考にしてください。

　STEP3（3）では，「基礎知識の拡充」と書きました。これは，STEP2で広く浅く勉強した知識の深堀りをすることです。過去問を解きながら，ときに実機で設定してみたり，ネットで調べたりしながら知識を深めてください。本書でも，今回の過去問で登場した技術の知識に関して，問題文をベースに整理しています。今回はARPおよびDNSの二つを深く解説しました。この解説を参考に，他の技術に関しても自分なりに理解を深めてもらいたいと思います。

　最後に，第4章の一問一答300問についてです。平成30年度試験を解説

した『ネスペ30』ではタイトルに「知」と付けました。これは、『ネスペ30』の「はじめに」にも書きましたが、知識が備わっていないと解けない問題が増えたように感じたからです。その傾向は令和元年度の試験でも感じました。専門的な用語はそれほど多くないのですが、基本的な知識が「穴埋め」形式で問われる場合が少なくありません。合格ラインの6割を突破するために、確実に点を積み上げてもらう手段として、一問一答を用意しました。

この問題は、知識の確認として、何度も繰り返していただきたいです。過去問を徹底的に研究した私が厳選し、出るところを中心にまとめた問題です。過去問を見ると、まったく同じキーワードが問われることもあります。ここに掲載した問題は、9割以上、できれば全問正解できるようにしてください。きっと本試験で役に立つはずです。

2 合格体験記

ネットワークスペシャリストの試験範囲はとてつもなく広く、そして難しい内容が含まれます。ネットワークの業務に就いている人でもそのすべてに精通している人はほぼいないでしょうし、すべての分野で実機を触ったことがある人はいないと思います。

令和元年度の試験に合格された皆さんは、どのように勉強を行ったのでしょうか。復元解答を提供してくださった5人の方に合格体験記を寄せていただきました。

皆さん、ありがとうございます。

そーださん

【職種】製造業の社内SE（30代）保有資格は、SC，SM
【何回目の受験で合格か】1回目
【午後のスコア】午前Ⅰ：免除　午前Ⅱ：88点

午後Ⅰ：82点　午後Ⅱ：78点

■受験の動機

　社内のネットワーク管理を任されており，今後のキャリアも考え，客観的にスキルを証明できるものがあった方がいいと考えたからです。

■勉強法や役に立った教材

　教科書は購入せず，過去問を解く→「ネスペ」シリーズの解説を読む，を繰り返しました。過去問は6年分を2〜3回解いています。

　苦手なところ，深い理解が必要なところはインターネットや専門書籍で調べて，ノートにまとめました。最終的にはノート一冊使い切るくらいのボリュームに。この，自分でまとめたノートが役に立ちました。

　教材としては，「ネスペ」シリーズのほか，『ポケットスタディ ネットワークスペシャリスト』（秀和システム Kindle 版）を使用。ネスペ塾にも参加しました。

■本試験での問題選択と合格への振り返り

・午後Ⅰ：問2，問3

　問2が得意分野だったのでまず選択，問3は簡単そうに見えたので次に選択しましたが，意外と苦戦しました。

・午後Ⅱ：問2

　音声系が苦手ということもあり，消去法で問2を選択。問2はSC試験の内容に近かったのでかなり助かりました。

　　　　　　（※そーださんの復元解答は，午後Ⅰ問2，問3，午後Ⅱ問2で掲載）

　これまで受けた他区分の試験は国語力で乗り切れましたが，ネットワークスペシャリスト試験は技術の本質的な理解が求められると感じました。合格できたのは，パケット構造，通信フロー，シーケンスをしっかり理解することを心掛けたのが良かったのだと思います。

otbc さん

【職種】事務系公務員（31歳）
【何回目の受験で合格か】1回目
【午後のスコア】午前Ⅰ：81.6点　午前Ⅱ：80点
　　　　　　　　午後Ⅰ：63点　　午後Ⅱ：73点

■ 受験の動機

　職場でお会いしたSEさんの名刺の肩書に資格名が記載されており，魅力的に見えたからです。実際そのSEさんは優秀な方でしたので，それも相まって。

■ 勉強法や役に立った教材

　書籍やWebサイトから基礎知識を一通り学習し，過去問に取りかかりました（過去問演習は4年分を3回以上実施）。得意な分野であっても，過去問の問われ方によってはまったく歯が立たないものがあり，苦手な分野とともに重点的に掘り下げました。「ネスペ」シリーズは本当に重宝しました。他，以下の参考書やWebサイトが役に立ちました。

『情報処理教科書　ネットワークスペシャリスト2019年版』（翔泳社）

『パケットキャプチャの教科書』（SBクリエイティブ）

「ネットワークスペシャリストドットコム」（https://www.nw-siken.com/）

　　※午前Ⅱ試験対策として

　　「ネットワークエンジニアとして」（https://www.infraexpert.com/）

■ 本試験での問題選択と合格への振り返り

・午後Ⅰ：問1，問2　・午後Ⅱ：問1

　問題に目を通してみて，空欄を埋める設問が多く解けるほうを選びました。また，一見難しそうな設問でも問題文から答えを導けそうなものを選びました。

　　　　　　　　　（※otbcさんの復元解答は，午後Ⅰ問2，午後Ⅱ問1で掲載）

　合格できたのは，業務で少し経験していた設問が出題されたこともありますが，苦手な分野を少なくするために繰り返し過去問を問いて理解に努めたことが良かったのだと思います。

まさやすさん

【職種】SE（40代）　保有資格は，初級シスアド，CompTia Network,Security,Server
【何回目の受験で合格か】5回目
【午後のスコア】午前Ⅰ：免除　　午前Ⅱ：76点
　　　　　　　　午後Ⅰ：74点　　午後Ⅱ：61点

■ 受験の動機

　ネットワークの勉強がしたく，どうせ取るなら最上位資格が欲しかったため。

■ 勉強法や役に立った教材

　今回の勉強は午前Ⅱは10年分をすべて解けるように，通勤中スマホで実施しました。午後は過去問5年分を3回実施し，セミナーを受講しました。

　基本は参考書を読む一人での学習です。セミナーに参加したときは効率よく勉強できたと思います。

■ 本試験での問題選択と合格への振り返り

・午後Ⅰ：問1，問2　　・午後Ⅱ：問1

　　　　　　　（※まさやすさんの復元解答は，午後Ⅰ問1，午後Ⅱ問1で掲載）

　昨年の試験結果が午後Ⅱで59点でした。そのときと勉強内容を比較すると，出題範囲を満遍なくこなしたことが合格できた理由だと思います。また，選択した問題での運もあるかもしれません。

H1rak さん

【職種】地方公務員（30代後半）保有資格は，SC，日商簿記検定1級
【何回目の受験で合格か】7回目くらい（初回は15年前）
【午後のスコア】午前Ⅰ：免除　午前Ⅱ：80点
　　　　　　　　午後Ⅰ：73点　午後Ⅱ：63点

■ 受験の動機

・午後問対策で文書をしっかり読むための力がつき，仕事に役立つため。

- 情報処理資格は，今後職場で生き残るために取得しておくと有利かと考えている。
- 昔，大学でセキュリティ分野を学んでいたこと。

■ 勉強法や役に立った教材

　まず，『徹底攻略ネットワークスペシャリスト教科書』を一巡し，範囲全体の復習をしました（午後問のページは飛ばしました）。

　あとは，ノート作り，過去問を並行してやっていきました。ノート作りでは『ネスペの基礎力』の1項目を2〜4ページにまとめていき，手薄な部分を調べながら補強したり，プラスαを加筆するなどし，あわせて過去問を解いた日付・点数・反省点なども記録していました。最終的には，60枚ノートが8割程埋まったものになりました。（午後試験の前は，このノートを見直していました）

　過去問演習は，午後の5年分を2回程度行いました。直前1カ月に1日1〜2問程度（休日は多め）のペースで解いていました。午後Ⅱは「どうやって解いたか」をすぐ忘れてしまうので，日を空けずに解説を読むように心がけました。

　9月下旬には，左門先生の直前セミナーに参加しました。周りの受講者が，質問にスラスラと答えているのを見て危機感を覚え，勉強のモチベーションが上がりました。

　教材は，以下のものが役立ちました。
- 『徹底攻略　ネットワークスペシャリスト教科書』（インプレス）

　午前Ⅱ〜午後の範囲をバランス良く載せているため，最初に一読しました。あとでこの本に戻ってくることも多く，文字どおり「教科書」として重宝しました。
- 「ネスペ」シリーズ（特に『ネスペの基礎力』）

　今回の合格は，「とにかくこの本の内容だけは，しっかり押さえよう！」と，勉強の軸を『ネスペの基礎力』に据えたことが一番だと思っています。ただ，このシリーズで「出題の可能性は低い」と明記している部分は試験委員が意識している予感がするので，スルーしないほうがよいかも，と思います（H24年のIPv6や，今年の「コンテンツサーバ」とか…）。
- 『インフラ／ネットワークエンジニアのためのネットワーク技術＆設計』

（SBクリエイティブ）

- 『マスタリングTCP/IP（情報セキュリティ編）』（オーム社）
- 『情報処理教科書　ネットワークスペシャリスト』（翔泳社）

電子証明書やSSL周り，VPNなど，ネスペシリーズを進める中でいまいち理解できなかったものや，知識の幅を少し広げたいものが出たときに，この3冊を辞書代わりに使いました。特にSSLは参考書によって図や手順の記載が大きく異なっていたので，数冊読むことでやっと納得のいく理解ができました。

- 『日経NETWORK』（日経BP社）

H24年のTRILL，H25年のSDN，H28年のメールサーバ，H30年のMQTT等，定番・最新技術問わず，4〜6月号ネタからの出題が多いと感じていたことから，4・5・6月号に軽く目を通しました。これが出そうだ！ と考えながら読むと，少しテンションが上がります。

■本試験での問題選択と合格への振り返り

消去法で選びました。

- 午後Ⅰ：問1，問3

問2は，P.8上半分が「HTTP」の文字だらけで一見して目眩がした（笑）のと，DNS設定の問題が苦手だったので，外しました。

- 午後Ⅱ：問2

VoIPは他の分野よりも手厚く対策していて，直前の休憩時間も「出るかも！」とノートにがっつり目を通していたのですが…。問1を軽く読んだ段階で「今の自分が挑むのは危ない」と感じ，外しました。

（※H1rakさんの復元解答は，午後Ⅰ問1，問3で掲載）

合格できたのは，勉強面では，以下がポイントだったと思います。

- 学習の軸を決めて，ぶれずにやりきったこと。
- ノートを作り，不安な部分はきちんと知識の補強を行っていったこと。
- ゆとりのある計画を作ったこと。
- 朝，一時間早く起きて勉強したこと。

試験では，答案に空白は作らず，とにかく最後まで考えて，それっぽいもので埋めたことが良かったと思います。

杉山瑛美さん

【職種】研究職（25歳）保有資格は，ITパスポート，基本・応用情報技術者，
　　　　データベーススペシャリスト，米国技術士(PE)等
【何回目の受験で合格か】1回目
【午後のスコア】午前Ⅰ：免除　午前Ⅱ：84点
　　　　　　　　午後Ⅰ：81点　午後Ⅱ：72点

■受験の動機

　時間がある今のうちに情報処理技術者試験シリーズを多く合格し基礎を固めたい（＋報奨金）。

■勉強法や役に立った教材

　最初に『マスタリングTCP/IP 入門編』（オーム社）と『情報処理教科書 ネットワークスペシャリスト 2018年版』（翔泳社）を一通り読んだのですが，なかなか頭に入ってきませんでした。その後『ネスペの基礎力』に出会い，どんどんわかるようになって，8月に左門先生のネスペ対策セミナーを受講してさらに理解が進みました。

　それ以降本格的に過去問演習を行い，結果的に午後4年分を約1回ずつ解きました。午前の過去問は試験前々日に初めて見て全然解けず焦りましたが，本番では2日間で詰め込んだ内容が多く出題されたのでラッキーでした。

　過去問を解く中で出た不明点や気づきはノートにまとめ，必ず自分で納得できる状態まで達してから次の問題に進むようにしました。この作業に思いのほか時間がかかり，過去問はほぼ1周しかできませんでした。ただし『ネスペの基礎力』は3周しました。

　ノートにまとめる際は，きれいさよりも自分の言葉，自分の切り口で整理することを心掛け，さまざまな書籍やWebサイトから得た情報をメモしたり，コピーして貼りました（英語の論文を貼り付けたことも）。今見返してみると，初期は知らないことが多いので『ネスペの基礎力』の内容が自分なりにまとめ直してあるレベルで，理解が進んできた後半部はもう少し幅広いソースの情報を切り貼りしてまとめていました。

　参考までに，たとえば以下のようなことを整理しました。

- パケット図鑑（Ethernet, PPP, PPPoE, IP, ICMP, TCP, UDP etc）
- SSL/TLSの細かいフロー（Change Cipher Spec等まで。翔泳社の本を参考にしつつ）
- さまざまなロードバランサのまとめ（L4, L7など，ネット情報も参考にしつつ）
- IKEの細かいフロー（ネット情報も参考に，ノート1ページを使って）
- STPとVRRPの整理（ルートブリッジ・マスタルータの選択方法の違い，レイヤの違い）
- HTTPのステータス番号一覧（ネットから印刷して貼り付け）
- ICMPのタイプ/コード番号一覧（ネットから印刷して貼り付け）
- 2種類あるループバックアドレスの整理
- IEEE802.1X, EAP, EAP-TLS, PEAP, RADIUS, CHAP, PAPの関係図
- パスワードが平文で流れるプロトコル一覧

など。

　教材では『ネスペの基礎力』，これを最初に読むべきでした。これが理解できていればそのほかの定番本（『マスタリングTCP/IP 入門編』や『情報処理教科書 ネットワークスペシャリスト2018年版』）もすんなり頭に入ってきます。また「ネスペ」シリーズも大変役立ちました。

■本試験での問題選択と合格への振り返り

・午後Ⅰ：問2，問3

　問1の図のゲジゲジ線を見て難しそうに感じたので消去法で選択。

・午後Ⅱ：問2

　FWルールやTCPコネクションについて問われており解きやすそうに感じました。

　　　　　　　　　　（※杉山さんの復元解答は，午後Ⅱ問2で掲載）

　ちゃんと理解しながら進むことや，パケット構造を常に頭に浮かべることが合格できた理由だと思います。

ここからは，5人の方にお答えいただいたアンケートをまとめました。合格に必要な考え方やモチベーションの保ち方など，いろいろ参考にしてください。

Q.1 これはやってはいけない勉強のやり方は？

- 分厚い教科書を最初から読んでいく。（そーださん）
- 参考書をケチること。時間を計らずに過去問を解くこと。答え合わせに終始して，解説を流して読むこと。（otbcさん）
- 答えを覚えてしまうような勉強方法。（まさやすさん）
- 午後Ⅱの過去問に取り組まない，または解きっぱなしにすること。あれこれ参考書に手を出して，どれも中途半端にすること。基礎知識の部分で，理解に不安を感じたまま放置すること。（H1rakさん）
- 答えを見て理解した気になること。（杉山さん）

Q.2 モチベーションを上げたり維持するために工夫したことは何ですか？

- ネスペ塾1と2に参加しました。先生の生講義やアドバイスが大きな励みになりました。（そーださん）
- 過去問を解いた日と点数を記録して，自分がこれまでどれだけやってきたか，いつでも見られるようにしていた。（otbcさん）
- 特にありませんが，毎週日曜日は絶対に勉強しない（家族との時間を優先する）勉強計画を立てたことくらい。（まさやすさん）
- 自分で出題予想をする。セミナーに参加する。（H1rakさん）
- "この資格がとれたら一生履歴書に書ける！"と自分に言い聞かせること。語学系の試験は有効期限付きが多いが，情報処理技術者試験の場合合格すれば一生有効（もちろん知識維持努力は必要だが）なので本当にお得。（杉山さん）

Q.3 合格に最も大切なのはズバリ何でしょう？

- 自己採点よりかなり高い点数でしたので，甘めの採点なのでは？と思いました。なので，諦めずに最後まで解答欄をしっかり埋めることが大切かと思いました。（そーださん）
- 自信を持ってやった，と言えるだけの勉強量。（otbcさん）
- 絶対合格してやるという気持ち。（まさやすさん）
- 自分がどこまでやれば合格に手が届くかを考え，「とにかくこれだけはやっておく」という目標を作り，達成すること。（私の場合は「『ネスペの基礎力』をベースにしたノートを作る」でした）（H1rakさん）
- 粘り強さ。自分が納得いくまで問題や参考書と向き合う根気が大事。（杉山さん）

Q.4 資格を取って一番得るものは何？

- 心の拠りどころ所が一つできて良かったです。（そーださん）
- 経歴に資格名が載ること。（otbcさん）
- 合格に勝る優越感はありません！（まさやすさん）
- 解放感（受験回数が多くなってしまったので…）（H1rakさん）
- 自信。これにつきる。（杉山さん）

Q.5 最後に一言お願いします

- 試験日と子供の運動会がバッティングし，どちらを選択するか迷ったのですが，試験を選択して良かったです（そーださん）。
- 「為せば成る　為さねば成らぬ　何事も　成らぬは人の為さぬなりけり」（上杉鷹山）左門先生の書籍やブログに励まされ，自分を信じてついに一発合格を成し遂げられました。（otbcさん）
- 絶対にやれば取れる試験と思って諦めないことが大切だと思います。（ま

さやすさん）

- 今回，台風の対応で，受験できるかどうかが前日までわからず，勉強時間が取れる・受験できること自体が十分恵まれていることだと身に染みました。運よく受験でき，合格もできた経験を糧に，今後も精進を続けたいです。（H1rak さん）

- 人生，いろいろと思い通りに行かないことも多いですが，勉強は私たちを裏切りません！ 努力は必ず報われるので，一緒に合格に向かって頑張りましょう^^（杉山さん）

1.2 ARP および ARP スプーフィングについて

午後Ⅰ問3では，ARPおよびARPスプーフィングに関する詳細な内容が問われました。第2章の午後Ⅰ問3の過去問解説を読む前に，まずは復習も兼ねて知識を確認してください。

ここでは，午後Ⅰ問3の問題文を活用して解説します。「問題文」と記載があった場合は，この過去問の問題文だと判断してください。

1 ARP とは

ARP（Address Resolution Protocol：アドレス解決プロトコル）とは，IPアドレスからMAC（Media Access Control）アドレスを取得するプロトコルです。

以下の図を見てください。PC1が192.168.1.2のIPアドレスを持つPCと通信しようとします。その際，PC1は，192.168.1.2のPCのMACアドレスを調べる必要があります。そのために，ブロードキャストでARP要求（ARP Request）を送ります（下図❶）。192.168.1.2のIPアドレスを持つのはPC2ですから，PC2が「私です」とARP応答（ARP Reply）を返します（下図❷）。これにより，PC1は，192.168.1.2のIPアドレスを持つPCのMACアドレスを知ることができます。

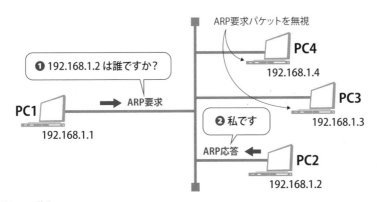

■ARPの動作

2 ARP テーブル

PC1は，192.168.1.2のMACアドレスが，PC2のものであることを知りました。しかし，通信をするたびARPパケットでMACアドレスを問い合わせるのは非効率的です。そこで，PC1は，192.168.1.2のMACアドレスはPC2であることを記憶します。IPアドレスとMACアドレスの対応は，ARPテーブルに記録されます。

ARPテーブルは以下のようになります（PC3とPC4のMACアドレスも学習した場合）。

■ARPテーブル

IPアドレス	MACアドレス
192.168.1.2	00-00-5E-00-53-01（PC2のMACアドレス）
192.168.1.3	00-00-5E-00-53-35（PC3のMACアドレス）
192.168.1.4	00-00-5E-00-53-A6（PC4のMACアドレス）

ちなみに，スイッチングハブのMACアドレステーブルは，ポートに接続された機器の「MACアドレス」と「ポート」の対応を記録します。

3 ARP のフレーム構造

先の図で，PC1が送ったARP要求のフレームの構造は以下のとおりです。

■PC1が送るARP要求のフレームの構造

宛先MACアドレス	送信元MACアドレス	タイプ	データ
FF-FF-FF-FF-FF-FF	PC1のMACアドレス	ARP	PC2のMACアドレスは何ですか？

では，実際のARPパケットを見てみましょう。次はWiresharkでパケットキャプチャしたものです。

```
▲ Ethernet II, Src: HewlettP_4e:dc:de (a0:b3:cc:4e:dc:de), Dst: Broadcast (ff:ff:ff:ff:ff:ff)
  ▷ Destination: Broadcast (ff:ff:ff:ff:ff:ff)
  ▷ Source: HewlettP_4e:dc:de (a0:b3:cc:4e:dc:de)        } イーサネットヘッダ
    Type: ARP (0x0806)
▲ Address Resolution Protocol (request)
    Hardware type: Ethernet (1)
    Protocol type: IPv4 (0x0800)
    Hardware size: 6
    Protocol size: 4
    Opcode: request (1)                                   } ARPのデータ部
    Sender MAC address: HewlettP_4e:dc:de (a0:b3:cc:4e:dc:de)
    Sender IP address: 192.168.1.1
    Target MAC address: 00:00:00_00:00:00 (00:00:00:00:00:00)
    Target IP address: 192.168.1.2
```

■ 実際のARPパケット

このフレームを見ると，データ部に4つアドレスが記載されていることがわかります。

「Sender」が送信元，Target が「宛先」
と思っていいですか？

そうですね。厳密には少し違うのですが，送信元および宛先のMACアドレスとIPアドレスと考えて問題ないでしょう。

また，午後Ⅰ問3では，「Sender IP address」は「送信元プロトコルアドレス」と表記されています（わかりにくいですね）。

では，ARP要求とARP応答のそれぞれに関して，この4つのアドレスの内容を，問題文の表記も含めて以下に整理します。

■ ARP RequestとARP Replyの4つのアドレスの内容

問題文の表1の表記	パケットキャプチャの表記	内容	
		ARP要求	ARP応答
送信元ハードウェアアドレス	Sender MAC address	ARPパケットを送信した端末のMACアドレス	
送信元プロトコルアドレス	Sender IP address	ARPパケットを送信した端末のIPアドレス	
送信先ハードウェアアドレス	Target MAC address	00-00-00-00-00-00	ARP要求を送信した端末のMACアドレス（＝ARP応答の宛先MACアドレス）
送信先プロトコルアドレス	Target IP address	ARPでMACアドレスを解決したいIPアドレス	ARP要求を送信した端末のIPアドレス（＝ARP応答の宛先IPアドレス）

Target MAC アドレスって，宛先 MAC アドレスだと思うのですが，00-00-00-00-00-00 になっています。
ブロードキャストなのですべて 1 では？

これで合っています。データ部の Target MAC address はこのように記載するというルールなのです。一方，前ページの ARP パケットのイーサネットヘッダを見てください。宛先 MAC アドレス（Destination）は Broadcast（ff:ff:ff:ff:ff:ff），になっていることが確認できます。

4 ARPテーブルに情報を追記する端末はどれ？

先ほどの PC1 が ARP を送った図（p.21）を見てください。ARP 要求した PC1 が，自分の ARP テーブルに情報を追記（または書換え）しました。では，他の PC2 〜 PC4 は ARP テーブルに情報を追記すると思いますか？

というのも，PC1 からの ARP 要求のフレームによって，PC1 の IP アドレスと MAC アドレスの情報を PC2 〜 PC4 が知ることができます。PC2 〜 PC4 は，その情報を，自分の ARP テーブルに書き込むでしょうか。

話の流れからすると，書き込むのでしょうか。

正解は，ARP 応答を返した PC2 だけが書き込みます。一方，PC3 と PC4 は，このやりとりに関与していないので，ARP テーブルには書き込みません。

この仕組みを利用して，通信相手の ARP テーブルに嘘の情報を書き込むことができます。たとえば，PC1 が送った ARP 要求ですが，自分の MAC アドレスを詐称すれば，PC2 は，詐称された MAC アドレスを ARP テーブルに記載してしまうのです。

5 ARPスプーフィング

「spoof」は「だます」という意味です。ARPスプーフィングは，先ほど述べたように，ARPフレームに偽りの情報を入れて，相手をだまします。その結果，だました相手のARPテーブルに嘘の情報を登録させます。そうすれば，相手の通信を妨害することができます。

ARPスプーフィングは二つの方法があります。一つはARP応答によるもの，もう一つはARP要求によるものです。後者は，先ほどの「4. ARPテーブルに情報を追記する端末はどれ？」で解説した仕組みを使います。

では，今からこの二つを午後Ⅰ問3のネットワーク構成（下図）を用いて解説します。登場人物は，PCとL3SW1，通信制限装置です。通信制限装置がARPスプーフィングを行います。その目的は，PCとL3SW1を正常に通信させないことです。

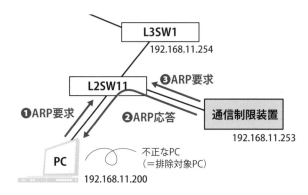

■ 通信制限装置によるARPスプーフィング

（1）ARP応答によるARPスプーフィング

通信制限装置の目的は，PCのARPテーブルに嘘の情報を書き込むことです。具体的には,L3SWのMACアドレスを,自分自身（つまり,通信制限装置）にします（次ページ表）。

■PCのARPテーブル

IPアドレス	MACアドレス
192.168.11.254（L3SW1）	~~L3SW1のMACアドレス~~ →「通信制限装置のMACアドレス」に書き換え

では，どうやって書き換えるのでしょうか。問題文を引用しながら順に解説します。

> 案2の通信制限装置は，セグメント内のARPパケットを監視し，排除対象PCが送信したARP要求を検出すると，

排除対象PCとは，p.25の図のPCのことです。排除対象PCが，たとえばL3SW1と通信しようとしてARP要求を送信した（図❶）とすると，通信制限装置がこれを検出します。

> 排除対象PCのパケット送信先が通信制限装置となるように偽装したARP応答を送信する。

排除対象PCから，「L3SW1のMACアドレスは何ですか？」というARP要求がありました。本来はL3SW1がARP応答をするのですが，通信制限装置が（嘘をついて）通信制限装置のMACアドレスを答えます。
偽装したARP応答のフレーム構造は以下のとおりです。

■偽装したARP応答のフレーム構造

宛先MACアドレス	送信元MACアドレス	タイプ	データ
排除対象PCの MACアドレス	通信制限装置の MACアドレス	ARP	【L3SW1のMACアドレスは通信 制限装置のMACアドレスである XXです】

ARPは認証機能がないので，無条件に信じてしまいます。これにより，排除対象PCのARPテーブルに嘘の情報が書き込まれます。

でも，L3SW1からも正しいARP応答が返りますよね？

はい，もちろんそうです。そこで，以下の問題文にあるように，何度も偽のARP応答を送り続けます。PCには複数のARP応答が届きますが，あとから届いたものを無条件に信じてしまうのです。

通信制限装置が送信する ARP応答は10秒間隔で繰り返し送信され，あらかじめ設定された時間，又はオペレータによる所定の操作があるまで，継続する。

(2) ARP要求によるARPスプーフィング

次は，先ほどと違ってARP要求によるARPスプーフィングです。通信制限装置の目的は，L3SW1のARPテーブルに嘘の情報を書き込むことです。具体的には，PCのMACアドレスを，自分自身（つまり，通信制限装置）にします（以下）。

■L3SW1のARPテーブル

IPアドレス	MACアドレス
192.168.11.200（PC）	~~PCのMACアドレス~~ →「通信制限装置のMACアドレス」に書き換え

では，問題文で確認しましょう。

同時に，排除対象PC宛てパケットの送信先が通信制限装置となるように偽装したARP要求を送信する。

このARP要求のフレーム構造を考えましょう。

まず，ARP要求なので，宛先はブロードキャスト（FF-FF-FF-FF-FF-FF）です。送信元ですが，送信しているのは，通信制限装置です。そして，ARPの内容は，「L3SW1のMACアドレスを教えて！」というフレームです。

■通信制限装置が送信するARP要求のフレーム構造

宛先MACアドレス	送信元MACアドレス	タイプ	データ
FF-FF-FF-FF-FF-FF	通信制限装置のMACアドレス	ARP	L3SW1のMACアドレスは何ですか？

p.24の「ARPテーブルに情報を追記する端末はどれ？」で解説したとおり，L3SW1はARP応答を返すとともに，自分のARPテーブルに通信制限装置のMACアドレスを書き込んでしまいます。

ARP応答とARP要求の二つでARPスプーフィングをしていますが，片方だけではだめなのですか？

　だめではないです。「念には念を」という感じです。
　TCPであれば3ウェイハンドシェイクによって相手を確認します。片方のARPテーブルが詐称されると通信が成立しなくなります。さらに，両方を偽装することで，より確実に通信をスプーフィング（＝偽装）できます。
　一方，UDPであれば，PCからL3SWへの一方的な通信が可能です。片方だけのスプーフィングだと，通信が成立する可能性はあります。

1.3 DNSについて

午後Ⅱ問2では，DNSに関する深い内容が問われました。この問題で登場する用語を，あらかじめここで整理します。この解説を読んでDNSを復習した上で，問題に取り組んでいただきたいと思います。

1 マスタDNSサーバとスレーブDNSサーバ

問題文の該当部分は以下のとおりです。

> 外部DNSサーバはマスタDNSサーバであり，インターネット上のR社DNSサーバをスレーブDNSサーバとして利用している。

DNSサーバは，可用性を高めるために，2台以上設置する必要があります。VRRP等の他の冗長化の仕組みでは，ActiveとStandbyがハッキリしているものがあります。ですが，DNSに関しては，複数台のDNSサーバはどちらもActiveです。複数台のDNSサーバにはおおむね均等に名前解決の要求が届きます。

複数のDNSサーバに対して，どうやって均等に要求を振り分けるのですか？

DNSラウンドロビンの仕組みと考えてください。以下は，example.comというドメインのDNSのレコード例です。

```
$ORIGIN  example.com.  ◄────── ドメインは example.com
        IN NS ns1.example.com.
        IN NS ns2.example.com.  ◄── ネームサーバ（DNSサーバ）は ns1.example.com
                                     と ns2.example.com
ns1 IN A 203.0.113.53  ◄────── ns1.example.com の IP アドレスは 203.0.113.53
ns2 IN A 203.0.113.54  ◄────── ns2.example.com の IP アドレスは 203.0.113.54
```

■ example.comのDNSレコードの例

上記にあるように，example.comドメインのDNSサーバは，ns1（＝ns1.example.com）とns2（＝ns2.example.com）の二つです。クライアントからの「example.comのDNSサーバは何ですか？」という問合せに対して，二つのIPアドレスを交互に回答します。

じゃあ，何をもってマスタやスレーブというのですか？

　ゾーン情報のマスタを保有しているサーバをマスタDNSサーバ，その複製を保有しているサーバをスレーブDNSサーバと呼びます。プライマリDNSサーバ，セカンダリDNSサーバとも呼びます。
　また，マスタDNSサーバのゾーン情報をスレーブDNSサーバにコピーすることを「ゾーン転送」と呼びます。

2 リゾルバ

(1) リゾルバとは
　リゾルブ（resolve）は「解決する」という意味です。リゾルバ（resolver）は，DNSの名前解決処理をしてくれるもの（ソフトウェア）です。一般的には，クライアントPCの名前解決処理をするプログラムを指します。（ただ，OSの機能に組み込まれているので，利用者は意識することがありません。）また，nslookupやLinuxのdigコマンドなどもリゾルバです。DNSサーバも，名前解決をするのでもちろんリゾルバです。

(2) フルリゾルバとスタブリゾルバ
　リゾルバには，フルリゾルバとスタブリゾルバがあります。ですが，スタブリゾルバという用語はネットワークスペシャリスト試験でも登場しないので，覚える必要はありません。フルリゾルバの対比として考えるといいでしょう。

①フルリゾルバ

　後述するキャッシュDNSサーバが，フルリゾルバの一例です。たとえば，クライアントPCなどからの「www.seeeko.comのIPアドレスを教えて？」という要求に対し，自分で調べて（＝後述する「反復問合せ」をして）回答します。すべてのドメインの名前解決を行うことができることから「フル（＝すべて）」という名がついています。

②スタブリゾルバ

　クライアントPCの名前解決のソフトが，スタブリゾルバの一例です。たとえば，PC上でアプリケーションから名前解決の依頼を受けたとします。ですが，自分（のPC）では名前解決ができません。そこで，フルリゾルバへ問合せをして，その結果をPCのアプリケーションに返します。

　　　※フルリゾルバとスタブリゾルバの関係は，少し先に図示しています。

スタブってどういう意味ですか？

　スタブ（stub）は「（木の）切り株」などの意味です。この言葉はルーティングやプログラムのテストでも使われます。何か中心的なものがあり，それに対する「枝葉」というような位置づけと考えてください。今回でいうと，企業のリゾルバの中心はキャッシュDNSサーバで，枝葉にあたるのが各PCのスタブリゾルバです。

3 コンテンツDNSサーバとキャッシュDNSサーバ

（1）二つのDNSサーバ

　DNSサーバの中で，ドメイン情報を持つDNSサーバを，コンテンツDNSサーバ（または権威DNSサーバ）といいます。また，ドメイン情報は持たず，PCからの問合せに対してコンテンツDNSサーバに情報を問い合わせて回答するのがキャッシュDNSサーバです。過去の問合せ履歴を「キャッシュ」として保存することから，このように呼ばれます。

問題文の該当部分は以下のとおりです。

外部DNSサーバは，ゾーン情報管理サーバ（以下，コンテンツサーバという）の機能と，フルリゾルバの機能をもつ

両者について，あらためて整理します。
　※問題文に記載がある「コンテンツサーバ」は，「コンテンツDNSサーバ」のことです。

（2）コンテンツDNSサーバ

コンテンツDNSサーバは，以下のように自社のドメインとIPアドレスの情報を持ちます。

```
www.example.com.  IN  A  1.x.1.1
ns1.example.com.  IN  A  1.x.1.2
mx1.example.com.  IN  A  1.x.1.3
```
■example.comのドメイン情報

コンテンツDNSサーバは，世界中からのDNS情報の問合せに答える必要があります。企業が自社でコンテンツDNSサーバを構築する場合は，基本的にDMZに配置します。もちろん，クラウドのDNSサービスを利用することもあります。

（3）キャッシュDNSサーバ

PCからのDNSの問合せに回答するDNSサーバです。右のように，PCのIPアドレスを設定するときに，DNSサーバを指定します。ここで指定するのがキャッシュDNSサーバです。

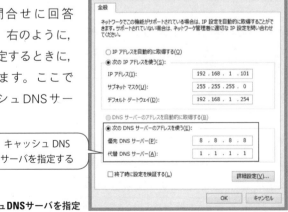

キャッシュDNS
サーバを指定する

■キャッシュDNSサーバを指定

個人が自宅からインターネットに接続する場合は、プロバイダのDNSサーバを指定することが一般的です。つまり、プロバイダのDNSサーバはキャッシュDNSサーバです。また、企業の場合は社内のキャッシュDNSサーバを指定するでしょう。企業内に設置するキャッシュDNSサーバは、外部に公開する必要はありません。ですので、コンテンツDNSサーバと違って、キャッシュDNSサーバは、内部セグメントに設置されます。

(4) キャッシュDNSサーバの目的

キャッシュDNSサーバの主な目的は以下のとおりです。

① DNS問合せの高速化

キャッシュを用いて、2回目以降の問合せに対する回答を高速化させます。

② DNS問合せトラフィックの減少

キャッシュを持つので、毎回コンテンツDNSサーバに問い合わせる必要がなくなります。

③ セキュリティの強化

コンテンツDNSサーバと分けることで、DNSキャッシュポイズニングなどの攻撃を受けにくくします。この問題（午後Ⅱ問2）でも、DNSサーバを二つに分けました。このあとの（5）にて詳しく解説します。

(5) コンテンツDNSサーバとキャッシュDNSサーバの分離

問題文の該当箇所は以下のとおりです。

> 外部DNSサーバを、コンテンツサーバとして機能するDNSサーバ1と、フルリゾルバサーバとして機能するDNSサーバ2に分離すれば、踏み台にされる可能性は低くなると考えた。

このあとに詳しく解説しますが、DNSに関する攻撃として、DNSキャッシュポイズニングやDNSリフレクタ攻撃があります。

この攻撃を受けてしまう最大の原因は、DNSの再帰問合せを（外部から）受け付けることです。よって、コンテンツDNSサーバのフルリゾルバ機能は無効にすべきです。しかし、そうすると、社内のPCが名前解決をするために問い合わせるDNSサーバ（＝フルリゾルバサーバ）がありません。そ

こで，フルリゾルバサーバを社内に設置し，社内のPCからのDNSの問合せのみを受け付けるようにします。

4 「再帰問合せ」と「反復問合せ」

DNSの名前解決方法には，「再帰問合せ」と「反復問合せ」の二種類があります。

①再帰問合せ

代表的な再帰問合せは，クライアントの（スタブ）リゾルバから，フルリゾルバであるキャッシュDNSサーバへの問合せです。再帰とは，言葉のとおり「再び帰ってくる」です。再帰問合せを受け付けたリゾルバ（キャッシュDNSサーバ）は，自分が知らないドメインであっても，他のDNSサーバに問い合わせて結果を返します。つまり，結果が再び帰ってきます。

> ※覚える必要はまったくありませんが，再帰問合せの場合は，パケットのRD（Recursion Desired）フラグがON（＝1）です。次の反復問合せのRDフラグはOFF（＝0）です。このように，二つの問合せの違いはパケットを見ればわかります。

②反復問合せ

> ※過去問（H22年SC春期午後Ⅱ問1）では，「非再帰的な問合せ」という表現が使われました。

再帰問合せを受けたDNSサーバは，自分が知らないドメインでも，他のDNSサーバに問い合わせて結果を返しました。一方，「反復問合せ」（＝「非再帰的な問合せ」）を受けたDNSサーバは，自分が知らないドメインを，わざわざ他のDNSサーバに問い合わせて返すことはしません（結果が返ってこないところが「非再帰的」といわれる所以です）

ですから，リゾルバ（次の図のキャッシュDNSサーバ）は，情報を持っているDNSに問い合わせに行かなくてはいけません。このとき，1回では名前解決ができず，反復的な問合せになります。たとえば，y-sya.example.co.jpというドメインの名前解決をする場合，ルートDNSサーバ，jpドメインのDNSサーバ，co.jpドメインのDNSサーバに順に何度も反復的な問合せを行い，example.co.jpドメインのDNSサーバからy-sya.example.co.jpのIPアド

レスをもらいます。だから「反復問合せ」といわれます。

では，ここまでに解説した（スタブ）リゾルバやフルリゾルバ，コンテンツDNSサーバとキャッシュDNSサーバ，「再帰問合せ」と「反復問合せ」を以下の図に整理します。

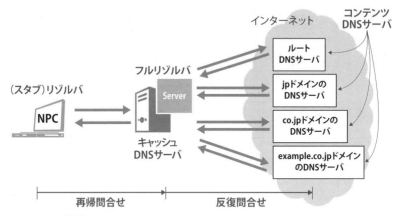

■DNSについての整理

5 フォワーダ

問題文の該当部分は以下のとおりです。

• 内部DNSサーバは，内部LANのゾーン情報を管理し，当該ゾーンに存在しないホストの名前解決要求は，外部DNSサーバに転送する。

先に解説したキャッシュDNSサーバの場合，自ら反復問合せをして，名前解決をしました。「自ら」解決せずに，「他」のキャッシュDNSサーバに名前解決を任せることもできます。このとき，問合せの転送先を「フォワーダ」といいます。

たとえば，内部DNSサーバで，フォワーダとしてプロバイダのDNSサーバを設定します。こうすれば，プロバイダのDNSサーバが名前解決をしてくれます。これにより，内部DNSサーバの負荷が軽減できます（次ページの図❶）。

さて，内部DNSサーバがフォワーダに転送した問合せの結果ですが，誰がPCに返すでしょうか。

Q. PCに結果を返すのは，「内部DNSサーバ」と「フォワーダ」のどちらであるか。

A. フォワーダがPCに直接返すのではありません。内部DNSサーバが結果を受け取り，PCに対して応答を返します（下図❷）。

> そうなんですか。だったら，フォワーダを使っても，内部DNSサーバの負荷はそれほど減らないのでは？

そんなことはありません。キャッシュがない状態で内部DNSサーバに問合せがくると，内部DNSサーバは反復問合せを何度か行います。一方，フォワーダへの問合せは一回だけです。つまり，内部DNSサーバの負荷が軽減されます。また，多くの場合，大規模なフォワーダはキャッシュを持っているので，応答時間が短縮されるという利点もあります。

今回のW社の構成は，外部DNSサーバがフォワーダとして動作します。

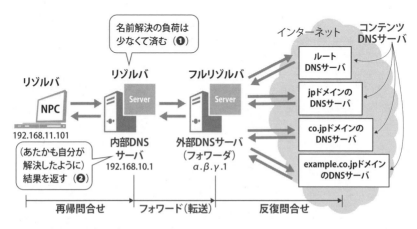

■ フォワーダにより負荷が軽減できる

参考 DNS の設定

前ページの図に関して，DNS関連の設定を紹介します。

※IPアドレスも図のものを設定しています。

① NPC

NPCは（スタブ）リゾルバです。ネットワークの設定において，DNSサーバとして内部DNSサーバを指定します。

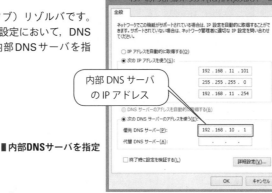

内部 DNS サーバ
の IP アドレス

■内部DNSサーバを指定

②内部DNSサーバ

内部DNSサーバは，内部のドメインに関する情報を持ち，コンテンツDNSサーバとして動作します。同時に，外部のドメイン情報の問合せに関しては，外部DNSサーバに転送（フォワーダ）する設定をします。

代表的なDNSサーバのソフトであるBINDでの設定は以下のとおりです。

■内部DNSサーバの設定

```
options {
    ...
    forwarders{ α.β.γ.1; }; ◀── フォワーダ（転送先のDNSサーバ）のIPアドレス
};
zone "w-sha.local" IN {
    type master;     ◀── この内部ゾーンのマスタDNSであることを宣言
    file "w-sha.local.zone"; ◀── 内部LANのゾーン情報を記載したファイル名
};
```

内部LANのゾーン情報は，w-sha.local.zoneというファイルに記載します。それ以外の問合せは，forwardersで指定したIPアドレスに転送します。

③外部DNSサーバ

外部DNSサーバは，再帰問合せをするフルリゾルバです。こちらもBINDの設定ファイルを紹介します。

■ 外部DNSサーバの設定

```
options {                                          フルリゾルバサーバの設定
    ...
    recursion yes;  ◀── 再帰(recursion)問合せを有効にする
    allow-recursion { 192.168.0.0/16; α.β.γ.0/28;};◀─┐
};                                                    踏み台にされないために,
zone "." IN {  ◀── ルートサーバへの問合せを設定        問合せは内部LANとDMZ
    type hint;                                        のみ許可
    file "named.ca";  ◀── ルートサーバのIPアドレス一覧を記載したファイル(※注1)
};
zone "w-sha.example.jp" IN {  ◀── DMZのゾーン名    コンテンツサーバの設定
    type master;  ◀── このゾーンのマスタDNSであることを宣言
    file "w-sha.example.jp";  ◀─── DMZのゾーン情報を記載したファイル名(※注2)
    allow-transfer { x.y.z.1; };  ◀── ゾーン転送を許可するスレーブDNSサーバのIPアドレス
};
```

※注1：反復問合せの際は,ルートサーバから順に問い合わせます。そのために,
　　　　ルートサーバのIPアドレスの一覧ファイルを持ちます。
※注2：外部DNSサーバなので,W社の公開サーバ(DMZに設置されたサーバ)
　　　　のゾーン情報を持ちます。

6 DNSのレコードとゾーンファイル

　DNSサーバでは,ドメインのホストに対するIPアドレスの情報を持ちます。
加えて,そのドメインのメールサーバやネームサーバ(DNSサーバ)の情
報なども持ちます。今回は,問題文の図5で掲載されたAレコードとNSレコー
ドの設定例を見てみましょう。

① Aレコード

　A(Address)レコードは,名前に対応するIPアドレス(Address)を指
定するレコードです。たとえば,www.seeeko.comというWebサーバのIP
アドレスが203.0.113.123である場合,以下のように設定します。

```
                               IPアドレス
                                  ↓
www.seeeko.com.   IN   A   203.0.113.123
```
ドメイン(FQDN)   Aレコードの意

　省略形として,次のようにホスト名のみで記載することもできます。

```
www                     IN   A        203.0.113.123
```
↑
ホスト名

　または，DNS情報を保持する時間であるTTL（Time To Live）を入れて，以下のように書く場合もあります。この場合，TTLが3600秒（1時間）なので，このDNS情報をキャッシュとして1時間保持します。

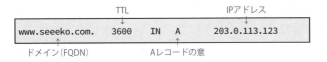

```
                        TTL                    IPアドレス
www.seeeko.com.         3600    IN   A         203.0.113.123
```
↑　　　　　　　　　　　　　　　　　↑
ドメイン（FQDN）　　　　　　Aレコードの意

②NSレコード

　NS（Name Server）レコードは，自分のドメインや下位ドメインに関するDNSサーバのホスト名を指定するレコードです。DNSサーバでの記載例は以下のとおりです。

```
                                   ネームサーバのFQDN
seeeko.com.          IN   NS       ns1.seeeko.com.
```
↑　　　　　　　　↑
ドメイン名　　　NSレコードの意

　Aレコードと同様に，省略形で書くこともできます。

```
                     IN   NS       ns1.seeeko.com.
```

7 DNSリフレクタ攻撃

（1）DNSリフレクタ攻撃とは
　問題文の該当箇所は以下のとおりです。

> N主任：外部DNSサーバは，DNSリフレクタ攻撃の踏み台にされる可能性がありそうだ。安全面を考慮すれば，構成変更が必要になるかもしれない。対応策を考えてくれないか。

DNSリフレクタ攻撃とは，DDoS攻撃の一種です。DNSアンプやDNSリフレクション攻撃と呼ぶこともあります。送信元IPアドレスを偽装した問合せをDNSサーバに送り，DNSサーバからの応答を攻撃対象のサーバに送信させる手法です。名前のとおり，踏み台DNSサーバを反射板（リフレクタ）のように使って，攻撃対象のサーバに宛ててパケットを反射させます。

（2）DNSリフレクタ攻撃の流れ

以下の図を見てください。

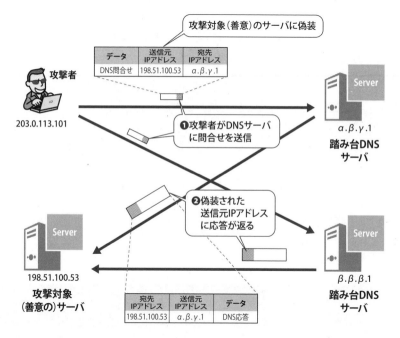

■DNSリフレクタ攻撃の流れ

❶攻撃者がDNSサーバに問合せを送信

攻撃者は，送信元IPアドレスを攻撃対象（善意）のサーバのIPアドレスに偽装して，踏み台DNSサーバに問合せを送信します。このとき，応答パケットのサイズが大きくなるような問合せを行います。

ネスペ R1 ～本物のネットワークスペシャリストになるための最も詳しい過去問解説

応答パケットって，IPアドレスが書いてあるだけですよね。
どうやって応答パケットのサイズを大きくするのですか？

　TXTレコードを使います。TXTレコードは，任意の文字を記載できます。なので，大量の文字をTXTレコードに記載します。そのTXTレコードを，キャッシュポイズニングによって（前ページ図の踏み台サーバに）キャッシュさせます。そのTXTレコードが応答パケットになるように攻撃をするのです。

❷偽装された送信元IPアドレスに応答が返る

　応答パケットの宛先IPアドレスは，攻撃対象（善意）のサーバのIPアドレスです。なぜなら，受信したパケットの送信元IPアドレスが，攻撃対象（善意）のサーバのIPアドレスに偽装されているからです。

　このようなパケットが大量に届くため，DDoS攻撃になります。

（3）攻撃への対処策

　W社の外部DNSサーバは，コンテンツDNSサーバの機能だけでなく，キャッシュサーバ（＝フルリゾルバサーバ）の機能も持っています。これが，N主任の指摘した「DNSリフレクタ攻撃の踏み台にされる可能性」の原因です。そこで，キャッシュ機能を無効（＝フルリゾルバサーバを分離）します。

でも，W社のドメイン情報に対しては応答をしますよね。
だったら，W社のドメイン情報を使って，DNSリフレクタ
攻撃の踏み台にされると思います。

　もちろん，その可能性はあります。ですが，キャッシュ機能が無効だと，先に述べたような，大量の文字を記載したTXTレコードのキャッシュができません。効果的なDDoS攻撃にならないので，踏み台になる可能性が下がります。

（1） DNSキャッシュポイズニングとは

DNSキャッシュポイズニング攻撃は，ポイズン（毒）の名前のとおり，DNSサーバに毒として偽の情報を送り込む攻撃手法です。偽のDNS情報を入れることで，正規のサイトにアクセスしているつもりが，偽のサイトにアクセスさせられます。これにより，ウイルスに感染させたり，個人情報を盗んだりします。

> 偽のDNS情報をキャッシュさせることなんて，本当にできるのですか？ PCがDNSサーバに問合せをして，正規のDNSの回答までは1秒もかからないと思います。

コンマ何秒のタイミングで，偽装した回答を返せないと思うのですね。たしかにそのとおりです。では，どうやってDNSキャッシュポイズニングを実現しているのでしょうか。（2）で解説します。

（2） 攻撃の実現方法

問題文に具体的な攻撃の手法が記載されています。

〔DNSサーバへの攻撃と対策〕

Jさんは，DNSサーバへの攻撃の中でリスクの大きい，DNSキャッシュポイズニング攻撃の手法について調査した。Jさんが理解した内容を次に示す。

DNSキャッシュポイズニング攻撃は，次の手順で行われる。

（ⅰ）攻撃者は，偽の情報を送り込みたいドメイン名について，標的のフルリゾルバサーバに問い合わせる。

（ⅱ）フルリゾルバサーバは，指定されたドメインのゾーン情報を管理するコンテンツサーバに問い合わせる。

（ⅲ）⑥攻撃者は，コンテンツサーバから正しい応答が返ってくる前に，大量の偽の応答パケットを標的のフルリゾルバサーバ宛てに送信する。

（iv）フルリゾルバサーバは，受信した偽の応答パケットをチェックし，偽の応答パケットが正当なものであると判断してしまった場合，キャッシュの内容を偽の応答パケットを基に書き換える。

上記の（ⅰ）〜（ⅳ）の手順を下図で説明します。ここでは，www.example.jpの偽のIPアドレスをキャッシュさせるとします。

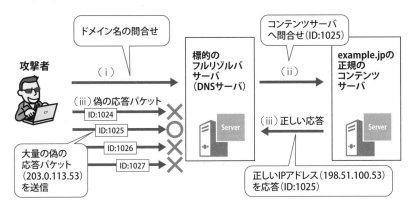

■ **DNSキャッシュポイズニング攻撃の手順**

何点か補足します。

（ⅱ）　このあとで解説するDNSの問合せIDは1025とします。

（ⅲ）・example.jpの正規のコンテンツサーバは，正しいIPアドレス（198.51.100.53）を応答として返します。応答には，問合せIDに1025が入ります。

　　　・攻撃者は，標的のフルリゾルバサーバに対して，問合せIDを変えながら偽の応答パケットを送信します。

(3) 問合せID　※問題文の表3では「識別子」と表現

リゾルバからDNSサーバに問い合わせるドメイン情報は一つではありません。yahoo.co.jpやgoogle.comやら，たくさんあるでしょう。問合せIDは，これら複数の要求に対して，どの要求に対する応答かを識別するためのものです。また，不正な応答かどうかの判断にも使えます。

攻撃者は，正規の問合せIDを知りません。そこで，先ほどの（ⅲ）にあったように，65,536通りあるすべての問合せIDを付与してパケットを送信し

ます。結果，大量のパケットになります。

> でも，正規の DNS サーバからの応答も正しい問合せ ID の
> パケットが届くと思います。その情報はどうなるのですか？

　先に届いた情報を正しいと判断します。なので，攻撃者は，（ⅰ）の DNS
の問合せをするのとほぼ同時に，偽の応答パケットを送ります。

> 問合せ時の ID に加えて IP アドレスやポート番号に矛盾が
> ないのかも確認すれば，不正なパケットを防げると思います。

　確認はしています。でも，攻撃者も，IP アドレスやポート番号も矛盾がな
いパケットを送ってきます。（困ったものです）

　では，攻撃者はどうやって矛盾がない情報を知るのでしょうか。まず，IP
アドレスについてです。先の図の正規のコンテンツサーバの IP アドレスが
わかることは自明ですよね。example.jp の NS レコードを問い合わせればい
いからです。次に，送信元ポート番号です。送信元ポート番号は，多くの場
合が決められた番号に固定されていて，広く知られているからです。この点
は，次の対策に関連します。

>>> **参考** **問合せ ID を見てみよう**

　　実際の DNS のパケットで問合せ ID を見てみましょう。以下は，PC
（192.168.57.205）からキャッシュ DNS サーバ（192.168.57.254）に対して，
nw.seeeko.com の名前解決を要求した例です。図の Transaction ID が問合せ
ID です。今回の場合は「0x2441」とあります。「0x」は 16 進数であることを
意味する文字なので，16 進数で「2441」が問合せ ID です。

①問合せパケット（PC → DNS サーバ）

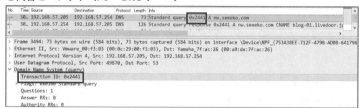

次は，この問合せに対する応答パケットです。

②応答パケット（DNSサーバ→PC）

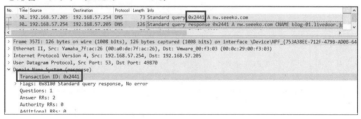

どちらのパケットも，問合せIDが「2441」です。

（4）DNSキャッシュポイズニングの対策

対策には，①送信元ポート番号のランダム化と，②DNSサーバの構成変更，があります。また，この問題に記載はありませんでしたが，③DNSSECもあります（解説は省略します）。

順に説明します。

①送信元ポート番号のランダム化

問題文の記載は以下のとおりです。

（ii）の問合せパケットと，（iii）の応答パケットの情報を表3に示す。
　表3に示すように，（ii）の問合せパケットの送信元ポート番号には特定の範囲の値が使用されるケースが多いので，攻撃者は，（iii）の偽の応答パケットを正当なパケットに偽装しやすくなるという問題がある。調査の結果，この問題の対応策には，送信元ポート番号のランダム化があることが分かった。

先ほど述べたように，ポート番号に矛盾があると，不正なパケットとして判断します。仮に送信元ポート番号が固定（つまり一つ）だとすると，偽装するパケットの宛先ポート番号は一つで済みます。ですので，偽装パケットは問合せIDの数である65,536個を作成すれば攻撃が成立します。ところがポート番号をランダム（たとえば10,000個）にすると，偽装パケットはポー

ト番号を変えながら，合計10,000×65,536個を送らないといけません。処理が大変ですし，正規の応答より早く送信ができない可能性もあります。

②DNSサーバの構成変更

Jさんは，⑦外部DNSサーバの構成変更によって，インターネットからのDNSサーバ2へのキャッシュポイズニング攻撃は防げると判断した。

この対策に関しては，設問5（3）で解説します。

9 Fast Flux

（1）Fast Fluxとは

問題文の該当箇所は以下のとおりです。

Fast Fluxは，特定のドメインに対するDNSレコードを短時間に変化させることによって，サーバの追跡を困難にさせる手法である。

Fast Fluxは「ファストフラックス」と読みます。Fast Fluxを直訳すると「速い（Fast）変動（Flux）」です。直訳のとおり，DNSレコードを「速く変動」させることで，ボットのIPアドレスを追跡しにくくします。

（2）FastFluxの仕組み

まず，図4のDNSの応答情報を見てみましょう。

digコマンドでns.example.comに問い合わせたときに応答される情報

```
;; QUESTION SECTION:
; fast-flux.example.com.        IN  A

;; ANSWER SECTION:
fast-flux.example.com.   180  IN  A  IPb1
fast-flux.example.com.   180  IN  A  IPb2
                  ⋮
fast-flux.example.com.   180  IN  A  IPbz
```

　図4は，ns.example.comに，fast-flux.example.comのAレコードを問い合わせた結果です。QUESTION SECTIONが問合せで，ANSWER SECTIONがその応答です。fast-flux.example.comという一つのFQDNにIPb1～IPbzまでの26個のIPアドレスが付与されています。また，180はTTL（Time To Live）の値で，キャッシュDNSサーバでキャッシュする時間を秒数で指定します。今回はわずか3分（＝180秒）しかありません。これにより，PCは3分が経過すると，あらためてIPアドレスを問い合わせます。

> なぜ，こんなことをするのですか？

　C&Cサーバへの通信が，拒否されないようにするためです。仮に，企業内のPCがC&Cサーバに通信してマルウェアに感染したとします。企業のシステム管理者はFWの通信ログを見て，該当のIPアドレスの通信を遮断します。しかし，このように大量のIPアドレスをDNSに記載しておけば，マルウェア（またはDNSのリゾルバ機能）が別のIPアドレスに通信できます。
　加えて，攻撃者がこのドメイン情報を頻繁に変更したら，IPアドレスはめまぐるしく変化します。具体的には，攻撃者はIPb1～IPbz，次はIPc1～IPcz，IPd1～IPdz，などと毎回変化させるのです。TTLはわずか3分ですから，PCは3分ごとにDNSサーバに問合せをします。そして，変化した新しいIPアドレスに通信しようとします。こうなると，問題文にある「サーバの追跡を困難にさせる」という点もわかってもらえることでしょう。システム管理者が，このように変化するIPアドレスをFWやProxyサーバに反映させ続けるのは現実的に困難です。

> 攻撃者はそんなにたくさんのIPアドレスを
> 持っているのですか？

　いえ，持っていないでしょう。多くは，乗っ取ったサーバを使います。

> IPアドレスではなく，URLやFQDNなどの
> ドメインで拒否すればいいと思います。

　もちろん，そうです。よって，攻撃者はドメインも隠蔽しようと考えます。
その方法が次の「10.Domain Flux」です。

10 Domain Flux

　問題文の該当箇所は以下のとおりです。

　攻撃者は，これを避けるためにDomain Fluxと呼ばれる手法を用いること
がある。
　Domain Fluxは，ドメインワイルドカードを用いて，あらゆるホスト名
に対して，同一のIPアドレスを応答する手法である。Fast FluxとDomain
Fluxを組み合わせることによって，C&CサーバのFQDNとIPアドレスの
両方を隠蔽できる。図4に示した構成のFast FluxとDomain Fluxを組み合
わせたときの，ns.example.comに設定されるゾーンレコードの例を図5に
示す。

```
$ ORIGIN   example.com.
                       IN    NS    ns.example.com.
ns          86400      IN    A     a.b.c.1
*           180        IN    A     IPb1
*           180        IN    A     IPb2
                         :
*           180        IN    A     IPbz
```
図5　ns.example.com に設定されるゾーンレコードの例（抜粋）

　Domain Fluxは，問題文にあるように，「あらゆるホスト名に対して，同
一のIPアドレスを応答する」ことで，攻撃者のFQDNを隠蔽する手法です。
といっても，技術的には，DNSのAレコードにワイルドカード（*）を使う，
これだけです。

それだけで，問題文にある「C&C サーバの FQDN と
IP アドレスの両方を隠蔽できる」のですか？

　IPアドレスの隠蔽は，先に述べたFast Fluxで実現します。FQDNの隠蔽に関してですが，攻撃者はプログラムによって，毎日のように新しいドメインを作成します。たとえば，日付を付けてc2c20200123.example.com，c2c20200124.example.com，などと変化させます。DNSサーバにはワイルドカード「*」を使っているので，上記のドメインであっても，名前解決ができます。ドメインのパターンはほぼ無限ですから，C&Cサーバの正規のドメイン名（またはFQDN）の特定は困難です。つまり，C&CサーバのFQDNを隠蔽できるのです。

　攻撃者がDomain FluxとFast Fluxを組み合わせると，URLフィルタリングを回避します。また，ログ解析をする際にも，IPアドレスの追跡も非常に困難になります。

第2章

過去問解説

令和元年度
午後 I

【丁寧な勉強1】
答えを必ずノートに書く

　　午後問題を解くときには，自分なりの答えを必ずノートに書きましょう。適当に書いて，なんとなく正解かどうかを確認するだけではダメです。不正解にもかかわらず，正解しているとみなして甘い採点をする可能性があるからです。

　　そして，設問の字数指定で「25字以内で書け」とあれば，25字以内できっちりと書いてください。本試験では，あふれた1文字を削るのにとても苦労することもあるのです。

令和元年度

午後Ⅰ 問1

問　　題

問題解説

設問解説

問題

問1　ネットワークの増強に関する次の記述を読んで，設問1，2に答えよ。

　Z社は，小規模なデータセンタ事業者である。Z社は，データセンタビ
ル内で複数フロアにネットワーク設備を所有している。このたび，データ
センタのネットワークの増強を行うために，実現方式と運用方法の見直し
の検討を，ネットワーク技術者のCさんが担当することになった。

〔Z社の現行ネットワーク構成と増強案〕

　Z社の現行ネットワーク構成と増強案を，図1に示す。

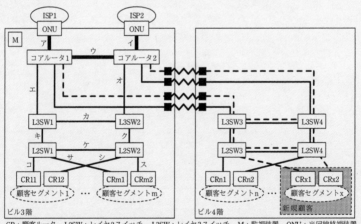

CR：顧客ルータ　L2SW：レイヤ2スイッチ　L3SW：レイヤ3スイッチ　M：監視装置　ONU：光回線終端装置
注記1 ■━━■ は10 GBASE-SR，〜〜〜 は1000BASE-LX，━━ は1000BASE-Tを示す。
注記2 ビル3階とビル4階の間の〜〜〜 に接続している■ は，メディアコンバータを示す。
注記3 - - - は，増強によって追加される回線を示す。
注記4 ▨▨▨ は，新規顧客を追加したときの構成を示す。
注記5 ア～スは，装置間の回線を示す。
注記6 監視装置と監視対象装置との間をつなぐ管理ネットワークの構成は省略している。
図1　Z社の現行ネットワーク構成と増強案（抜粋）

（1）現行ネットワーク構成

　Z社データセンタは，冗長性確保のためISPとマルチホーム接続をしており，接続先ISPとデータセンタは異なるAS番号で接続している。コアルータとISPとの間の冗長経路接続のためのルーティングプロトコルは，パスベクトル型ルーティングプロトコルである　　a　　が用いられている。コアルータとコアルータとの間，コアルータとL3SWとの間，L3SWとL3SWとの間のルーティングプロトコルは，リンクステート型ルーティングプロトコルであるOSPFが用いられている。OSPFエリアは一つであり，　　b　　エリアだけで構成されている。L3SW同士を接続している回線は，独立したIPセグメントになっている。

　L2SWは顧客セグメントを収容するためのスイッチであり，各顧客セグメントへの接続のために，顧客ごとに一つのVLANを割り当て，2台のL2SWのそれぞれからCRに接続し，冗長性を確保している。

　L3SWのL2SWへの接続ポートにはタグVLANを設定し，CR経由で顧客セグメントを接続している。L3SWはVRRPによってL3SW1とL3SW2，L3SW3とL3SW4がそれぞれ対になるように冗長化しており，マスタルータはL3SW1，L3SW3である。

　CRは顧客が設置し，CR及び顧客セグメント内は顧客が構築，運用及び管理を行う。顧客は，2台のCRのZ社側のインタフェース（以下，インタフェースをIFという）にVRRPを設定する。

　CRに顧客が設定したデフォルトルートのネクストホップは，L3SWで構成されるVRRPの仮想ルータのIPアドレス（以下，仮想ルータのIPアドレスを仮想IPアドレスという）になる。マスタルータが故障した際には，新しくマスタになったルータが　　c　　パケットをブロードキャストすることによってL2SWのMACアドレステーブルを更新する。

　ビル3階とビル4階には，ビル管理会社によってシングルモード光ファイバとその両端にメディアコンバータ（以下，M/Cという）が提供されている。M/Cは光−電気変換を行う装置で，1000BASE-Tの制限距離を延伸するために用いている。ビル管理会社が提供するM/Cには，1000BASE-LX側IFがリンクダウンしたときに1000BASE-T側IFを自動でリンクダウンさせる機能はない。

（2）増強案

　Cさんに与えられた，ネットワーク増強に伴う設計方針は次のとおりであった。

- 新規顧客は，ビル3階が満床であるので，ビル4階の既設L2SW配下に収容する。
- ビル4階の顧客について，ISPを経由する合計トラフィック量は，新規の顧客セグメントを含めて最大2Gビット／秒とする。
- ビル3階のL3SW1，L3SW2，L2SW1，L2SW2間の回線の追加，及び顧客セグメントの変更は行わない。
- Z社データセンタ内の回線が1か所切れた場合でも，トラフィックを輻輳ふく
そうさせない。

　Cさんは，コアルータからビル4階のL2SWまでの回線帯域の増強を検討する必要があると考え，回線を追加し，リンクアグリゲーション（以下，LAGという）で二つの回線を束ねる方式に関して，次のように検討した。
①Link Aggregation Control Protocol（以下，LACPという）を設定する。
LAGを構成する回線のうち1本が切れた場合には，②切れた回線を含む同一LAGを構成するIF全てを自動的に閉塞するように設定する。
　LAGを構成する回線の負荷分散は，ハッシュ関数によって決定される。
Z社の装置では，ハッシュ関数は［送信元MACアドレス，宛先MACアドレス］の組から計算する方法と，［送信元IPアドレス，宛先IPアドレス，送信元ポート番号，宛先ポート番号］の組から計算する方法の2通りが選択できる。③前者の方法では負荷分散がうまくいかない場合があるので，Cさんは後者の方法を選択した。

〔自社サービス提供状況の把握〕

　Z社は，自社の通信装置の稼働状況を把握するために，顧客のデータが流れるネットワークとは独立した管理ネットワークを用い，監視装置から図2中に示したL2SWz1を経由して各監視対象装置の管理IFに対して監視を行っている。監視対象装置では管理IFと他のIFとの間でルーティングすることはできない。

　現行の監視方法は，次のとおりである。

(ⅰ)　 d 　プロトコルを利用したpingによって，各監視対象装置の管理IFのIPアドレスに対して死活監視を行う。

(ⅱ) SNMPによって，各監視対象装置からの状態変更通知である e を受信する。

(ⅲ) SNMPによって，各監視対象装置から5分ごとに管理情報ベースである f を取得する。

Cさんは，現行の監視方法では自社の通信装置の故障は把握できるが，顧客へのサービスの提供状況をリアルタイムに把握することが難しいと考えた。

そこでCさんは，顧客へのサービスの提供状況を把握するために，④現行の監視方法に，次の監視方法を追加すれば良いと考えた。

• 監視装置を，新規に設置するL2SWz2経由で各コアルータに接続し，監視装置から顧客のデータが流れるネットワークへのパケットの疎通を確保する。

• L3SWに，VRRPの仮想IPアドレスへのpingに応答する設定を行う。

• 監視装置を送信元，L3SWのVRRPの仮想IPアドレスを宛先とするpingによって監視を行う。

監視方法を追加した後の管理ネットワークの構成案を，図2に示す。

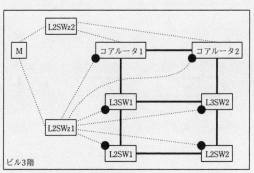

注記1 ● は，監視対象装置の管理IFを示す。
注記2 ── は，顧客のデータが流れるネットワークを示す。
注記3 …… は，監視を行うために必要なネットワークを示す。
注記4 ISPとビル4階の構成は省略している。

図2 監視方法を追加した後の管理ネットワークの構成案（抜粋）

第2章
過去問解説
令和元年度
午後Ⅰ
問1
問題
問題解説
設問解説

Z社は，Cさんの検討結果を基にネットワークの増強プロジェクトを立ち上げた。

設問1 〔Z社の現行ネットワーク構成と増強案〕について，(1)～(6)に答えよ。

(1) 本文中の　　a　　～　　c　　に入れる適切な字句を答えよ。

(2) L3SW1とL3SW2で行っているVRRPによる冗長化において，L3SW1やL3SW2が受信するアドバタイズメントパケットはどの回線を通るか。経由する回線を図1中のア～スの中から選び，全て答えよ。

(3) 現行ネットワークにおいて，顧客に割り当てているVLANタグの付与が必須となる回線を図1中のア～スの中から選び，全て答えよ。

(4) 本文中の下線①について，静的LAGではなくLACPを設定することによって何が可能となるか。50字以内で述べよ。

(5) 本文中の下線②について，L3SW3とL2SW3との間のLAGでIFを自動閉塞しない場合，どのような問題点があるか。"パケット"の字句を用いて25字以内で述べよ。

(6) 本文中の下線③について，前者の方式を選択したときにLAGの負荷分散が図1の場合うまくいかないのはなぜか。50字以内で述べよ。

設問2 〔自社サービス提供状況の把握〕について，(1)～(3)に答えよ。

(1) 本文中の　　d　　～　　f　　に入れる適切な字句を答えよ。

(2) L2SW3とL2SW4との間のLAGを構成する各回線のトラフィック量を把握するために必要な監視方法を，本文中の (i) ～ (iii) から選び，そのローマ数字を答えよ。

(3) 本文中の下線④について，追加する監視方法では，自社サービスのどこからどこまでの区間の正常性を確認できるようになるか。該当する区間を，本文中の字句を用いて答えよ。

問題文の解説

　　　企業内LANを題材にしていますが、**VRRP**や**OSPF**、**BGP**、リンクアグリゲーション（**LAG**）、**SNMP**による監視と、幅広い内容が問われています。特に**LAG**に関しては、初めて**LACP**に関する具体的な出題がされました。

　　　記述式で答える設問の難易度はやや高かったと思います。キーワードを答える問題などを確実に正解することで、合格ラインの6割を突破しましょう。

問1　ネットワークの増強に関する次の記述を読んで、設問1、2に答えよ。

　　　Z社は、小規模なデータセンタ事業者である。Z社は、データセンタビル内で複数フロアにネットワーク設備を所有している。このたび、データセンタのネットワークの増強を行うために、実現方式と運用方法の見直しの検討を、ネットワーク技術者のCさんが担当することになった。

〔Z社の現行ネットワーク構成と増強案〕
　　　Z社の現行ネットワーク構成と増強案を、図1に示す。

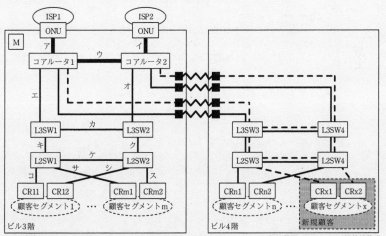

CR：顧客ルータ　L2SW：レイヤ2スイッチ　L3SW：レイヤ3スイッチ　M：監視装置　ONU：光回線終端装置
注記1　━━は10GBASE-SR、━━は1000BASE-LX、━━は1000BASE-Tを示す。
注記2　ビル3階とビル4階の間の〰〰に接続している■は、メディアコンバータを示す。
注記3　━ ━は、増強によって追加される回線を示す。
注記4　▨は、新規顧客を追加したときの構成を示す。
注記5　ア〜スは、装置間の回線を示す。
注記6　監視装置と監視対象装置との間をつなぐ管理ネットワークの構成は省略している。
図1　Z社の現行ネットワーク構成と増強案（抜粋）

Z社の概要とネットワーク構成が記載されています。毎回お伝えしていますが，ネットワーク構成図は設問を解くのにとても重要です。すべての機器を確認し，それぞれの役割および接続構成についても確認をしましょう。

構成が複雑なので，冗長化を考慮せず，一つの顧客やセグメントだけに注目してシンプルに考えます。ISP1から顧客セグメント1のCR11までは以下のような構成になっています。

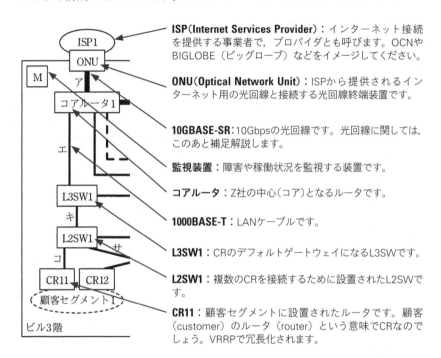

ISP（Internet Services Provider）：インターネット接続を提供する事業者で，プロバイダとも呼びます。OCNやBIGLOBE（ビッグローブ）などをイメージしてください。

ONU（Optical Network Unit）：ISPから提供されるインターネット用の光回線と接続する光回線終端装置です。

10GBASE-SR：10Gbpsの光回線です。光回線に関しては，このあと補足解説します。

監視装置：障害や稼働状況を監視する装置です。

コアルータ：Z社の中心（コア）となるルータです。

1000BASE-T：LANケーブルです。

L3SW1：CRのデフォルトゲートウェイになるL3SWです。

L2SW1：複数のCRを接続するために設置されたL2SWです。

CR11：顧客セグメントに設置されたルータです。顧客（customer）のルータ（router）という意味でCRなのでしょう。VRRPで冗長化されます。

では，問題文を読み進めていきますが，ここでも図1と照らし合わせ確認してください。

（1）現行ネットワーク構成
　Z社データセンタは，冗長性確保のためISPとマルチホーム接続をしており，接続先ISPとデータセンタは異なるAS番号で接続している。コアルータとISPとの間の冗長経路接続のためのルーティングプロトコルは，パスベクトル型ルーティングプロトコルである　　　a　　　が用いられている。

マルチホーム接続とは，インターネット接続において，回線の冗長化を実現することです。ISP1に障害が起こったら，ISP2に切り替えます。切り替えの方法は，空欄aのルーティングプロトコルで行います。

> 障害対応のための「冗長化」とともに，二つの回線を使うことで「帯域の増速」もできますよね？

　はい，BGPの設計次第で可能です。たとえば，あるAS向けのトラフィックはISP1，別のAS向けのトラフィックはISP2に向ける設定ができます。
　また，「接続先ISPとデータセンタは異なるAS番号」とありますが，ISP1とISP2が違う会社であれば，一般的にはAS番号が異なります。つまり，当たり前のことを書いています。こちらも，設問に関係ないので，流しておきましょう。
　空欄aは設問1で解説します。

> コアルータとコアルータとの間，コアルータとL3SWとの間，L3SWとL3SWとの間のルーティングプロトコルは，リンクステート型ルーティングプロトコルであるOSPFが用いられている。OSPFエリアは一つであり，　　b　　エリアだけで構成されている。

　経路制御にOSPFを用いています。参考ですが，WANのルーティングにはOSPFやBGP，LAN内のルーティングにはOSPFを用いることが一般的です。

> 2台のコアルータや，L3SWは，スタック接続したほうがいいのでは？

　H30年度午後Ⅱ問2では，スタック接続の構成がありましたね。たしかに，L3SWはスタック接続したほうがメリットが多いと思います（ただ，一般的にルータはスタック機能を持ちません）。大事なのは，少し変わった構成だなぁと感じても，問題文で指定された条件で問題を解くことです。設問の都

合で設定を決めている可能性があるからです。

空欄bは設問1で解説します。

> L3SW同士を接続している回線は，独立したIPセグメントになっている。

わかりにくい文章でした。単に，ネットワークが分かれていると考えてください。

具体的にいうと，図1の「エ」や「オ」が所属するネットワークと，「カ」が所属するネットワーク，「キ」と「ク」が所属するネットワークは，セグメントが別ということです。イメージが湧くように，以下IPアドレスとVLANを（勝手に）割り当てました。

> ※問題文を読む限り，グローバルIPアドレスが割り当てられていると思います。ですが，皆さんに馴染みが深いプライベートIPアドレスを用いています。

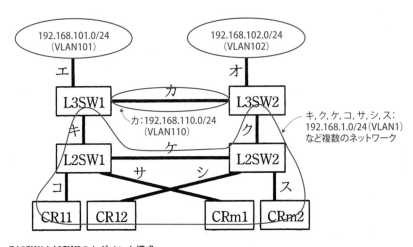

■L3SW1とL3SW2のセグメント構成

当たり前のセグメント構成に感じますが……

まあ，そうですね。でも，この方法以外の構成もとれますよ。たとえば，図の「カ」のネットワークを，独立した新しいセグメントにしないことも可能です。代わりに，VLAN101やVLAN1などのL3SWを経由するすべてのVLANをタグVLANで通過させるのです。また，「カ」のケーブルをそもそも接続しない構成も可能です。

ネットワークの設計はいくつかの方法があります。この記述は，設問1（2）の制約になっているだけです。先にも述べましたが，問題文の指示に素直に従うことが重要です。

第2章 過去問解説 令和元年度 午後I 問1 問題 問題解説 設問解説

> L2SWは顧客セグメントを収容するためのスイッチであり，各顧客セグメントへの接続のために，顧客ごとに一つのVLANを割り当て，2台のL2SWのそれぞれからCRに接続し，冗長性を確保している。

この内容も，ぼんやりと読むだけで終わらせず，しっかりと理解していきましょう。そのためにも，上記の内容を具体的に設計してみましょう。

Q. 上記の内容に関して，L2SWの設計をせよ。具体的にポートごとに，VLANやIPアドレスの設計を考えること。その際，ポートVLANなのか，タグVLANなのかも明記すること。L2SW構成を単純化するため，顧客は二つとする。

A. 顧客セグメント1を192.168.1.0/24（VLAN1），顧客セグメント2を192.168.2.0/24（VLAN2）とします。

L2SW1とL2SW2の設計は，次のようになります。

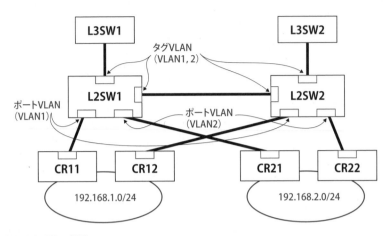

■L2SW1とL2SW2の設計

　L2SWのL3SWへ接続するポートがタグVLANであることは，このあとの「L3SWのL2SWへの接続ポートにはタグVLANを設定」という問題文も裏付けになります。

あれ？ L2SW に IP アドレスは割り当てないのですか？

　L2SWには，IPアドレスは基本的に不要です。割り当てなくても動作します。ただ，遠隔からSSHで設定する場合やSNMPで監視する場合などには，管理用のIPアドレスを割り当てます。今回の解説では省略しました。

> 　L3SWのL2SWへの接続ポートにはタグVLANを設定し，CR経由で顧客セグメントを接続している。L3SWはVRRPによってL3SW1とL3SW2，L3SW3とL3SW4がそれぞれ対になるように冗長化しており，マスタルータはL3SW1，L3SW3である。

　ネットワークの解説が続きます。続けて，L3SWのVRRPの設計も行ってみましょう。

Q. L3SW1とL3SW2のVRRPを含む，ポートやVLAN，IPアドレスの設計をせよ。

A. L3SW1とL3SW2の設計は，次のようになります。

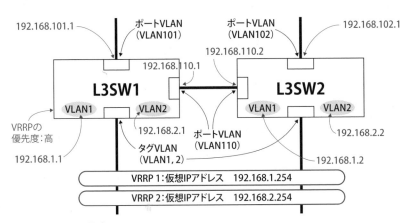

■L3SW1とL3SW2の設計

> L3SW の上位側（コアルータ側）には，VRRP を設定しなくてもいいのですか？

　はい，不要です。VRRPは冗長化を目的に設定するものです。上位側はOSPFで冗長化されるので，VRRPの設定は不要です。（ただし，現在はVLANが101と102と異なるので，VRRPを設定するにはネットワーク設計をやり直す必要があります。つまり，このままのネットワークではVRRPは設定できません。）

　CRは顧客が設置し，CR及び顧客セグメント内は顧客が構築，運用及び管理を行う。顧客は，2台のCRのZ社側のインタフェース（以下，インタフェースをIFという）にVRRPを設定する。

今度は顧客セグメント側に関する記述です。CRの上位側にVRRPを設定します。本題から外れるのでここでは解説はしませんが、顧客セグメントを含めたCRのIPアドレス設計、VRRP設計をぜひともご自身で実施してください。

　CRに顧客が設定したデフォルトルートのネクストホップは、L3SWで構成されるVRRPの仮想ルータのIPアドレス（以下、仮想ルータのIPアドレスを仮想IPアドレスという）になる。マスタルータが故障した際には、新しくマスタになったルータが　　　c　　　パケットをブロードキャストすることによってL2SWのMACアドレステーブルを更新する。

空欄cは設問1で解説します。

　ビル3階とビル4階には、ビル管理会社によってシングルモード光ファイバとその両端にメディアコンバータ（以下、M/Cという）が提供されている。M/Cは光－電気変換を行う装置で、1000BASE-Tの制限距離を延伸するために用いている。

　光ファイバについて補足します。注記1に、10GBASE-SR、1000BASE-LX、1000BASE-Tの3つが記載されています。ご存知かと思いますが、これはイーサネットの規格を表します。

■ イーサネットの規格

　この表記は、左から順に、回線速度（上記の場合は1000Mbps）、伝送方式（上記の場合は、ベースバンド方式[※注]）、ケーブルの種類（上記の場合はツイストペアケーブルのT）です。

　　　※注：ベースバンド方式は、デジタルデータをそのまま伝送する方式です（覚える必要はありません）。

参考 イーサネットの規格

以下に，この表記で表されるイーサネット規格をいくつか紹介します。

■イーサネット規格

規格	速度	ケーブル	距離
1000BASE-T	1Gbps	ツイストペアケーブル	100m
1000BASE-SX		光ファイバケーブル（マルチモード）	550m
1000BASE-LX		光ファイバケーブル（マルチモード，シングルモード）	マルチモード（550m）シングルモード（5km）
10GBASE-T	10Gbps	ツイストペアケーブル	100m
10GBASE-SR		光ファイバケーブル（マルチモード）	300m
10GBASE-LR		光ファイバケーブル（シングルモード）	10km

※距離は，製品や規格によって変わるので，目安と考えてください。

こんなの覚えられません。

はい，覚える必要はありません。ただ，先頭の数字が伝送速度を表していることや，最後の文字がTであれば，ツイストペアケーブルであることくらいは覚えておきましょう。

また，SXやSR，LXやLRについている文字S・Lは，波長が短い（S：Short）か，長い（L：Long）かという意味です。マルチモードは，シングルモードに比べて短い（S：Short）波長を使います。なので，Sが付くものはマルチモードです。

> ビル管理会社が提供するM/Cには，1000BASE-LX側IFがリンクダウンしたときに1000BASE-T側IFを自動でリンクダウンさせる機能はない。

なんだか，怪しい一文だと思いませんか？

たしかに。でも，どこで怪しいかを見分けるのですか？

通常は,「○○を実現する」とか,「○○の機能を持つ」とか,生産的な（というかプラスの）内容が記載されています。ここでは,「機能はない」とマイナスな内容を書いています。

製品には数えきれない機能が備わっています。
使用しない機能を問題文に列挙していたら,きりがありませんね。

でしょ。それでもあえて書いてあるということは,設問に関連するからです。実際,設問1（4）に関連します。

(2) 増強案
　Cさんに与えられた,ネットワーク増強に伴う設計方針は次のとおりであった。
・新規顧客は,ビル3階が満床であるので,ビル4階の既設L2SW配下に収容する。

ここに記載されている内容も,図1と照らし合わせて,新規顧客の位置などを確認してください。

・ビル4階の顧客について,ISPを経由する合計トラフィック量は,新規の顧客セグメントを含めて最大2Gビット／秒とする。

図1で,ビル4階の顧客からISPへの通信を見てみましょう（次の図の色矢印）。まず,L3SW3とL3SW4は,VRRPが設定されていて,正常時はL3SW3のみが動作します。L3SW3からコアルータ1までの通信は1Gビット／秒の回線1本しかないので,問題文にある2Gビット／秒のトラフィックを処理できません。

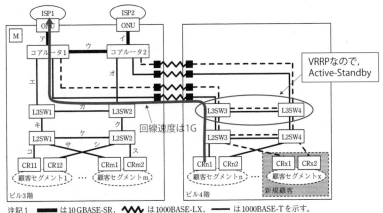

注記1　■■■■ は10GBASE-SR，〰〰 は1000BASE-LX，■■■■ は1000BASE-Tを示す。
注記3　‑ ‑ は，増強によって追加される回線を示す。

■ビル4階の顧客からISPへの通信

> 図1の点線箇所が，今回の増強によって追加される回線ですね。

　はい，そうです。なので，今回の増強により，リンクアグリゲーションで2本の回線を束ねるように変更することが想定できます。そうすれば，2Gビット／秒の回線速度を確保できます。

- ビル3階のL3SW1，L3SW2，L2SW1，L2SW2間の回線の追加，及び顧客セグメントの変更は行わない。
- Z社データセンタ内の回線が1か所切れた場合でも，トラフィックを輻輳（ふくそう）させない。

　リンクアグリゲーションによって，2本を束ねて2Gビット／秒に増速したとします。でも，1本が切れた場合でも，トラフィックを輻輳させないとあります。つまり，2Gビット／秒を保つ必要があるのです。1本が切れると1Gビット／秒の速度しかありません。困りました。この対策は，これ以降に説明があります。

Cさんは，コアルータからビル4階のL2SWまでの回線帯域の増強を検討する必要があると考え，回線を追加し，リンクアグリゲーション（以下，LAGという）で二つの回線を束ねる方式に関して，次のように検討した。

　予想どおり，リンクアグリゲーションを使って増速することになりました。

　①Link Aggregation Control Protocol（以下，LACPという）を設定する。LAGを構成する回線のうち1本が切れた場合には，②切れた回線を含む同一LAGを構成するIF全てを自動的に閉塞するように設定する。

　設定方法は，静的に設定する方法と，LACP（Link Aggregation Control Protocol）というプロトコルなどを使って動的に設定する方法があります。

> スイッチのポートの設定において，固定で設定するのか，オートネゴシエーションによる自動設定か，みたいなものですか？

　そう考えてもらえばいいでしょう。
　LACPを用いた場合の利点は，下線①を題材に設問1（4）で問われます。また，下線②に関しては，設問1（5）で説明します。

　覚える必要はありませんが，イメージを膨らませるために，以下にリンクアグリゲーションの設定例を紹介します。

```
Switch(config)#interface range fastEthernet 0/1 - 2  ← 1番，2番ポートに設定
Switch(config-if-range)#switchport mode access       ← ポートVLANの設定
Switch(config-if-range)#switchport access vlan 10     ← VLAN番号を10に設定
Switch(config-if-range)#channel-group 1 mode active  ← リンクアグリゲーションの設定
```

■ リンクアグリゲーションの設定例（Cisco社のCatalystの場合）

　最後の行ですが，modeのあとに，静的に設定するのか（mode on），LACPで動的に設定するのか（mode active）を指定します。今回は，LACPの設定をするので，mode activeになっています。

> LAGを構成する回線の負荷分散は，ハッシュ関数によって決定される。

わかりにくい記述だったと思います。LAGにより，2本の回線のどちらを使うかは，ハッシュ関数で決定するという意味です。

> 2本の回線を同時に使うのではないのですか？

LAGの場合，一つのパケットを半分にして，2本の回線に同時に流すわけではありません。一つめのパケットは1本目の回線，二つめのパケットは2本目の回線などと，パケットを分散することで，冗長化と帯域向上を図っています。

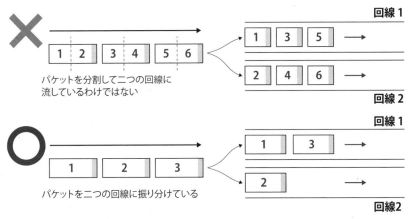

■ パケットを二つの回線に分散する

この振分けの方法に，ハッシュ関数を使います。

> Z社の装置では，ハッシュ関数は[送信元MACアドレス，宛先MACアドレス]の組から計算する方法と，[送信元IPアドレス，宛先IPアドレス，送信元ポート番号，宛先ポート番号]の組から計算する方法の2通りが選択できる。③前者の方法では負荷分散がうまくいかない場合があるので，Cさんは後者の方法を選択した。

以下，図を見てください。2台のL2SWが，リンクアグリゲーションで接続されています。PC1からサーバ1への通信❶と，PC1からサーバ2への通信❷を、異なるLANケーブルを利用して負荷分散させたいとします。

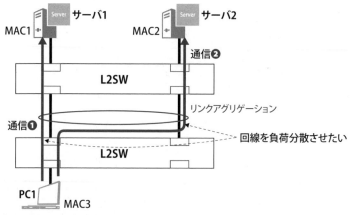

■ハッシュ値による負荷分散

　そこで，ハッシュ関数で計算した結果を用いて回線を振り分けます。
　単純化して解説します。このとき，[送信元MACアドレス，宛先MACアドレス]のハッシュ値が1などの奇数になったら1本目の回線，2などの偶数になったら2本目の回線を使って通信をするように負荷分散をします。
　今回の図では二つのサーバしかないので，ハッシュ値が同じになってしまう可能性があります。しかし，通信先のサーバがたくさんになれば，ハッシュ値がバラけて，うまく負荷分散されるでしょう。

> 送信元MACアドレスと宛先MACアドレスが同じだったらどうなりますか？

　ハッシュ値が同じなので，特定の回線だけを使います。つまり，負荷分散はされません。この点は，下線③に関連します。詳しくは，設問1（6）で解説します。
　また，問題文にあるように，[送信元IPアドレス，宛先IPアドレス，送信元ポート番号，宛先ポート番号]の組から計算する方法もあります。

〔自社サービス提供状況の把握〕

　Z社は，自社の通信装置の稼働状況を把握するために，顧客のデータが流れるネットワークとは独立した管理ネットワークを用い，監視装置から図2中に示したL2SWz1を経由して各監視対象装置の管理IFに対して監視を行っている。

　顧客のデータが流れるネットワーク（以降，ここでは顧客ネットワークと記載）と，管理ネットワークを分けているということです。

それって，一般的ですか？

　必ずしも一般的ではありません。図2にあるように，追加配線が必要ですから，コストも手間もかかります。しかし，顧客ネットワークが輻輳して通信ができなくなったとしても，管理ネットワークを使って遠隔から設定を確認したりできるので，メリットもあります。

　監視対象装置では管理IFと他のIFとの間でルーティングすることはできない。

　ルーティングができると，顧客ネットワークと，管理ネットワークとの間でパケットが転送されてしまいます。両者を分離しているので，当然の設定といえます。

　現行の監視方法は，次のとおりである。
(i) 　　d　　プロトコルを利用したpingによって，各監視対象装置の管理IFのIPアドレスに対して死活監視を行う。
(ii) SNMPによって，各監視対象装置からの状態変更通知である　　e　　を受信する。
(iii) SNMPによって，各監視対象装置から5分ごとに管理情報ベースである　　f　　を取得する。

監視方法が穴埋めで問われています。空欄については設問2（1）で解説します。

> Cさんは，現行の監視方法では自社の通信装置の故障は把握できるが，顧客へのサービスの提供状況をリアルタイムに把握することが難しいと考えた。

> 自社の装置の故障が把握できたら，サービス提供状況も把握できると思います。

たしかに，わかりにくい文章ですね。具体例を挙げて解説します。

たとえば，L3SW1が故障し，L3SW2は故障していないとします。現行の監視方法で，どの機器が故障しているか，という状態を把握できます。

では，顧客へのサービスの提供状況はどうでしょう。

> L3SW2は故障していないのですよね？
> VRRPで冗長化されていれば，顧客への通信（つまりサービス提供）は問題ないと思います。

いえ，そうとは限りません。たとえば，VRRPの設定が間違っていて適切に切り替わっていない可能性もあります。もちろん，SNMPの監視でそれらもわかるかもしれませんが，把握するまでに時間がかかる場合があります。だから「顧客サービスの提供状況をリアルタイムに把握」できるとは限らないのです。

一番確実なのは，実際に通信をしてみることです。

> そこでCさんは，顧客へのサービスの提供状況を把握するために，④現行の監視方法に，次の監視方法を追加すれば良いと考えた。
> ・監視装置を，新規に設置するL2SWz2経由で各コアルータに接続し，監視装置から顧客のデータが流れるネットワークへのパケットの疎通を確保する。

この部分の内容を，図2で確認しましょう。図2の上部にあるL2SWz2が，今回新設された機器です。先ほどは管理ネットワークと顧客ネットワークが分離されていました。よって，管理ネットワークから顧客ネットワークにpingを打っても届きません。今回は，監視装置から顧客ネットワークに通信ができます。その結果，顧客ネットワークへの通信状況が把握できます。

> 通信状況の把握とは，SNMPとかでトラフィック量を見たりするのでしょうか。

　いえ，今回はそこまでしません。このあとに記載がありますがping監視だけです。なので，顧客からの通信経路が保たれているか，というくらいの確認です。

> そんな監視で意味があるのですか？

　すごく意味があるとは思いませんが，それでも必要な監視です。顧客にサービスを提供する中で，通信ができないという障害が発生したとします。原因は，顧客が準備したアプリケーション（レイヤ7）だったりするので，Z社に関係がないこともあります。ですが，Z社が提供している主なサービスであるネットワーク（レイヤ3）に関しては，きちんと疎通ができていることを確認する必要があります。pingの疎通確認というのは，基本的ではありながら，必須の監視といえます。

- L3SWに，VRRPの仮想IPアドレスへのpingに応答する設定を行う。

　L3SWのVRRPは，どこに設定されていたでしょうか。設定できる場所は，コアルータ側とL2SW側があります。今回は，L2SW側だけです（コアルータ側はVRRPを設定せずに，OSPFで冗長化していましたね）。

「仮想 IP アドレスへの ping に応答する設定」とありますが，何もしなければ ping に応答しないのでしょうか。

　製品によります。たとえば，NEC社のUNIVERGE IXシリーズの場合，デフォルトでは応答を返しません。VRRPを動作させているインタフェースで「vrrp ip virtual-host」コマンドを設定することで，pingに応答するようになります。

　　※参照：https://jpn.nec.com/univerge/ix/faq/vrrp.html#Q1-9

- 監視装置を送信元，**L3SWのVRRPの仮想IPアドレスを宛先**とするpingによって監視を行う。

監視するのは，「VRRP の仮想 IP アドレス」の一つだけですか？
他の IP アドレスは不要ですか？

　そう思いますよね。私も，VRRPの仮想IPアドレスだけではなく，L3SWのコアルータ側や，コアルータも ping 監視をしたほうがいいと思いました。
　ですが，「顧客ネットワークへの影響」という観点であれば，途中経路の監視は不要です。仮にL3SW1が故障していたとしても，VRRPでL3SW2に切り替わっていれば問題ないからです。
　ただ，VRRPの仮想IPアドレスといっても一つではありません。すべての顧客セグメントにVRRPの仮想IPアドレスがあります。図1をみると顧客セグメントが1〜mまであるので，仮想IPアドレスがm個存在します。

監視方法を追加した後の管理ネットワークの構成案を，図2に示す。

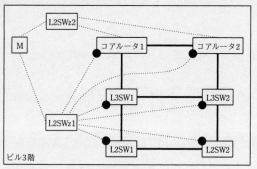

注記1 ● は，監視対象装置の管理IFを示す。
注記2 ━━ は，顧客のデータが流れるネットワークを示す。
注記3 ┈┈┈ は，監視を行うために必要なネットワークを示す。
注記4 ISPとビル4階の構成は省略している。

図2 監視方法を追加した後の管理ネットワークの構成案（抜粋）

　Z社は，Cさんの検討結果を基にネットワークの増強プロジェクトを立ち上げた。

　図2に，管理ネットワークの構成案があります。この中で，どの部分が「現行の監視方法」で，どの部分が「追加された監視方法」なのか，記載してみましょう。

　以下が正解です。

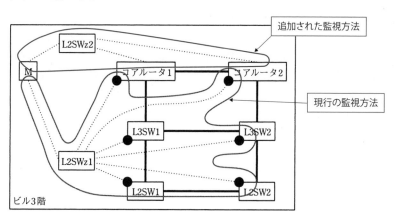

■ 現行の監視方法と追加された監視方法

設問の解説

〔Z社の現行ネットワーク構成と増強案〕について，(1)〜(6)に答えよ。

(1) 本文中の ┌ a ┐〜┌ c ┐に入れる適切な字句を答えよ。

空欄a

問題文の該当部分は以下のとおりです。

> コアルータとISPとの間の冗長経路接続のためのルーティングプロトコルは，パスベクトル型ルーティングプロトコルである ┌ a ┐ が用いられている。

パスベクトル型という耳慣れない言葉がヒントでしたが，正解はBGP，またはBGP4です。

RIPも「なんちゃらベクトル型」だった気がします。

RIPは距離ベクトル型です（ディスタンスベクター型と表現する人もいます）。RIPはホップ数（＝経由するルータの数）と方向（ベクトル）を使った単純な経路制御（＝ルーティング）方式です。一方，BGP（またはBGP4）は，ホップ数の代わりに「パス（ASパス）」を使って経路制御をします。ASパスは，接続先ネットワークへのASの経路情報を含んでいます。具体的には，どのASを経由して宛先に届くかという情報です。（※詳しくは参考欄を参照してください。）

このように，パスと方向（ベクトル）を使った経路制御をするので「パスベクトル型」といわれます。

| 解答 | BGP または BGP4 |

この問題文の少し前に,「AS番号」という記載があるので,BGPだとわかった人もいたことでしょう。

>>>

参考 **AS_PATH**

AS_PATHに関して,言葉だけだとわかりにくいので,具体例を紹介します。以下のように,ルータが4台あり,BGPで経路交換をするネットワークがあります。ルータにはそれぞれAS番号が付与されています。RT1はAS番号がXX01,RT2はXX02,……RT4はXX04です。また,各ルータには,ネットワークが接続されていて,RT1は10.1.1.0/24,RT2は10.1.2.0/24,……RT4は10.1.4.0/24です。

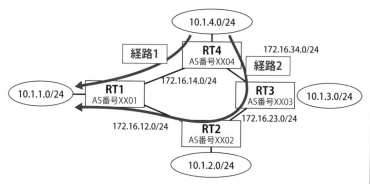

∎ **AS_PATHの例**

ここで,RT4から10.1.1.0/24への経路は二つあります。一つはRT1に直接向かう経路で,もう一つはR3→RT2→RT1と経由する経路です。
では,Ciscoルータのコマンドで,AS_PATH情報を見てみましょう。

```
Router#sh ip bgp
   Network          Next Hop        Metric LocPrf Weight Path
*  10.1.1.0/24      172.16.34.254        0        XX03 XX02 XX01 i
*>                  172.16.14.254    0   0        XX01 i
*  10.1.2.0/24      172.16.34.254        0        XX03 XX02 i
*>                  172.16.14.254        0        XX01 XX02 i
......
```

∎ **AS_PATH情報**

第2章
過去問解説
令和元年度
午後Ⅰ
問1
問題
問題解説
設問解説

10.1.1.0/24のNetworkを見てください。Pathのところに複数の経路のAS_PATHが表示されています。1行目はPathが「XX03 XX02 XX01 i」となっていて，AS番号XX03（RT3），AS番号XX02（RT2），AS番号XX01（RT1）を経由（経路2）して10.1.1.0/24のネットワークに接続することがわかります。2行目はXX01だけなので，RT1を経由する経路1です。

※「i」はiBGPのルートであることを表しています。

空欄b

問題文の該当部分は以下のとおりです。

OSPFエリアは一つであり，　　　b　　　エリアだけで構成されている。

　OSPFでは，ネットワークを「エリア」と呼ぶ単位に分割します。そして，詳細な経路情報はエリア内のルータのみで共有します。そうすることで，ルータの負荷を軽減します。

　また，各エリアには番号が付与されます。その中で，エリア番号が0であるエリアはバックボーンエリアと呼ばれ，必ず存在しなければなりません。今回，OSPFエリアは一つだけですから，空欄bは「バックボーン」です。

解答	バックボーン

空欄c

問題文の該当部分は以下のとおりです。

マスタルータが故障した際には，新しくマスタになったルータが，　　　c　　　パケットをブロードキャストすることによってL2SWのMACアドレステーブルを更新する。

　次の図で考えましょう。L3SW1とL3SW2がVRRPで冗長化されています。

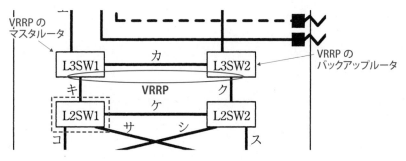

■ VRRPのマスタルータとバックアップルータ

　故障する前（マスタルータがL3SW1）の場合，L2SW1のMACアドレステーブルは，以下のとおりです。

■ 故障する前のL2SW1のMACアドレステーブル

MACアドレス	ポート
VRRPの仮想MACアドレス	キに接続しているポート
・・・・	・・・・
・・・・	・・・・

　ここで，故障により，L3SW2がマスタルータになったとします。しかし，マスタルータが切り替わっても，VRRPの仮想MACアドレスは変わりません。このMACアドレステーブルのままだと，L3SW1（＝故障しているほう）にフレームを送信しまいます。そこで，L2SW1のMACアドレステーブルを書き変える必要があります。具体的には，以下のようになります。

■ L2SW1のMACアドレステーブルを書き変える

MACアドレス	ポート	
VRRPの仮想MACアドレス	ケに接続しているポート	←「ケに接続しているポート」に変更
・・・・	・・・・	
・・・・	・・・・	

どうやって書き変えるのですか？

L3SW2がGARPを送信します（※GARPに関しては，参考欄の解説を参照してください）。L2SW1では，「ケに接続しているポート」から，送信元が「VRRPの仮想MACアドレス」のフレームが届くと，MACアドレステーブルの情報が古いと判断して，この新しい情報に書き変えるのです。

解答　GARP

　GARPは過去に何度も出題されています。GARPが出たら「ラッキー」と思えるくらいまで，確実に覚えておきましょう。

>>> **参考**　**GARP（Gratuitous ARP）**

　　従来のARPは，IPアドレスからMACアドレスを取得します。GARPもこの点は同じです。しかし，従来のARPと違うのは，GARPは自分のIPアドレスを問い合わせるのです。その目的は，自分のMACアドレスを知りたいのではなく，自分のIPアドレスとMACアドレスを周りに通知するためです。たとえば，GARPによって，スイッチングハブのARPテーブルを更新します。過去問（H26年度NW午後Ⅰ問2）でも，「自ポートに設定されたIPアドレスの解決を要求する　エ：GARPまたは，Gratuitous ARP　を用いて接続機器のARPテーブルを更新する」とあります。
　　このように，GARPは本来のARPとしての意味がありません。Gratuitousが，「いわれのない」「根拠のない」という意味なのも，理解できるのではないでしょうか。

設問1

（2）L3SW1とL3SW2で行っているVRRPによる冗長化において，L3SW1やL3SW2が受信するアドバタイズメントパケットはどの回線を通るか。経由する回線を図1中のア～スの中から選び，全て答えよ。

　アドバタイズメントパケットとは，VRRPのアドバタイズ（広告）パケットのことです。このパケットは，送信元が自分のIPアドレスで，宛先アドレスが224.0.0.18のマルチキャストです。マルチキャストパケットのうち224.0.0.0/24を宛先とするパケットは制御用のパケットで，同一セグメント内だけに送られます（ルータを越えられません）。ということは，L3SW1と

L3SW2が同一セグメントになっている必要があります。

　さて，問題文の解説で書きましたが，L3SW1とL3SW2のセグメント構成は，以下のようになっています。

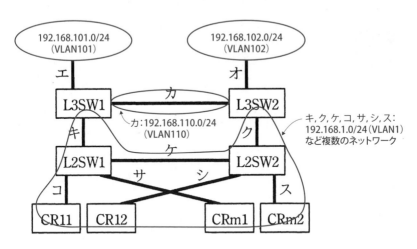

■ **L3SW1とL3SW2のセグメント構成**

　この中で，L3SW1とL3SW2が同一セグメントになっているのは，「カ」のネットワークか，「キ，ク，ケ，コ，サ，シ，ス」のネットワークです。さて，この二つのネットワークで，VRRPが設定されているのは，どちらでしょう。

> 「キ，ク，ケ，コ，サ，シ，ス」のネットワークです。
> だから，アドバタイズメントパケットはこちらを通りますね。

　そうです。どこを通るかというと，上の図を見れば一目瞭然ですね。CR11などと接続しているコ，サ，シ，スは通らず，キ→ケ→クを通ります。

解答	キ，ク，ケ

(3) 現行ネットワークにおいて，顧客に割り当てているVLANタグの付
　　与が必須となる回線を図1中のア〜スの中から選び，全て答えよ。

「顧客に割り当てている VLAN タグ」って……
そんな VLAN ありましたか？

はい，ありましたよ。問題文の以下の部分です。

L2SWは顧客セグメントを収容するためのスイッチであり，各顧客セグ
メントへの接続のために，顧客ごとに一つのVLANを割り当て，2台の
L2SWのそれぞれからCRに接続

　顧客セグメント1用のVLANをVLAN1，顧客セグメント2用のVLANを
VLAN2とし，L2SWに設定した図が以下です。

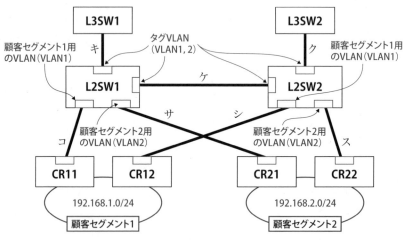

■ L2SW1とL2SW2の設計

　上記にあるように，複数の顧客のネットワークが混在する箇所（キ，ク，ケ）
ではタグVLANの設定が必須です。一方，コ，サ，シ，スは顧客専用のネッ
トワークなので，ポートVLANを設定します。VLANタグの付与は必要あり

ません。

解答 キ，ク，ケ

（4）本文中の下線①について，静的LAGではなくLACPを設定すること
によって何が可能となるか。50字以内で述べよ。

問題文の該当部分は以下のとおりです。

> Cさんは，コアルータからビル4階のL2SWまでの回線帯域の増強を検
> 討する必要があると考え，回線を追加し，リンクアグリゲーション（以下，
> LAGという）で二つの回線を束ねる方式に関して，次のように検討した。
> ①Link Aggregation Control Protocol（以下，LACPという）を設定する。

> お手上げです。さっぱりわかりません。

たしかに難しい問題です。試験センターの採点講評にも「正答率は低かっ
た」とあります。

しかし，わからないからといって，あきらめてはいけません。答えに迷っ
たら，問題文に戻りましょう。問題文に，怪しいところはなかったですか？
ありましたよね。具体的には，以下の部分です。

> ビル管理会社が提供するM/Cには，1000BASE-LX側IFがリンクダウンし
> たときに1000BASE-T側IFを自動でリンクダウンさせる機能はない。

次ページの図1の抜粋を見てください。コアルータ1からL3SW3への接
続を考えます。仮に，M/Cの1000BASE-LX側IFがリンクダウンしたとしま
す（次ページ図❶）。このとき，1000BASE-T側IFを自動でリンクダウンさ

せる機能がないので，M/C はリンクダウンをしません（下図❷）。その結果，コアルータ1の IF もリンクダウンしません（下図❸）。

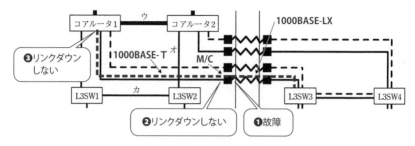

■M/Cの1000BASE-LX側IFがリンクダウンしても1000BASE-T側IFはリンクダウンしない

　リンクダウンしなければ，コアルータ1は，ケーブルが正常に動作していると判断します。L3SW3 宛てのパケットを送信しますが，故障しているのでM/Cから先にパケットが送られません。これが問題点です。
　ところが，LACP を使えば，スイッチのオートネゴシエーションのように，対向のスイッチと情報をやりとりします。M/C が壊れると，そのポートからはLACPを受信しなくなります。よって，このポート（リンク）からパケットを送信してはいけないと判断できます。
　さて，答案の書き方ですが，50字という長めの文字数なので，具体的に書くことを心がけましょう。

> **解答例** リンクダウンを伴わない故障発生時に，LAGのメンバから故障回線を自動で除外できる。（41字）

こんな解答，書けるはずがありません。

　解答例のように書けた人はほとんどいないと思います。合格ラインは6割なので，あまり気にしないようにしましょう。この問題に関しては，部分点を狙えば十分です。

さて，解答例に関して少し補足をします。「リンクダウンを伴わない故障発生時」というのは，「1000BASE-LX側IFがリンクダウンしたとき」です。このとき，コアルータ1はリンクダウンしません。でも，回線は故障しています。

この状態で，LACPを使うと「何が可能となるか」，この点が設問で問われています。ですから，「リンクダウン発生時に**何が可能となるか**」を答えます。それは，「LAGの対象から外すこと」です。

> 「ケーブルが故障かどうかを判断できること」，
> では不正解ですか？

個人的には正解でもいいと思っています。ただ，正確には，LACPが**故障を検知できる**というのは若干言い過ぎな気もします。というのも，ルータの動作としては，LACPのネゴシエーションができない場合に，「LAGのメンバから除外する」というシンプルな動きをするだけだからです。故障ではなく，対向の機器が接続されていない場合も同じ動きをします。

設問1

(5) 本文中の下線②について，L3SW3とL2SW3との間のLAGでIFを自動閉塞しない場合，どのような問題点があるか。"パケット"の字句を用いて25字以内で述べよ。

問題文の該当部分は以下のとおりです。

> LAGを構成する回線のうち1本が切れた場合には，<u>②切れた回線を含む同一LAGを構成するIF全てを自動的に閉塞する</u>ように設定する。

この設問も，問題文のヒントから解答を導きます。

問題文でも解説しましたが，以下の記述により，トラフィック量は2Gが必要です。

- ビル4階の顧客について，ISPを経由する合計トラフィック量は，新規の顧客セグメントを含めて最大2Gビット／秒とする。

よって，回線の1本が切れた場合，要件である最大2Gビット／秒の帯域が確保できません。これが，問題点の概要です。

さて，答案の書き方ですが，設問で問われている「問題点」を書くことと，「パケット」の文字を使います。

「要件である2Gビット／秒の帯域が確保できない」だと，「パケット」の言葉を使っていませんね。

そうなんです。この問題も難しかったです。ですが，「パケット」の言葉を入れないと点数がもらえません。多少強引でもいいので，必ず「パケット」の言葉は入れましょう。

解答例は，以下のようにすっきり書かれています。答えを見ると，「なるほど」と思いますが，このようにはなかなか書けなかったことでしょう。

解答例 1Gビット／秒を超えたパケットが廃棄される。（22字）

なお，1Gビット/秒を超えたパケットが，全部廃棄されるわけではありません。ルータのバッファに蓄積されたり，送信できなかったパケットを再送する機能があるからです。ですが，それらの機能も限界があります。大幅にパケットがあふれる場合は廃棄されます。

設問の解答は以上ですが，今回において，2Gビット／秒の帯域を確保するには，どうすればいいのでしょうか。問題文にも「Z社データセンタ内の回線が1か所切れた場合でも，トラフィックを輻輳させない」とあります。

対策は，問題文にあるように，「切れた回線を含む同一LAGを構成するIF全てを自動的に閉塞する」ことです。次の図で説明します。LAGを構成する回線のうち1本が切れた場合（次図❶）には，同一LAGのIFを全て閉塞します（次図❷）。そうすれば，OSPFがリンクダウンを検知して，冗長化して

いる回線（L3SW4とコアルータ2に接続された回線）に自動で切り替わります（下図❸）。こうすれば, 2Gビット／秒の帯域を確保することができます。

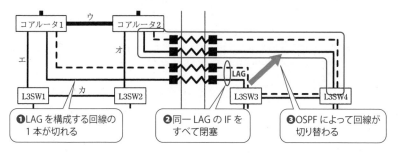

■ 2Gビット／秒の帯域を確保するには

設問1

（6）　本文中の下線③について, 前者の方式を選択したときにLAGの負荷分散が図1の場合うまくいかないのはなぜか。50字以内で述べよ。

問題文の該当部分は以下のとおりです。

LAGを構成する回線の負荷分散は, ハッシュ関数によって決定される。Z社の装置では, ハッシュ関数は［送信元MACアドレス, 宛先MACアドレス］の組から計算する方法と,［送信元IPアドレス, 宛先IPアドレス, 送信元ポート番号, 宛先ポート番号］の組から計算する方法の2通りが選択できる。③前者の方法では負荷分散がうまくいかない場合があるので, Cさんは後者の方法を選択した。

問題文の解説では, L2SWでLAGを組む構成を紹介しました。では, 今回のように, L3SWでLAGを組む場合で考えます。わかりやすいように, 簡略化した図（次ページ）で説明します。

PC1から, サーバ1に対して, 通信をします。

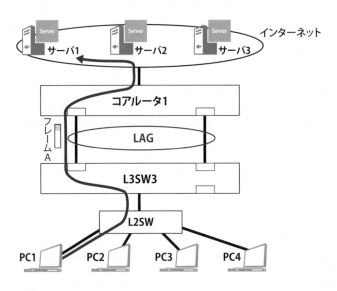

■PC1からサーバ1に通信

　このとき，L3SW3からコアルータ1へ送られるフレーム（図のフレームA）の，送信元MACアドレスと宛先MACアドレスは何になるでしょうか？

> 送信元MACアドレスはL3SW3，宛先MACアドレスは，コアルータ1ですかね。

　そうです。これは，送信元をPC1からPC2やPC3，宛先をサーバ1からサーバ2などに変更しても変わりません。ということは，［送信元MACアドレス，宛先MACアドレス］の組でハッシュ計算すると，同じ値になります。ですから，常に同じケーブルを使って通信がされるため，負荷分散がされません。
　さて，答案の書き方ですが，設問では，「なぜか」という「理由」を問われています。なので，文末を「から」で締めましょう。また，文字数は50字と長いので，具体的な記載を書くべきです。たとえば「送信元MACアドレスはL3SW3，宛先MACアドレスはコアルータ1に固定され，ハッシュが常に同じ値になるから」などになります。

> **解答例** 通信の送信元と宛先MACアドレスの組合せが少なくハッシュ関数の計算値が分散しないから（42字）

> 組合せは「一つ」ですよ。
> 組合せが「少なく」って，どういう意味ですか？

　たしかに，この解答例は，「あれ？　変だなあ」という印象があります。ただ「組合せが少なく」には，「組合せが一つ」も含まれていますから，間違ってはいませんが……。

　なぜこのような解答例なのでしょうか。考えてみると，宛先MACアドレスが一つと言い切れないことも事実です。コアルータやL3SWにVLANが複数あれば，MACアドレスも増えます。たとえば，管理VLANがある可能性があります。また，OSPFのマルチキャストパケットも，特定のMACアドレス宛てに送信されます。このようなことから，MACアドレスが一つと言い切らなかったのかなあと思います（筆者の想像です）。

　ただ，この点は，作問者の意図がわからないので，これ以上の深入りはやめましょう。皆さんは，**MACアドレスが固定**されて，**ハッシュ値が同じになること**をしっかりと書けるようにしてください。部分点は確実にもらえます。

> **設問2**
>
> 　〔自社サービス提供状況の把握〕について，（1）～（3）に答えよ。
> （1）本文中の　　d　　～　　f　　に入れる適切な字句を答えよ。

　問題文の該当部分を再掲します。

　現行の監視方法は，次のとおりである。
（i）　　d　　プロトコルを利用したpingによって，各監視対象装置の

管理IFのIPアドレスに対して死活監視を行う。

（ii）SNMPによって,各監視対象装置からの状態変更通知である　| e |　を受信する。

（iii）SNMPによって，各監視対象装置から5分ごとに管理情報ベースである　| f |　を取得する。

　監視に関しては，1年前のH30年度午後Ⅰ問2でも問われました。内容は，ping監視，SYSLOG監視，SNMPによる監視の三つでした。これらをしっかり勉強していた人にはサービス問題だったと思います。

<hr>

空欄d

　pingのプロトコルはICMP（Internet Control Message Protocol）です。ICMPは，ネットワーク層で動作し，通信相手との接続性を確認したりするプロトコルです。ICMPの代表的なコマンドは，ping以外にもtracert（またはtraceroute）があります。ICMPは過去にも何度か問われているので，しっかり覚えておきましょう。

解答	ICMP

<hr>

空欄e, 空欄f

　SNMP（Simple Network Management Protocol）は，そのフルスペルのとおり，簡易なネットワーク管理のプロトコルです。

　SNMPによる管理方法は大きく分けて二つあります。一つは，監視サーバ（SNMPマネージャ）から監視対象機器（SNMPエージェント）に対してMIBを取得するポーリングです。機器側ではMIB（Management Information Base）というツリー構造のデータベースを持っています。MIBには，たとえば，インタフェースの名称や速度，リンク状態などの各種情報が保存されています。

　もう一つは，監視対象機器（SNMPエージェント）から監視サーバ（SNMPマネージャ）へ，状態変更の通知を行うTrapです。たとえば，スイッチのIFがダウンした場合に，そのことをSNMPマネージャへ通知します。

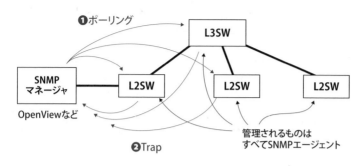

❶ポーリング

L3SW

SNMP
マネージャ   L2SW   L2SW   L2SW

OpenViewなど

管理されるものは
すべてSNMPエージェント

❷Trap

■ポーリングと**Trap**

解答　空欄e：SNMPトラップ または SNMP trap　　空欄f：MIB

　空欄eの解答例は，「トラップ（Trap）」ではなく，「SNMPトラップ（SNMP trap）」と，「SNMP」が付いています。ですが，過去の穴埋め問題や問題文では「トラップ（Trap）」と記載されています（たとえばH23年度午後I問1）。SNMPと付けなくても正解になったと思います。

設問2

　(2)　L2SW3とL2SW4との間のLAGを構成する各回線のトラフィック量を把握するために必要な監視方法を，本文中の（i）～（iii）から選び，そのローマ数字を答えよ。

　問題文の該当部分は以下のとおりです。

（i）　| d：ICMP |　プロトコルを利用したpingによって，各監視対象装置の管理IFのIPアドレスに対して死活監視を行う。

（ii）SNMPによって，各監視対象装置からの状態変更通知である
　| e：SNMPトラップ |　を受信する。

（iii）SNMPによって，各監視対象装置から5分ごとに管理情報ベースである　| f：MIB |　を取得する。

順番に見ていきましょう。

（i）ICMPのpingは，IFが正常であるかの死活監視しかできません。よって，トラフィック量は把握できません。

（ii）Cisco社のCatalystでの設定を紹介します。SNMPのTrapの設定は以下のコマンドで設定します。

```
Switch(config)#snmp-server enable traps
```

　このとき，どんな場合にTrapを送るかを指定することができます。たとえば，上記のtrapsに続けてhsrpと指定すればHSRPに関するもの，snmpと指定すると機器の起動やIFのリンクアップなどに関するものです。しかし，残念ながら，トラフィック量は把握できません。

　（iii）MIBは，トラフィック量を取得できます。よって，正解の選択肢です。詳しくは参考欄の解説も参考にしてください。

> **解答** 　（iii）

> ### 参考　MIBでトラフィック量を取得しよう
>
> 　ここでは，Cisco社のCatalystスイッチのMIBを取得した様子を紹介します。あくまでも雰囲気を味わってもらうだけなので，コマンド等の理解は不要です。
> 　まず，スイッチでは，スイッチのIPアドレスを設定したうえで，SNMPの設定をします。ここではコミュニティ名をpublicとしています。
>
> ```
> switch(config)#snmp-server community public RO
> ```
>
> 　次に，LinuxをSNMPサーバにして，ifHCInOctets（受信したバイト数）とifHCOutOctets（送信したバイト数）を取得します。snmpgetコマンドにて，スイッチのIPアドレス（10.1.1.100）を指定し，スイッチの4番ポートのifHCInOctetsを取得します。ifHCInOctetsのOIDは.1.3.6.1.2.1.31.1.1.1.6.xで，最後のxにIFの番号10004を指定します。
>
> ```
> # snmpget -v2c -c public 10.1.1.100 .1.3.6.1.2.1.31.1.1.1.6.10004
> ```

その結果，以下のように，バイト数のカウンタが表示されます。

```
IF-MIB::ifHCInOctets.10004 = Counter64: 20008082
```

通信をするごとにこのカウンタが上がります。その増分を見れば，たとえば，1時間のトラフィック量を測定することができます。

設問2

(3) 本文中の下線④について，追加する監視方法では，自社サービスのどこからどこまでの区間の正常性を確認できるようになるか。該当する区間を，本文中の字句を用いて答えよ。

問題文の該当部分は以下のとおりです。

　そこでCさんは，顧客へのサービスの提供状況を把握するために，④現行の監視方法に，次の監視方法を追加すれば良いと考えた。

よくわからない問題ですね～

　そう思います。この設問で何を問うているのかよくわかりません。なので，解答が書きにくかったと思います。しかし，こういうわからない問題であっても，得点を稼ぐ必要があります。そのためのポイントは，設問文の問いに素直に答えることです。

　まず，設問にある「追加する監視方法」が何であったのか，問題文で確認します。問題文には，「**監視装置を送信元，L3SWのVRRPの仮想IPアドレスを宛先**とするpingによって監視を行う」とあります。

　図2に書き入れると，次ページのようになります。

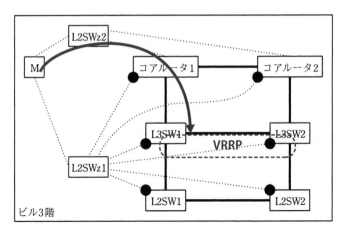

ビル3階

■追加する監視方法

> ※なお，L3SWのVRRPの仮想IPアドレスは，L2SWと接続するVLANごとに設定
> されます。

問われているのは，「どこからどこまでの区間の正常性を確認できるように
になるか」です。

> この図だけを見ると，「コアルータからL3SWのL2SW側の
> VLANまで」です。でも，そんな答えでいいのですか？

たしかに，単純すぎる答えなので，不安になりますよね。でも，くどいで
すが，この試験では，設問に忠実に答えることが大事です。問題文の事実お
よび，設問を正しく読んで導き出された答えであれば，自信を持って書きま
しょう。実際，その内容で正解です。

答案の書き方ですが，「区間」が問われています。文末は「区間」で終わ
らせるようにしましょう。

解答例	コアルータ　から　L3SW　までの区間

「区間」というのが，物理的なものなのか，論理的なものを指すのか，明

確にはわかりません。ただ，解答例は，物理的なものを指しているように感じます。だから，「コアルータ」「L3SW」という物理的な機器だけで解答をまとめているのでしょう。

次ページでは，この問題の解答例の一覧と予想配点および，合格者の方からいただいた復元答案と採点結果（予想）を紹介しています。
　合格者の採点については，公表された実際の得点をもとに，筆者が予想をしています。文章問題では，解答に幅があることがおわかりいただけると思います。

設問			IPA の解答例・解答の要点	予想配点
設問1	(1)	a	**BGP** 又は **BGP4**	3
		b	**バックボーン**	3
		c	**GARP**	3
	(2)		**キ，ク，ケ**	4
	(3)		**キ，ク，ケ**	4
	(4)		**リンクダウンを伴わない故障発生時に，LAG のメンバから故障回線を自動で除外できる。**	6
	(5)		**1G ビット／秒を超えたパケットが廃棄される。**	5
	(6)		**通信の送信元と宛先 MAC アドレスの組合せが少なくハッシュ関数の計算値が分散しないから**	6
設問2	(1)	d	**ICMP**	3
		e	**SNMP トラップ 又は SNMP trap**	3
		f	**MIB**	3
	(2)		**(iii)**	3
	(3)		**コアルータ から L3SW までの区間**	4
※予想配点は著者による			合計	50

　通信コンテンツがリッチになることで，ネットワークは広帯域化が求められている。また，ネットワーク断による影響が大きくなってきており，ネットワークの冗長化も求められてきている。

　広帯域化と冗長化の両方を実現するためにリンクアグリゲーション（LAG）がよく用いられる。LAGを利用する際には，それに適した設計や運用を行う必要がある。

　本問では，ネットワークの増強を題材に，回線の広帯域化，冗長化技術として定着しているLAGを用いたネットワークの設計及び運用についての技術と経験を問う。

　問1では，ネットワークの増強を題材に，回線の広帯域化，冗長化技術として定着しているリンクアグリゲーション（LAG）を用いたネットワークの設計及び運用について出題した。

H1rak さんの解答	正誤	予想採点	まさやすさんの解答	正誤	予想採点
BGP	○	3	BGP4	○	3
バックボーン	○	3	バックボーン	○	3
GARP	○	3	GARP	○	3
エオキクコサシス	×	0	カ	×	0
キクケコサシス	×	0	キクケ	○	4
OSPF による経路変更に対して、動的に対応することが可能となる。	×	0	リンクダウンが発生してもデータセンタ内のトラフィックを輻輳せずに運用できる。	×	0
大量のパケットが帯域を圧迫し、通信障害が発生する。	△	3	送信されたパケットが重複してコアルータに届く	×	0
送信元 MAC アドレスが一方のコアルータに固定された場合、負荷分散がなされなくなってしまう。	○	6	MAC アドレスは VRRP の仮想 MAC アドレスなので顧客ごとにしか負荷分散できない	○	6
SNMP	×	0	ICMP	○	3
trap	○	3	trap	○	3
MIB	○	3	MIB	○	3
(iii)	○	3	(iii)	○	3
コアルータ〜 L3SW	○	4	コアルータ（から）L3SW	○	4
予想点合計		31	予想点合計		35

　設問1(2)は，正答率が低かった。VRRPを構成する2台の装置がどの回線を経由して，互いの正常性を確認し合うかは，VRRPを用いて冗長性を確保するに当たり重要な点であるので，よく理解しておいてほしい。

　設問1（4）は，正答率が低かった。LAGの利用時にLACP（Link Aggregation Control Protocol）を用いるのは一般的な構成であるが，なぜLACPを利用するのか，把握しておいてほしい。

　設問2は正答率が高かった。監視方法についての理解が高いことがうかがえた。

■出典
「令和元年度秋期 ネットワークスペシャリスト試験 解答例」
https://www.jitec.ipa.go.jp/1_04hanni_sukiru/mondai_kaitou_2019h31_2/2019r01a_nw_pm1_ans.pdf
「令和元年度 秋期 ネットワークスペシャリスト試験 採点講評」
https://www.jitec.ipa.go.jp/1_04hanni_sukiru/mondai_kaitou_2019h31_2/2019r01a_nw_pm1_cmnt.pdf

スマホを持たないと決めていた私であるが，令和になってからスマホを本格的に使うようになってしまった。悪いことをしているわけではないのだが，少しだけ悪の世界に踏み込んでしまった感がある。

　スマホがあれば，電話やメールなどの基本機能だけでなく，バスの時刻表がすぐに調べられる。スマホ決済の PayPay で支払えば，ときに10%ほどのキャッシュバックがある。おまけにニュースなどもすぐに見ることができる。本当に便利すぎる（スマホ初心者の私が皆さんに言うことでもないが……）。

　だが，便利すぎるのは欠点な気がする。電車では半分以上の人がスマホを見ている（一度，電車の座席の一列全員がスマホを触っているところを見たことがあり，思わず笑ってしまった）。私のように，OLYMPUS の旧式の音楽プレーヤーで音楽を聴いている人はほぼいない（単三電池1つで何時間も持つし，小型なのでいいですよ！）。

　これだけ多くの人がスマホに夢中になるということは，スマホには中毒性があるのではないか。今の時代，スマホに時間を取られすぎる中高生の学力低下が問題になっていると聞く。私にとってスマホは主に「便利なもの」だが，彼らにとっては「楽しい」ものなのだ。LINE で友達とやりとりできて，動画，音楽，ゲームなど，楽しいことだらけだ。そんなものが机の上にあったら，「触るな」というほうが酷である。

　さて，皆さんに質問なのだが，スマホを机に置きながら勉強していないだろうか？ 近くにあったら勉強の質が落ちますよ！！

　それと，皆さんにお願いしたいことがある。スマホでニュースを見たり，LINE に費やす時間のうち，3分間だけでいいので時間をとってほしい。スマホ時代の現在だが，あえて「手帳」に手書きで「ネットワークスペシャリスト合格」と書いてほしいのだ。そして，手帳に書いた「ネットワークスペシャリスト合格」の文字を眺めてほしい。加えて，合格までに何をすべきか，確認をする。計画が遅れていたら，どこで時間をつくるか。飲み会に行くのをやめるのか，仕事の段取りを調整するのか，朝早く起きるのか……。そういうスケジューリングを手帳でしてほしいのだ。

　幻冬舎を設立した見城徹氏の著書『たった一人の熱狂―仕事と人生に効く51の言葉』（双葉社）には「僕は1日10回は手帳を広げる」とある。

手帳の役割は，残念ながらスマホではできない。なぜスマホで同じことをしても効果がないのか，それを説明するのは非常に難しいのだが，とにかく手帳に自分の文字で書くことが大事なのだ。

　そして，手帳を見ながら，自分が来年ではなく，今年，必ず試験に合格してネットワークスペシャリストになるということを，毎日心に刻んでもらいたい。そうすれば，日々の行動が合格へ向かった行動に変わる。スマホなんか見ている場合じゃないと思うだろう。日々の仕事に真剣に取り組んだり，無駄な飲み会を減らしたり，参考書を読むようになる。実機を触ってみようかな，わからないところは先輩に聞いてみようかな，過去問をもう一度解いてみようかなと思うはずである。

　そういうちょっとしたことが，合格につながるのである。

SEに必要な曖昧力

プログラムやシステムは曖昧ではいけない。たった1文字間違えただけでも動いてくれない。だから、細かいところまで仕上げる必要がある。

SEに求められるのはこのような「キッチリ」とした仕事であり、ざっくりと商談をまとめてくる営業担当者とは人種が異なる。だから、白黒をつけない会議に出ると、イライラしてしまう。

だが、SEにも曖昧力が必要かもしれない。というのも、白黒をつけることが逆効果になることがあるからだ。たとえば、以下のようなお客様対応である。こんな場合は、白黒ハッキリさせて得することはない。

島田紳助氏の著書『島田紳助100の言葉』（ワニブックス）に、「人生、所詮暇つぶしです」とあった。かなり乱暴な発言にも思えるが、たしかにそうかもしれない。そう考えると、本質的でないところは白黒つける必要はないのだろう。加えてこの本には「だから素敵に暇つぶしをすればいい」とある。

曖昧にするほうが幸せになるのであれば、あえて曖昧にするのがいいのだろう。しかし、SEがきっちりしたくなるのは一種の職業病。直らないかも……。

令和元年度
午後Ⅰ 問2

問　　題
問題解説
設問解説

問題

問2　Webシステムの構成変更に関する次の記述を読んで，設問1〜3に答えよ。

　A社は，中堅の菓子メーカであり，自社で製造する商品を，店舗とオンラインショップで販売している。オンラインショップの利用者は，Webブラウザを使ってWebシステムにアクセスする。A社のオンラインショップを構成する，現行のWebシステムを図1に示す。

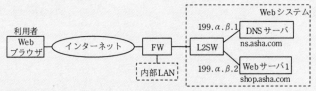

L2SW：レイヤ2スイッチ　　FW：ファイアウォール
注記1　199.α.β.1及び199.α.β.2は，グローバルIPアドレスを示す。
注記2　インターネットからWebシステムへの通信について，DNSとHTTPSだけを許可するアクセス制御を，FWに設定している。

図1　現行のWebシステム（抜粋）

　A社では，Webシステムのアクセス数の増加に対応するために，Webサーバの増設と負荷分散装置（以下，LBという）の導入を決めた。また，昨今，Webアプリケーションプログラム（以下，WebAPという）の脆弱性を悪用したサイバー攻撃が報告されていることから，WAF（Web Application Firewall）サービスの導入を検討することになった。そのための事前調査から設計までを情報システム部のUさんが担当することになった。

〔WAFサービス導入の検討〕

　Uさんは，SaaS事業者のT社が提供するWAFサービスを調査した。T社によるWAFサービスの説明は，次のとおりである。

- WAFサービスは，利用者のWebブラウザとWebシステム間のHTTPS通信を中継する。利用者のWebブラウザは，WAFサービスにアクセスするためのIPアドレス（以下，IP-w1という）宛てにHTTPリクエストを送信する。
- WAFサービスは，HTTPS通信を復号してHTTPリクエストを検査する。そのために，A社は，現行と同じコモンネームのサーバ証明書と秘密鍵を，WAFサービスに提供する必要がある。
- WAFサービスは，WebAPへのサイバー攻撃が疑われる通信を検知し，Webシステムへのアクセスを制御する。
- WAFサービスは，アクセスを許可したHTTPリクエストの送信元IPアドレスを，HTTPヘッダのX-Forwarded-Forヘッダフィールド（以下，XFFヘッダという）に追加する。XFFヘッダへの追加後に，HTTPリクエストの送信元IPアドレスを，HTTPレスポンスがWAFサービスに送られるようにするためのIPアドレス（以下，IP-w2という）に変更する。
- WAFサービスは，HTTPリクエストを再度HTTPSで暗号化して，Webシステムにアクセスするための IP アドレスである 199. α . β .2 宛てに転送する。
- WAFサービスは，HTTPレスポンスを検査する。HTTPレスポンスに対する処理の説明は省略する。

　Uさんは，Webブラウザから送信されるHTTPリクエストを，WAFサービス宛てに変える方法について，T社に確認した。T社からの回答は，次のとおりである。

- A社DNSサーバに，RDATAにIP-w1を設定したAレコードを登録する方式と，RDATAにT社WAFサービスのFQDNを設定したCNAMEレコードを登録する方式がある。
- T社は，IP-w1を変更する場合があるので，①CNAMEレコードを登録する方式を推奨している。

T社からの説明を踏まえて，Uさんが検討したA社DNSサーバのゾーンファイルを，図2に示す。

```
$ORIGIN        asha.com.
$TTL           3600
（省略）
               IN    NS                ns
ns             IN    A                 199.α.β.1
shop           IN    CNAME             waf-asha.tsha.net.
（省略）
```

　注記　"waf-asha.tsha.net."は，A社WebシステムでWAFサービス
　　　　を利用するために，T社から割り当てられたFQDNである。

図2　A社DNSサーバのゾーンファイル（抜粋）

　現行のWebAPでは，Webシステムへのアクセス時の送信元IPアドレスをアクセスログに記録している。Uさんは，送信元IPアドレスの代わりにXFFヘッダの情報を記録するように，WebAPの設定を変更することにした。

　Uさんは，FWに設定しているWebシステムへのHTTPS通信に関するアクセス制御について，IP-w2を送信元とする通信だけを許可するように，設定を変更することにした。

〔LBに関する検討〕

　A社が導入するLBは，HTTPリクエストの振分け機能，死活監視機能，セッション維持機能，TLSアクセラレーション機能，HTTPヘッダの編集（追加，変更，削除）機能をもっている。

　HTTPリクエストの振分け機能について，Uさんは，HTTPリクエストをWebサーバに　　ア　　に振り分けるラウンドロビン方式を採用することにした。

　死活監視機能について，Uさんは，WebAPの稼働状況を監視するために，レイヤ7方式を利用することにした。死活監視に用いるメッセージの設定を表1に示す。

表1　メッセージの設定（抜粋）

メッセージ	項目	設定値
HTTPリクエスト	宛先IPアドレス	WebサーバのIPアドレス
	ポート番号	イ
	メソッド	GET
	パス名	/index.php
成功時のHTTPレスポンス	ステータスコード	ウ

　セッション維持機能には，HTTPリクエストの送信元IPアドレスに
基づいて行う方式と，LBによって生成されるセッションIDに基づいて
行う方式がある。セッションIDに基づいて行う方式では，Webサーバ
とWebブラウザ間で状態を管理するために用いられるCookieを利用す
る。LBは，HTTPレスポンスの　エ　ヘッダフィールドにセッショ
ンIDを追加する。HTTPレスポンスを受け取った利用者のWebブラウザ
は，　エ　ヘッダフィールドにあるセッションIDを，次に送信する
HTTPリクエストの　オ　ヘッダフィールドに追加する。HTTPリ
クエストを受け取ったLBは，　オ　ヘッダフィールドのセッショ
ンIDに基づいて，セッション維持を行う。Uさんは，②WAFサービスの
利用を考慮し，セッションIDに基づいて行う方式を採用した。

　TLSアクセラレーション機能は，TLSの暗号化・復号処理を専用ハー
ドウェアで高速に処理する機能である。Uさんは，TLSの暗号化・復号処
理の性能向上の目的と，③LBが行うある処理のために，TLSアクセラレー
ション機能を利用することにした。Uさんは，LBとWebサーバ間の通信
にHTTPを用い，ポート番号にHTTPのウェルノウンポート番号を用い
ることにした。

　構成変更後のWebシステムを図3に示す。

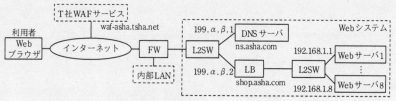

図3　構成変更後のWebシステム（抜粋）

〔WAFサービス停止時の対応検討〕

　Uさんは，障害などでWAFサービスを1日以上利用できなくなった場合に備え，対応を検討した。WAFサービス停止期間中も，オンラインショップでの商品販売を継続させたい。Uさんは，WAFサービスを経由せずに，利用者のWebブラウザとWebシステム間で直接通信させるために，WAFサービス導入時に設定変更を予定している　カ　の④設定を変更することと，図2中の⑤資源レコードの1行を書き換えることで対応できると考えた。

　Uさんは，WebAPのアクセスログについて，WAFサービスの有無にかかわらず，XFFヘッダの情報からWebシステムへのアクセス時の送信元IPアドレスを記録することとし，⑥LBに設定を追加した。

　その後，Webシステムの構成変更に関するUさんの報告書は経営会議で承認され，導入の準備を開始した。

設問1　本文中の下線①について，A社にとっての利点を45字以内で述べよ。

設問2　〔LBに関する検討〕について，(1) ～ (3) に答えよ。
　　(1)　本文及び表1中の　ア　～　オ　に入れる適切な字句又は数値を答えよ。
　　(2)　本文中の下線②について，送信元IPアドレスに基づいて行う方式を採用した場合に発生するおそれがある問題を，10字以内で述べよ。
　　(3)　本文中の下線③の処理の内容を，20字以内で答えよ。

設問3　〔WAFサービス停止時の対応検討〕について，(1) ～ (3) に答えよ。
　　(1)　本文中の　カ　に入れる機器を，図3中のDNSサーバ以外の機器名で答えよ。また，本文中の下線④の変更内容を35字以内で述べよ。
　　(2)　本文中の下線⑤について，書換え後の資源レコードを答えよ。
　　(3)　本文中の下線⑥の設定内容を，30字以内で答えよ。

問題文の解説

　　WAFサービスの導入をテーマに，**HTTP**や**DNS**，負荷分散装置などの基本的な知識からやや応用知識が問われました。**WAF**は本来，情報処理安全確保支援士の出題範囲です。ですから，**WAF**のセキュリティ部分に関する深いところまでは問われません。設問の中心は，**LB**や**DNS**などのネットワークに関するものが大半でした。
　　設問の難易度はやや高かったと思います。採点講評にも，「全体として，正答率は低かった」とあります。

問2　Webシステムの構成変更に関する次の記述を読んで，設問1～3に答えよ。

　A社は，中堅の菓子メーカであり，自社で製造する商品を，店舗とオンラインショップで販売している。オンラインショップの利用者は，Webブラウザを使ってWebシステムにアクセスする。A社のオンラインショップを構成する，現行のWebシステムを図1に示す。

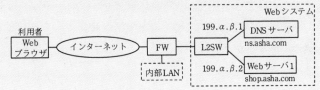

L2SW：レイヤ2スイッチ　　FW：ファイアウォール
注記1　199.α.β.1及び199.α.β.2は，グローバルIPアドレスを示す。
注記2　インターネットからWebシステムへの通信について，DNSとHTTPSだけを許可するアクセス制御を，FWに設定している。

図1　現行のWebシステム（抜粋）

　A社のネットワーク構成図です。ネットワーク構成図はFWを中心に見るようにしましょう。FWを中心に，インターネット，内部LAN，DMZの三つに分けられます。今回，Webシステムと記載された点線部分がDMZです。
　また，IPアドレスやドメイン名，注記なども一つ一つ見ておきましょう。このあとの設問で，具体的なIPアドレスやドメインが記載されたDNSのファイルが登場します。

A社では，Webシステムのアクセス数の増加に対応するために，Webサーバの増設と負荷分散装置（以下，LBという）の導入を決めた。

先に問題文の後半にある図3を見ましょう。Webサーバが1～8と，台数が増えています。また，8台に増えたWebサーバに通信を振り分けるために，LB（Load Balancer）を導入します。

また，昨今，Webアプリケーションプログラム（以下，WebAPという）の脆弱性を悪用したサイバー攻撃が報告されていることから，WAF（Web Application Firewall）サービスの導入を検討することになった。そのための事前調査から設計までを情報システム部のUさんが担当することになった。

WAFは，Web Application Firewallという言葉どおり，Webアプリケーション用のファイアウォールです。

Q. 通常のファイアウォール（以下，FW）とWAFでは，セキュリティチェックを行う箇所が異なる。IPパケット構造を書いて，それぞれどこのセキュリティチェックを行うかを示せ。

A. 以下がIPパケットの主なヘッダ構成です。

送信元 IPアドレス	宛先 IPアドレス	プロトコル	送信元 ポート番号	宛先 ポート番号	データ
←――――――レイヤ3――――――→			←――――レイヤ4――――→		←――――レイヤ7――――→

まず，通常のFWでは，IPアドレスやポート番号など，レイヤ3とレイヤ4のヘッダのチェックしか行いません。WAFの場合は，レイヤ7，つまりヘッダだけでなくデータの中身もチェックします。これにより，SQLインジェクションやクロスサイトスクリプティングなどのWebアプリケーション固

有の高度な攻撃も防御できるようになります。

〔WAFサービス導入の検討〕
　Uさんは，SaaS事業者のT社が提供する<mark>WAFサービス</mark>を調査した。T社によるWAFサービスの説明は，次のとおりである。
• WAFサービスは，利用者のWebブラウザとWebシステム間の<mark>HTTPS通信を中継する</mark>。

　SaaS事業者のWAFサービスとありますので，クラウドWAFを検討しています。

「中継する」ってどういう意味ですか？

　通信の間に入り，「HTTPS通信を復号すること」と考えてください。HTTPSはデータが暗号化されているので，このままではWAFでのセキュリティチェックができないからです。

　利用者のWebブラウザは，WAFサービスにアクセスするためのIPアドレス（以下，<mark>IP-w1という</mark>）宛てにHTTPリクエストを送信する。

　WAFを設置しても，利用者がこれまでどおりWebサーバ1（IPアドレスは199.α.β.2）に直接通信してしまったらどうなるでしょうか。WAFによるセキュリティチェックが行えませんよね。そこで，WAFのIPアドレスに通信してもらうようにしむけます。

利用者には，どうやってそのIPアドレスに接続してもらうのですか？

　DNSの設定で行います。詳しくはこのあとの問題文に記載があります。

- WAFサービスは，HTTPS通信を復号してHTTPリクエストを検査する。そのために，A社は，現行と同じコモンネームのサーバ証明書と秘密鍵を，WAFサービスに提供する必要がある。

だんだん複雑になってきましたね。

　ネットワークスペシャリスト試験は，セキュリティに関しても毎回問われます。特に，証明書や公開鍵・秘密鍵などのPKIに関しては出題頻度が高いので，しっかりと学習しておきましょう。

　コモンネーム（CN：Common Name）とは，サーバ証明書におけるサイトのFQDNです。以下は三菱UFJ銀行のページで鍵マークをクリックし，サーバ証明書を開いたところです。「サブジェクト」の項目に「CN＝entry11.bk.muufg.jp」とあり，これがコモンネームです。また，このCNはサイトのFQDNと一致します。

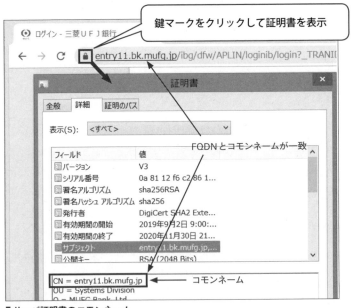

■サーバ証明書のコモンネーム

今回でいうと，これまでWebサーバ1に入っていたサーバ証明書（と秘密鍵）を，WAFに入れます。

> ・WAFサービスは，WebAPへのサイバー攻撃が疑われる通信を検知し，Webシステムへのアクセスを制御する。
> ・WAFサービスは，アクセスを許可したHTTPリクエストの送信元IPアドレスを，HTTPヘッダの X-Forwarded-For ヘッダフィールド（以下，XFFヘッダという）に追加する。

XFF（X-Forwarded-For）は，HTTPヘッダのフィールド（項目）の一つです。

　※HTTPリクエストやHTTPヘッダに関しては，P.115の参考欄の解説も参考にしてください。

XFFにより，接続元（クライアント）のIPアドレス情報をHTTPヘッダに追加できます。たとえば，皆さんにも馴染み深いプロキシサーバ経由でインターネットに接続する構成で考えます。構成図は以下のとおりです。192.168.1.11のPCから，プロキシサーバ経由でWebサーバに通信します。

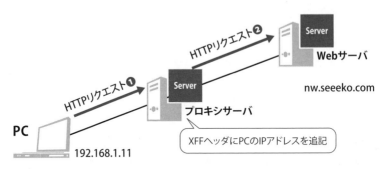

■プロキシサーバがXFFヘッダにPCのIPアドレスを追加

　この場合，プロキシサーバが，PCからのHTTPリクエスト❶のXFFヘッダにPCのIPアドレスを追加します。そして，WebサーバにHTTPリクエスト❷を送信します。次がそのHTTPヘッダの例です。PCのIPアドレス192.168.1.11が追記されていることがわかります。

```
GET / HTTP/1.1
Accept: text/html, application/xhtml+xml, */*
Accept-Language: ja
User-Agent: Mozilla/4.0 (compatible; MSIE 6.0;Windows NT 5.1; SVl)
X-Forwarded-For: 192.168.1.11    ←プロキシサーバが追加したPCのIPアドレス
Host: nw.seeeko.com
Connection: keep-alive
```

■ **プロキシサーバがWebサーバに送信したHTTPリクエスト❷**

> ▶▶▶
> **参考 XFFヘッダを追記する方法**
>
> 　Squidでプロキシサーバを構築した場合，Squidの設定ファイルに「forwarded_for on」と記載すると，XFFヘッダにPCのIPアドレスが追記されます。もちろんOFFにしてIPアドレスを追記しないことも可能です。通常は，PCのIPアドレスを見せないようにするため，OFFにすることが多いです。

　今回はWAFでXFFヘッダを付与しますが，やっていることはプロキシサーバと同じです。

> なぜ送信元 IP アドレスを
> XFF ヘッダに追加するのですか？

　WAFが通信を中継すると，Webサーバに接続する送信元IPアドレスが，すべてWAFのIPアドレスになってしまうからです。

> だから何ですか？ すべて WAF の
> IP アドレスになると何が困るのですか？

　このあとの問題文に記載がありますが，WebAPでは，「アクセス時の送信元IPアドレスをアクセスログに記録」しています。ログは，Webサイトへの訪問者の傾向を分析したり，攻撃の痕跡などを確認するのに有効です。ですから，送信元IPアドレスのログを取得するのです。

参考 HTTPのリクエストとレスポンス，HTTPヘッダについて

HTTPのリクエストとレスポンスおよびHTTPヘッダに関して復習しておきましょう。

PCのブラウザから，http://nw.seeeko.com というサイトを閲覧したとします。このとき，Webサーバに対して，「ページを表示してください」とお願いするのがHTTPリクエストです。それに対して，WebサーバからPCのブラウザに対し，実際のページの情報（文字や画像，動画など）を返すのが，HTTPレスポンスです。

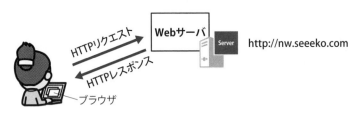

■HTTPリクエストとHTTPレスポンス

では，このHTTPリクエストやレスポンスの構成はどうなっているでしょうか。わかりやすいHTTPレスポンスを例に記載します。

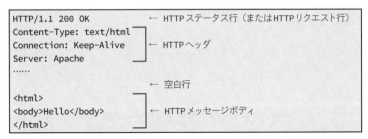

```
HTTP/1.1 200 OK              ← HTTPステータス行（またはHTTPリクエスト行）
Content-Type: text/html     ┐
Connection: Keep-Alive      │ ← HTTPヘッダ
Server: Apache              ┘
......
                            ← 空白行
<html>                      ┐
<body>Hello</body>          │ ← HTTPメッセージボディ
</html>                     ┘
```

■HTTPレスポンスの例

このように，HTTPステータス行（またはHTTPリクエスト行），HTTPヘッダ，1行の空白を空けてHTTPメッセージボディの三つの部分で構成されます。HTTPメッセージボディには，実際のHTMLファイルが入っています。

XFFヘッダへの追加後に，HTTPリクエストの<mark>送信元IPアドレス</mark>を，HTTPレスポンスがWAFサービスに送られるようにするための<mark>IPアドレス（以下，IP-w2という）</mark>に変更する。

・WAFサービスは，HTTPリクエストを再度HTTPSで暗号化して，Web

システムにアクセスするためのIPアドレスである199.α.β.2宛てに
転送する。
- WAFサービスは，HTTPレスポンスを検査する。HTTPレスポンスに
  対する処理の説明は省略する。

　なぜ送信元IPアドレスを変更する必要があるのでしょうか。それは，
Webシステムからの戻りのパケットが，利用者に直接送られないようにす
るためです。といっても，言葉だけの説明だとわからないですよね。理解す
るためにまず，行きと戻りのパケットのIPアドレスを，以下の図を基に書
いてみましょう。

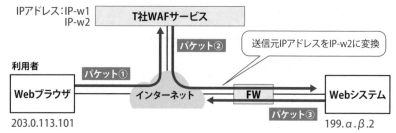

■WAFによる通信の中継

　では，パケット①から③を順番に考えていきましょう。以下に答えを記載
しますが，できれば，答えを見ずにご自身で書くことをお勧めします。

【パケット①】Webブラウザから T社 WAF サービスへのパケット

　宛先IPアドレスは，Webシステムではありません。WAFのIPアドレスです。
先ほどの問題文にも「利用者のWebブラウザは，WAFサービスにアクセス
するためのIPアドレス（以下，IP-w1 という）宛てにHTTPリクエストを送
信する」とありました。

送信元IPアドレス	宛先IPアドレス	データ
203.0.113.101（利用者）	IP-w1（WAFサービス）	

【パケット②】T社 WAF サービスから，Web システムへのパケット

　宛先IPはWebシステムです。問題文にあるように，送信元IPアドレスを，
IP-w2に変更します。よって，パケットは以下のようになります。

送信元IPアドレス	宛先IPアドレス	データ
IP-w2（WAFサービス）	199.α.β.2（Webシステム）	

【パケット③】Webシステムからの応答パケット

パケット②の応答パケットというのは，送信元IPアドレスと宛先IPアドレスを逆にするだけです。よって，以下のようになります。

送信元IPアドレス	宛先IPアドレス	データ
199.α.β.2（Webシステム）	IP-w2（WAFサービス）	

> なるほど。送信元IPアドレスをIP-w2に変換したから，パケット③の宛先がWAFになるのですね。

そうです。パケット②において，送信元IPアドレスを変換しない場合（つまり，送信元IPアドレスが利用者），パケットは利用者に送られます。利用者側では，知らないIPアドレスからのパケットなので，破棄してしまいます。

> なぜ，IP-w2に変更しているのですか？ IP-w1ではダメですか？

IP-w1でも問題ないです。なぜIP-w2にしているのか，その理由は問題文に書かれていません。設問3（1）などが簡単すぎないようにしているのかもしれません。

> Uさんは，Webブラウザから送信されるHTTPリクエストを，WAFサービス宛てに変える方法について，T社に確認した。T社からの回答は，次のとおりである。
> ・A社DNSサーバに，RDATAにIP-w1を設定したAレコードを登録する方式と，RDATAにT社WAFサービスのFQDNを設定したCNAMEレコードを登録する方式がある。

二つの方式がありますが，まず，Aレコードを登録する方式を考えましょう。

Q. (その前に) 現在のDNSの設定を述べよ。

A. DNSのレコードは以下のようになります。

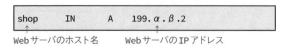

shop　　　IN　　　A　　199.α.β.2

Webサーバのホスト名　　　Webサーバのip アドレス

※shopのところは, ドメインをつけてshop.asha.com. としても可

ここで, 199.α.β.2というのは, このレコードにおけるリソースのデータ部分で, RDATA (Resource DATA) といわれます。

Q. WAFに接続させるには, これをどのように変えればいいか。

A. WAFが導入されたとしても, 利用者はshop.asha.com に接続します。よって, shopのRDATAを199.α.β.2ではなく, WAFサービスのIP-w1 にします。

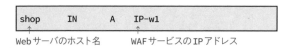

shop　　　IN　　　A　　IP-w1

Webサーバのホスト名　　　WAFサービスのip アドレス

続いて, CNAMEの場合を考えましょう。CNAMEとは, ご存知のとおり, 別名のことです。今回の場合は, shop.asha.com に別名としてwaf-asha. tsha.netをつけます。利用者はshop.asha.com に通信を試みると, DNSサーバのCNAME (別名) を見て, waf-asha.tsha.net に通信します。

Q. DNSサーバにおけるCNAMEの設定はどうなるか。

A. 正解は以下のとおりです。

```
shop      IN     CNAME    waf-asha.tsha.net.
```
Webサーバのホスト名　　　　WAFサービスのFQDN

 あれ，「waf-asha.tsha.net の IP アドレスが何か」
という A レコードは書かなくていいのですか？

　もちろん書く必要があります。しかし，A社のDNSサーバには書く必要がありません。なぜなら，A社はtsha.netのDNS情報を管理していないからです。

　tsha.netのDNSサーバに，以下の情報を書きます。

```
waf-asha       IN       A    IP-w1
```
WAFサービスのホスト名　　　WAFサービスのIPアドレス

- T社は，IP-w1を変更する場合があるので，①CNAMEレコードを登録する方式を推奨している。

　なぜCNAMEを推奨しているのでしょうか。上記のDNSレコードをよく見るとわかってくると思います。詳しくは，設問1で解説します。

　T社からの説明を踏まえて，Uさんが検討したA社DNSサーバのゾーンファイルを，図2に示す。

```
$ORIGIN        asha.com.
$TTL           3600
 (省略)
               IN    NS        ns
ns             IN    A         199.α.β.1
shop           IN    CNAME     waf-asha.tsha.net.
 (省略)
```

注記　"waf-asha.tsha.net."は，A社Webシステムで WAFサービス
　　　を利用するために，T社から割り当てられた FQDN である。
図2　A社DNSサーバのゾーンファイル（抜粋）

では，このDNSサーバの設定を確認しましょう。

【1行目】$ORIGIN　　asha.com.

ドメイン名を記載します。これを記載しておくと，asha.comの部分を@に置き換えた簡略化表現が使えます。ただ，記載しない場合は，ドメイン名が自動で指定されるので，必須の項目ではありません。

【2行目】$TTL

DNS情報の生存時間です。たとえば，ここに記載されている「nsというAレコードのIPアドレスが199. α . β .1」という情報は，PCやキャッシュDNSサーバで保存されます。その保存される期間が3600秒（＝1時間）です。1時間が経過すると，再度DNSサーバに問い合わせます。

【3行目】NSレコード

asha.comのネームサーバ（Name Server），つまりDNSサーバがns（ns.asha.com）のホストであることを示しています。

【4行目】Aレコード

ns（ns.asha.com）のホストのIPアドレスが，199. α . β .1であることを示しています。

【5行目】CNAMEレコード

shop（shop.asha.com）のホストの別名が，waf-asha.tsha.netであることを示しています。先ほど考えたレコードと同じになりましたね。

現行のWebAPでは，Webシステムへのアクセス時の送信元IPアドレスをアクセスログに記録している。Uさんは，送信元IPアドレスの代わりにXFFヘッダの情報を記録するように，WebAPの設定を変更することにした。

先ほども説明しましたが，送信元IPアドレスは，すべて同じになってしまいます。そこで，アクセスログにはXFFヘッダのIPアドレス情報を記録します。
では，問題です。

Q. Webシステムにアクセスする送信元IPアドレスは何になるか。

A. 簡単ですね。WAFサービスのIPアドレスであるIP-w2です。

Uさんは，FWに設定しているWebシステムへのHTTPS通信に関するアクセス制御について，IP-w2を送信元とする通信だけを許可するように，設定を変更することにした。

この内容は，設問3（1）に関連します。

〔LBに関する検討〕
A社が導入するLBは，HTTPリクエストの振分け機能，死活監視機能，セッション維持機能，TLSアクセラレーション機能，HTTPヘッダの編集（追加，変更，削除）機能をもっている。

LBの機能が列挙されています。この内容は，設問3（3）に関連します。

「HTTPヘッダの編集機能」って何をするのですか？

このあとの問題文に具体的な記載があります。たとえば，HTTPヘッダにセッションIDを追加します（そして，振り分けたセッションを維持します）。

HTTPリクエストの振分け機能について，Uさんは，HTTPリクエストをWebサーバに ［ ア ］ に振り分けるラウンドロビン方式を採用することにした。

振分け機能は，ラウンドロビン方式以外にも，サーバの負荷を計測して最も負荷が少ないサーバに振り分ける方式などがあります。空欄は設問2（1）

で解説します。

死活監視機能について，Uさんは，WebAPの稼働状況を監視するために，レイヤ7方式を利用することにした。死活監視に用いるメッセージの設定を表1に示す。

表1　メッセージの設定（抜粋）

メッセージ	項目	設定値
HTTPリクエスト	宛先IPアドレス	WebサーバのIPアドレス
	ポート番号	イ
	メソッド	GET
	パス名	/index.php
成功時のHTTPレスポンス	ステータスコード	ウ

　死活は皆さんもご存知のとおり「生きるか死ぬか」という意味です。なので，死活監視では，Webサーバが正常に動作しているのか，ダウンしているのかを確認します。そして，ダウンしたサーバにはリクエストを送りません。

死活監視というと，ping監視ではダメなのですか？

　ダメではないですが，不十分な場合があります。pingの応答は正常だけどWebページが表示されない，そんな場合があるからです。それは，pingで確認できるレイヤ3層では動作しても，アプリケーション層では動作していない場合です。よって，アプリケーション層（レイヤ7）での動作確認も実施したほうがいいでしょう。具体的には，表1のHTTPリクエストを送信し，HTTPレスポンスで，ステータスコードが空欄ウであれば，正常ということです。
　空欄イ，ウは設問2（1）で解説します。

　セッション維持機能には，HTTPリクエストの送信元IPアドレスに基づいて行う方式と，LBによって生成されるセッションIDに基づいて行う方式がある。セッションIDに基づいて行う方式では，WebサーバとWeb

ブラウザ間で状態を管理するために用いられる Cookie を利用する。

　セッション維持機能について説明します。PC-A からの通信が、LB によって、サーバ 1 に振り分けられたとします。PC-A からの 2 回目以降の通信も、サーバ 1 に接続させたいですよね。このように、同じサーバに接続させる機能がセッション維持機能です。

> セッション維持機能って必要なんでしょうか。
> 振分け機能によって、同じサーバに自動的に接続するのでは？

第2章
過去問解説
令和元年度
午後 I
問2
問題
問題解説
設問解説

　送信元 IP アドレス単位で振り分けていれば、同じサーバに接続するでしょう。でも、ラウンドロビン方式や、負荷状況を見て振り分ける場合には、2 回目以降の通信が別のサーバに振り分けられる可能性があります。ですから、セッション維持機能は必要です。

　話が変わって、完全な余談なのですが、問題文の「**LB によって生成される**セッション ID」に着目してください。セッション ID は LB が作成します。つまり、Web サーバが発行する Cookie を利用するのではなく、LB がセッション管理用に新しい Cookie を発行するのです。

> LB は、HTTP レスポンスの　　エ　　ヘッダフィールドにセッション ID を追加する。HTTP レスポンスを受け取った利用者の Web ブラウザは、　　エ　　ヘッダフィールドにあるセッション ID を、次に送信する HTTP リクエストの　　オ　　ヘッダフィールドに追加する。HTTP リクエストを受け取った LB は、　　オ　　ヘッダフィールドのセッション ID に基づいて、セッション維持を行う。U さんは、②WAF サービスの利用を考慮し、セッション ID に基づいて行う方式を採用した。

空欄エ、オは設問 2（1）で、下線②は設問 2（2）で解説します。

> TLS アクセラレーション機能は、TLS の暗号化・復号処理を専用ハードウェアで高速に処理する機能である。

ハードウェア処理と対になる言葉がソフトウェア処理です。こちらは，パソコンというハードの上にWindowsなどのOSがあって，そのOSにインストールされたソフトウェアで処理します。一方，ハードウェア処理は，ASIC（Application Specific Integrated Circuit）と呼ばれる暗号化・復号処理の専用のハードウェアチップで処理します。暗号化と復号処理だけをすればいいので，処理が高速化されます。

　Uさんは，TLSの暗号化・復号処理の性能向上の目的と，③LBが行うある処理のために，TLSアクセラレーション機能を利用することにした。

下線③は，設問2（3）で解説します。

　Uさんは，LBとWebサーバ間の通信にHTTPを用い，ポート番号にHTTPのウェルノウンポート番号を用いることにした。

　LBとWebサーバ間はHTTPで通信をします。HTTPSで暗号化することはもちろん可能です。ですが，インターネットではないので第三者からの盗聴の危険は高くありません。暗号化・復号処理は負荷が高く，Webサーバのスループットが5分の1とか，それ以上に落ちるといわれます。この負荷をかけないためにも，暗号化せずにHTTPで通信をしています。また，HTTPのウェルノウンポート番号は，80番です。この記述は，設問2（1）空欄イに関連します。

　構成変更後のWebシステムを図3に示す。

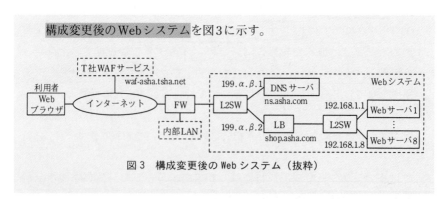

図3　構成変更後の Web システム（抜粋）

構成変更後の構成図です。図1と見比べて，どこが変わったかを確認しておきましょう。

また，参考までにLBの設定を紹介します。LBでは，以下のような振分けテーブルを持ちます（実際にはポート番号やプロトコルなど，その他の情報も持っています）。

■LBの振分けテーブル

仮想IPアドレス	振分け先サーバのIPアドレス
199.α.β.2	192.168.1.1（Webサーバ1）
	192.168.1.2（Webサーバ2）
	⋮
	192.168.1.8（Webサーバ8）

〔WAFサービス停止時の対応検討〕
　Uさんは，障害などでWAFサービスを1日以上利用できなくなった場合に備え，対応を検討した。WAFサービス停止期間中も，オンラインショップでの商品販売を継続させたい。

　現在では，すべての通信がWAFサービスを経由することになっています。よって，WAFサービスが停止すると，通信ができなくなります。そこで，以下の方法を採ります。

　Uさんは，WAFサービスを経由せずに，利用者のWebブラウザとWebシステム間で直接通信させるために，WAFサービス導入時に設定変更を予定している　　カ　　の④設定を変更することと，図2中の⑤資源レコードの1行を書き換えることで対応できると考えた。

　WAFサービスが停止したときの対処方法は，WAFサービスを経由させないことです。
　空欄カは設問3（1），下線④と⑤は設問3（1）と（2）で解説します。

　Uさんは，WebAPのアクセスログについて，WAFサービスの有無にかかわらず，XFFヘッダの情報からWebシステムへのアクセス時の送信元

IPアドレスを記録することとし，⑥LBに設定を追加した。

その後，Webシステムの構成変更に関するUさんの報告書は経営会議で承認され，導入の準備を開始した。

下線⑥は，設問3（3）で解説します。

設問の解説

第2章
令和元年度
過去問解説
午後 I
問2
問題
問題解説
設問解説

設問1
　本文中の下線①について，A社にとっての利点を45字以内で述べよ。

　問題文の該当部分は以下のとおりです。

> ・A社DNSサーバに，RDATAにIP-w1を設定したAレコードを登録する
> 　方式と，RDATAにT社WAFサービスのFQDNを設定したCNAMEレコー
> 　ドを登録する方式がある。
> ・T社は，IP-w1を変更する場合があるので，①CNAMEレコードを登録
> 　する方式を推奨している。

　ヒントは，設問文の「A社にとっての利点」と，上記の問題文の「T社は，
IP-w1を変更する場合がある」という部分です。T社がIP-w1を変更した場
合に，A社にとってどうなるかを考えます。

> なんとなくですが，T社がIP-w1を変更した場合に，
> A社の変更が少ないほうがいいと思います。

　ですよね。では，(1) Aレコードを登録する方式と，(2) CNAMEレコー
ドを登録する方式のそれぞれで，IP-w1を変更してみましょう。

(1) Aレコードを登録する方式
　問題文で解説した内容ですが，A社DNSサーバのレコードは以下のよう
になります。

```
shop    IN    A    IP-w1   ←変更したIPアドレスに書き変える
```

（2）CNAME レコードを登録する方式

【A社DNSサーバのレコード】

shop	IN	CNAME	waf-asha.tsha.net.	←書き変える必要なし

　IP-w1が変更されても，A社のDNSサーバのレコードはFQDNで記載しているので，変更はありません。変更するのは，以下のように<u>T社</u>のDNSのレコードです。

【T社DNSサーバのレコード】

waf-asha	IN	A	~~IP-w1~~	←変更したIPアドレスに書き変える

　これを見ると，A社にとっては（2）のほうが楽ですよね。この点を解答にまとめます。

> 答案ですが，「A レコードを登録する方式だと，DNS レコードを書き変える必要があるから」でどうでしょう。

　設問では，「利点」が問われています。この解答だと，Aレコードを登録するデメリットが記載されています。また，文末を「から」で終わらせると，理由を述べているように見えます。「CNAME レコードだとDNSレコードを**書き変える必要がない点**」などと，利点を明確に書きましょう。
　また，字数が45字と長めなので，具体的に書くと，解答例のようになります。

解答例　T社がIP-w1を変更しても，A社DNSサーバの変更作業が不要となる。（35字）

設問2

　〔LBに関する検討〕について，（1）〜（3）に答えよ。
　（1）本文及び表1中の　　ア　　〜　　オ　　に入れる適切な字句又は数値を答えよ。

問題文の該当部分は以下のとおりです。

> HTTPリクエストの振分け機能について，Uさんは，HTTPリクエスト
> をWebサーバに　　ア　　に振り分けるラウンドロビン方式を採用する
> ことにした。

ラウンドロビン方式では，順番に振り分けるのですよね。

そうです。ですから「順番」が正解です。教科書に出てくるようなキーワードではなかったので，答えにくかったと思います。

解答	順番

問題文の該当部分を再掲します。

表1　メッセージの設定（抜粋）

メッセージ	項目	設定値
HTTPリクエスト	宛先IPアドレス	WebサーバのIPアドレス
	ポート番号	イ
	メソッド	GET
	パス名	/index.php
成功時のHTTPレスポンス	ステータスコード	ウ

HTTPリクエストのポート番号は何番でしょうか。HTTPリクエストなので，80（HTTP）か，443（HTTPS）だろうと想像できたと思います。では，どちらでしょうか。

今回の表1のHTTPリクエストは，問題文の「LBに関する検討」の内容です。また，問題文に「HTTPリクエストをWebサーバに」とあります。よって，

LBからWebサーバへのHTTPリクエストです。さらに，問題文の後半に，「LB
とWebサーバ間の通信に**HTTPを用い**，ポート番号に**HTTPのウェルノウン**
ポート番号を用いる」とあります。よって，HTTPの80番ポートを使ってい
ることがわかります。

解答 80

参考 **HTTPのリクエストとレスポンスを見てみよう！**

　　ここで，HTTPリクエストとHTTPレスポンスの具体例を紹介します。以
下の図のように，192.168.0.7のPCのブラウザに，「http://192.168.0.9/index.
html」と入れて，HTTPリクエストを送ります。192.168.0.9のWebサーバか
らHTTPレスポンスがあり，PCのブラウザ上に「Hello」と表示されるように
しています。

Server

❶HTTPリクエスト

❷HTTPレスポンス

Webサーバ
192.168.0.9

192.168.0.7　　　　ブラウザ

■**HTTPリクエストとHTTPレスポンス**

　　では，実際のパケットを見てみましょう。以下は，Wiresharkで上記の通信
をパケットキャプチャした様子です。

①HTTPリクエスト

No.	Source	Destination	Protocol	Length	Info
30...	192.168.0.7	192.168.0.9	HTTP	490	GET /index.html HTTP/1.1
30...	192.168.0.9	192.168.0.7	HTTP	398	HTTP/1.1 200 OK (text/html)

イーサネットヘッダ　　IPヘッダ　　　TCPヘッダ　　　　HTTPヘッダ

```
▷ Frame 30168: 490 bytes on wire (3920 bits), 490 bytes captured (3920 bits) on inter
▷ Ethernet II, Src: IntelCor_00:d4:9e (60:36:dd:00:d4:9e), Dst: 0c:dd:24:b4:c2:56 (0c
▷ Internet Protocol Version 4, Src: 192.168.0.7, Dst: 192.168.0.9
▷ Transmission Control Protocol, Src Port: 62278, Dst Port: 80, Seq: 1, Ack: 1, Len:
▲ Hypertext Transfer Protocol
  ▷ GET /index.html HTTP/1.1\r\n ◀——— メソッド，パス名
    Host: 192.168.0.9\r\n ◀———— 宛先IPアドレス，ポート番号（80の場合は省略）
    Connection: keep-alive\r\n
```

■**HTTPリクエストのパケット**

上から，イーサネットヘッダ，IPヘッダ，TCPヘッダ，HTTPヘッダが並んでいます。最後のHTTPヘッダを見てみましょう。ここにあるように，メソッドがGETであることや，HOSTとして宛先IPアドレス（192.168.0.9）であることなどが記載されています。ポート番号ですが，80番の場合は省略されます。

②HTTPレスポンス

　次の空欄ウに関連して，HTTPレスポンスは以下のとおりです。こちらもHTTPヘッダを確認しましょう。

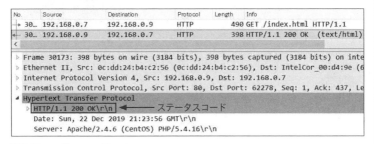

■HTTPレスポンスのパケット

　HTTPヘッダの1行目は，ステータスコードとして，「200 OK」が記載されています。

　また，余談になりますが，実際のデータ部分であるHTTPメッセージボディ（図は省略）には，「Hello」という文字が記載されます（下図）。

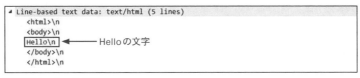

■HTTPメッセージボディ

第2章
令和元年度 午後Ⅰ
過去問解説
問2
問題
問題解説
設問解説

空欄ウ

　ステータスコードは，HTTPサーバからの返信であるHTTPレスポンスに含まれる3桁の数字です。このレスポンスコードを見ると，処理結果がわかります。次ページに，HTTPのステータスコードの概要を記載します。

コード	意味	例
100番台	処理中	
200番台	正常終了	**200 OK**（正常終了）
300番台	さらに追加の処理が要求される状態	**302 Found**（リダイレクト）
400番台	クライアント側エラー	**401 Unauthorized**（認証に失敗） **404 Not Found** （指定されたページがない）
500番台	サーバ側エラー	**503 Service Unavailable** （サービス利用不可） ※CGIのスクリプトがエラーになるなど

覚える必要はありますか？

　基本的には覚える必要はありません。ですが，「200 OK」は過去にも（令和元年度の午後Ⅱ 問1でも）SIPシーケンスなどで何度も登場しました。過去問をしっかり学習した人は，自然に覚えていることでしょう。「200 OK」が正常，「302」がリダイレクト，「400」と「500番台」はエラー，それくらいは，頭の片隅に入れておきましょう。

　さて，今回は表1に「成功時の」とあります。よって，空欄ウは「200」です。

> **解答**　200

空欄エ，空欄オ

問題文の該当部分は以下のとおりです。

> セッションIDに基づいて行う方式では，WebサーバとWebブラウザ間で状態を管理するために用いられるCookieを利用する。LBは，HTTPレスポンスの　エ　ヘッダフィールドにセッションIDを追加する。HTTPレスポンスを受け取った利用者のWebブラウザは，　エ　ヘッダフィールドにあるセッションIDを，次に送信するHTTPリクエストの　オ　ヘッダフィールドに追加する。HTTPリクエストを受け取ったLBは，　オ　ヘッダフィールドのセッションIDに基づいて，セッ

ション維持を行う。

　こちらも，実際の通信を見てもらったほうがわかりやすいと思います。以下の図を見てください。

　PC（のWebブラウザ）と，Webサーバ（今回はLB）で通信をします。まず，PCからWebサーバのログイン画面にアクセスします（下図❶）。それに対し，Webサーバがセッションを管理するためにSet-CookieヘッダフィールドにセッションIDを追加します（下図❷）。PCからWebサーバに通信する際は，受け取ったセッションIDをCookieヘッダフィールドに追加します（下図❸）。

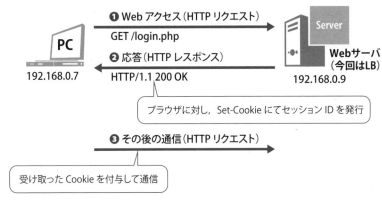

PC（Webブラウザ）とWebサーバ間の通信

　よって，WebサーバはHTTPヘッダのSet-Cookie（HTTPレスポンス），クライアントはCookie（HTTPリクエスト）にセッションIDを追加して通信します。知識問題ですが，難しかったと思います。

解答	エ：Set-Cookie　　　オ：Cookie

　参考までに，実際のパケットを見てみましょう。今回構築したWebサーバのlogin.phpというファイルですが，PHPのプログラムでsession_start()を記載しました。これによって，ブラウザに対してSet-CookieでセッションIDを追加します。

【前ページ図❷のフレーム（HTTPレスポンス）】

HTTPレスポンスの<u>Set-Cookieヘッダフィールド</u>にセッションIDが追加されています。

No.	Source	Destination	Protocol	Length	Info
→ 60...	192.168.0.7	192.168.0.9	HTTP	489	GET /login.php HTTP/1.1
← 60...	192.168.0.9	192.168.0.7	HTTP	711	HTTP/1.1 200 OK (text/html)

```
▷ Frame 60824: 711 bytes on wire (5688 bits), 711 bytes captured (5688 bits) on inter
▷ Ethernet II, Src: 0c:dd:24:b4:c2:56 (0c:dd:24:b4:c2:56), Dst: IntelCor_00:d4:9e (60
▷ Internet Protocol Version 4, Src: 192.168.0.9, Dst: 192.168.0.7
▷ Transmission Control Protocol, Src Port: 80, Dst Port: 62794, Seq: 1, Ack: 436, Ler
◢ Hypertext Transfer Protocol
  ▷ HTTP/1.1 200 OK\r\n                    ── Set-Cookieヘッダフィールド
    Date: Sun, 22 Dec 2019 22:12:14 GMT\r\n
    Server: Apache/2.4.6 (CentOS) PHP/5.4.16\r\n        ── セッションID
    X-Powered-By: PHP/5.4.16\r\n
    Set-Cookie: PHPSESSID=dsksos1s9pvobmbrprvq9i6m63; path=/\r\n
    Expires: Thu, 19 Nov 1981 08:52:00 GMT\r\n
```

■ Set-CookieヘッダフィールドにセッションIDが追加される

【前ページ図❸のフレーム（HTTPリクエスト）】

受け取ったセッションIDを<u>Cookieヘッダフィールド</u>に追加して通信をします。

No.	Source	Destination	Protocol	Length	Info
60...	192.168.0.9	192.168.0.7	HTTP	711	HTTP/1.1 200 OK (text/html)
→ 60...	192.168.0.7	192.168.0.9	HTTP	715	POST /result.php HTTP/1.1 (a

```
▷ Frame 60870: 715 bytes on wire (5720 bits), 715 bytes captured (5720 bits) on inter
▷ Ethernet II, Src: IntelCor_00:d4:9e (60:36:dd:00:d4:9e), Dst: 0c:dd:24:b4:c2:56 (0c
▷ Internet Protocol Version 4, Src: 192.168.0.7, Dst: 192.168.0.9
▷ Transmission Control Protocol, Src Port: 62794, Dst Port: 80, Seq: 436, Ack: 658, L
◢ Hypertext Transfer Protocol
  ▷ POST /result.php HTTP/1.1\r\n
    Host: 192.168.0.9\r\n
    Connection: keep-alive\r\n
  ▷ Content-Length: 16\r\n
    Cache-Control: max-age=0\r\n
    Origin: http://192.168.0.9\r\n
    Upgrade-Insecure-Requests: 1\r\n       ── Cookieヘッダフィールド
    Content-Type: application/x-www-form-urlencoded\r\n
    User-Agent: Mozilla/5.0 (Windows NT 6.3; Win64; x64) AppleWebKit/537.36 (KHTML,
    Accept: text/html,application/xhtml+xml,application/xml;q=0.9,image/webp,image/a
    Referer: http://192.168.0.9/login.php\r\n
    Accept-Encoding: gzip, deflate\r\n
    Accept-Language: ja,en-US;q=0.9,en;q=0.8\r\n     ── セッションID
  ▷ Cookie: PHPSESSID=dsksos1s9pvobmbrprvq9i6m63\r\n
```

■ 受け取ったセッションIDをCookieヘッダフィールドに追加

このようにセッションIDを保持することで，セッション維持が可能になります。

設問2

(2) 本文中の下線②について，送信元IPアドレスに基づいて行う方式を採用した場合に発生するおそれがある問題を，10字以内で述べよ。

問題文の該当部分は以下のとおりです。

> セッション維持機能には，HTTPリクエストの送信元IPアドレスに基づいて行う方式と，LBによって生成されるセッションIDに基づいて行う方式がある。（中略）Uさんは，②WAFサービスの利用を考慮し，セッションIDに基づいて行う方式を採用した。

セッション維持機能には，「送信元IPアドレスに基づいて行う方式」と，「セッションIDに基づいて行う方式」があります。

送信元IPアドレスに基づいて行うと，なぜ問題があるのでしょうか。ヒントは，下線②の「WAFサービスの利用を考慮し」の部分です。つまり，WAFサービスを使っているので，問題があるのです。

> 送信元IPアドレスが，すべてWAFサービスの
> IPアドレスになるからじゃないですか？

そのとおりです。問題文にも，「WAFサービスは，（中略）HTTPリクエストの送信元IPアドレスを，HTTPレスポンスがWAFサービスに送られるようにするためのIPアドレス（以下，IP-w2という）に変更する」とありました。次ページの図のように，異なるブラウザから異なるIPアドレスで通信をしても，LBに届くときにはすべて送信元IPがIP-w2になってしまいます。

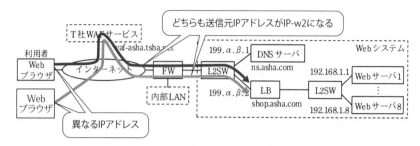

どちらも送信元IPアドレスがIP-w2になる

T社WAFサービス
waf-asha.tsha.net

利用者
Webブラウザ

インターネット

FW

L2SW

内部LAN

異なるIPアドレス

199.α.β.1 DNSサーバ
ns.asha.com

199.α.β.2 LB
shop.asha.com

Webシステム

192.168.1.1 Webサーバ1
⋮
192.168.1.8 Webサーバ8

L2SW

■送信元のIPアドレスが違っても，LBに届くパケットの送信元IPアドレスは常にIP-w2

　すべて同じIPアドレスであれば，セッション維持が適切にできません。どんな通信もすべて同じサーバに振り分けられてしまいます。

> じゃあ答えは，「すべて同じサーバにセッションが振り分けられる」でいいですか？

　正解とは言い難いです。同じサーバにセッションが割り振られることが，なぜ問題なのでしょうか。「問題」が何かをハッキリと書きましょう。また，今回はたった10字以内で書く必要があります。解答例にはシンプルに「負荷が偏る」という問題点だけが書かれています。

解答例	負荷が偏る。（6字）

設問2

　（3）本文中の下線③の処理の内容を，20字以内で答えよ。

　問題文の該当部分は以下のとおりです。

　TLSアクセラレーション機能は，TLSの暗号化・復号処理を専用ハードウェアで高速に処理する機能である。Uさんは，TLSの暗号化・復号処理の性能向上の目的と，③LBが行うある処理のために，TLSアクセラレーション機能を利用することにした。

難しいですね…

　はい，そう思います。採点講評にも，「正答率が低かった」とあります。でも，
正解するのは意外に難しくなかったと思います。

　解答に迷ったら，問題文に戻りましょう（これ，鉄則です！）。LBが行う
処理について，問題文には以下の記載があります。

> 　A社が導入するLBは，HTTPリクエストの振分け機能，死活監視機能，
> セッション維持機能，TLSアクセラレーション機能，HTTPヘッダの編集
> （追加，変更，削除）機能をもっている。

　この5つの中から処理を選べばいいのです。「TLSアクセラレーション機能」
は対象外です。なぜなら，下線③の前に「TLSの暗号化・復号処理の性能向
上の目的」とあり，すでに述べられているからです。

なんとなく，「HTTPヘッダの編集（追加，変更，削除）
機能」が怪しい気がします。
今まで見たことがない機能なので。

　そういう直感は大事にしましょう。意外に正しいものです。実際，これが
正解です。20字以内なので，カッコを外してそのまま写すと「HTTPヘッダ
の編集の処理」となります。解答例とほぼ同じです。

解答例 **HTTPヘッダを編集する処理**（14字）

　では，なぜこうなるかを解説します。設問で問われているのは，「TLSア
クセラレーション機能を利用する」目的です。問題文に，「TLSアクセラレー
ション機能は，TLSの暗号化・復号処理を専用ハードウェアで高速に処理す
る機能である」というヒントがあります。

　今回，LBがセッションIDを生成し，HTTPヘッダにCookieを挿入してセッ

ション維持を行います（※XFFの挿入もあります）。そのためには，LBで復号処理が必要です。なぜなら，暗号化されていては，Cookieが読めないからです。Cookieを挿入することもできません。だから，TLSアクセラレーション機能による「HTTPヘッダを編集する処理」が必要なのです。

> 私は，暗号化・復号処理は当たり前で，「TLSアクセラレーション機能」，つまり，「専用ハードウェアで高速に処理する」ことの目的が問われていると思いました。

　私もそう思いました。わかりにくい問題で，多くの受験生も苦心したことと思います。今回問われているのは，アクセラレーション機能に限定したものではなかったのです。「TLSアクセラレーション機能は，**TLSの暗号化・復号処理を**」とあり，「暗号化・復号処理」に着目して答える問題でした。

　本試験では，問われている意図がよくわからない問題に遭遇することがよくあります。ですから，先ほどのような，直感とか，テクニック的なやり方で答案を書くことも合格には必要です。ただ，そのときに注意点があります。過去の「ネスペ」シリーズでもお伝えしていますが，自分勝手な答えを書くのではなく，**問題文や設問文の言葉を忠実に使う**ことです。そうすれば，飛躍した解答になりにくくなり，正解，または部分点がもらえる確率が上がります。

設問3

〔WAFサービス停止時の対応検討〕について，（1）～（3）に答えよ。
（1）本文中の　カ　に入れる機器を，図3中のDNSサーバ以外の機器名で答えよ。また，本文中の下線④の変更内容を35字以内で述べよ。

　問題文の該当部分は以下のとおりです。

　Uさんは，WAFサービスを経由せずに，利用者のWebブラウザとWebシ

ステム間で直接通信させるために，WAFサービス導入時に設定変更を予定している ┃ カ ┃ の④設定を変更することと，図2中の⑤資源レコードの1行を書き換えることで対応できると考えた。

　まず，WAFサービスを経由した場合（下図❶）と，利用者のWebブラウザとWebシステム間で直接通信する場合の経路（下図❷）を図3で確認しましょう。

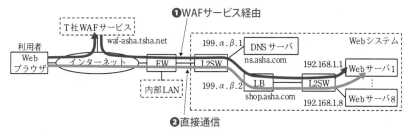

WAFサービスを経由した場合と，直接通信する場合の経路

この経路変更に際し，設定を変更する機器名を図3から選びます。

> 設問文に「DNSサーバ以外」とあります，
> 図3の機器もそれほど多くありません。
> FWかLBのどちらかでしょうか。

　本試験は時間がないので，そのようなアプローチもテクニックとして大事です。実際，今回の正解はFWです。
　問題文のヒントを見ていきましょう。まず，今のFWのルールは，問題文から「IP-w2を送信元とする通信だけを許可」しています。上の図にあるように，❷の利用者から直接通信をする場合は，FWのルールで拒否されます。そこで，インターネットからのすべての通信を許可する必要があります。

解答例	空欄カ：FW 変更内容：**任意のIPアドレスからWebシステムへのHTTPS通信を許可する。**（33字）

この解答は，問題文の「FWに設定している**Webシステムへの HTTPS 通信**に関するアクセス制御」という記述を流用したものになっています。（なお，「HTTPS通信に関する」の記述が，正誤表で追加されました）

ですが，これはあくまで「解答**例**」です。「許可する送信元 IP アドレスを IP-w2 から ANY に変更する。」などと書いても正解になったことでしょう。

（2）本文中の下線⑤について，書換え後の資源レコードを答えよ。

（1）の続きです。問題文の該当部分は以下のとおりです。

図2中の⑤資源レコードの1行を書き換えることで対応できると考えた。

まず，現在の DNS レコードはどうなっていたでしょうか。以下のように，Web サーバに接続するには，CNAME で WAF サービスを指定していました。

shop	IN	CNAME	waf-asha.tsha.net.

↑Webサーバのホスト名　　　　　↑WAFサービスのFQDN

このままだと利用者は WAF サービスに接続してしまいます。そこで，WAF サービスを導入する前の状態に戻します。具体的な DNS の A レコードは以下のとおりです。

shop	IN	A	199.α.β.2

↑Webサーバのホスト名　　　↑LB（Webサーバ）のIPアドレス

こうすれば，利用者からの通信は WAF を経由せずに，直接通信（具体的には，LB 経由で Web サーバに通信）させることができます。

さて，設問で問われているのは「資源レコード（リソースレコード）」です。「資源レコードって何？」と迷われたかもしれませんね。DNS レコードの該当箇所をそのまま記載してください。

解答例	shop	IN	A	199.α.β.2

(3) 本文中の下線⑥の設定内容を，30字以内で答えよ。

問題文の該当部分は以下のとおりです。

　Uさんは，WebAPのアクセスログについて，WAFサービスの有無にかかわらず，XFFヘッダの情報からWebシステムへのアクセス時の送信元IPアドレスを記録することとし，⑥LBに設定を追加した。

　この問題を解くヒントは，「**WAFサービスの有無**にかかわらず」の部分です。
　まず，現状のXFFヘッダの付与状況はどうなっているでしょうか。問題文には，「WAFサービスは，アクセスを許可したHTTPリクエストの送信元IPアドレスを，HTTPヘッダのX-Forwarded-Forヘッダフィールド（以下，XFFヘッダという）に追加する」とあります。よって，WAFサービスでXFFを追加しています。
　具体的には，以下のようになっています。

```
X-Forwarded-For: 198.51.100.11  ←WAFが追加したPCのIPアドレス
```

> ということは，WAFサービスを経由しない場合はどうなりますか？

　もちろん，XFFヘッダを付与できません。そこで，LBでXFFヘッダを付与します。問題文にも，LBに関して「HTTPヘッダの編集（追加，変更，削除）機能をもっている」とあります。これは，XFFヘッダを付与できるというヒントです。
　答案の書き方ですが，問われているのは「設定内容」です。それがわかる文末にしましょう。
　WAFサービスの場合の問題文を参考にするといいでしょう。以下が問題文の該当部分です。

- WAFサービスは，アクセスを許可したHTTPリクエストの<mark>送信元IPアドレス</mark>を，HTTPヘッダのX-Forwarded-Forヘッダフィールド（以下，<mark>XFFヘッダ</mark>という）に<mark>追加</mark>する。

上記のキーワードをつなげると，解答例のようになります。

解答例 XFFヘッダに送信元IPアドレスを追加する設定（23字）

> となると，WAFサービスを経由する場合は，XFFヘッダが2回追記されるのですか？

はい，そうです。XFFヘッダには，以下のように，PCのIPアドレスとWAFのIPアドレスの二つが追記されます。

```
X-Forwarded-For: 198.51.100.11, IP-w2
                      ↑              ↑
                PCのIPアドレス    WAFのIPアドレス
```

ネットワークSE Column 2　青春

2019年は，少しだけ縁のある履正社高校（大阪府）が甲子園に進出したこともあり，甲子園球場に行ったり，時間を見つけてはテレビで高校野球観戦に熱中した。

エース清水大成選手の力投や，阪神にドラフト2位指名された4番井上広大選手をはじめとする強力打線もあり，みごと初優勝！ 監督の押し付け（や言うことを聞かないやつは強制排除みたいな絶対君主制）ではなく，ベンチ入りメンバーは選手に投票させるなどという，選手の考えを大事にする岡田龍生監督の人徳も大きかったのではないかと思う。

そして，私が思いかけず尊敬してしまったのが，惜しくも準優勝ではあったが，「必笑」をモットーに力投した星稜高校の奥川恭伸選手だ。昔はスポーツの世界では，試合中に笑顔を見せることは御法度とされるような風潮があったと思う。しかし，奥川選手は，打たれても（少しはにかむような表情だが）笑顔を絶やさない。そして，味方の好守，ヒットなどには最高の笑顔を見せてくれる。世界のホームラン王，往年の巨人軍・王選手のような寡黙なスターとは異なる，現代のスターだと思う。

夜は「熱闘甲子園」（テレビ朝日）でおさらい。テーマソングは紅白歌合戦にも出場したOfficial髭男dismの「宿命」。才能を持ち合わせた高校生のドラマが，ボーカルの藤原聡さんの透き通る歌声とともに流れる。なかでも，「そんなものに負けてたまるかと」のフレーズで，つい気持ちが熱くなる。高校球児の皆さんも実際，負けてたまるか，という強い気持ちを持ち続けることですばらしい結果を出してきたのだと思う。「青春っていいなー」とテレビの前で昔を思い出してしまう。

じゃあ我々の「今の」青春はどうなのか。

高校球児の皆さんと比較をするのはおこがましいが，レベルや努力の対象はまったく違えど，我々だって自分の人生の主人公なのである。SEが勉強をやめたら成長が止まる。だから勉強し続けるのはSEの宿命である。

資格取得という小さな目標かもしれないが，負けてたまるか，絶対に合格するという強い気持ちを持ち，必死に努力する。強い気持ちがないと，合格率10数パーセントというこの試験には簡単に受からない。

そういう努力の上で，見事この試験に合格したあかつきには大きな喜びが待っている。努力して結果を出し，それを無邪気に喜ぶというのは，高校生などの若い人だけに与えられたものではない。いくら歳を重ねたって，それを「青春」と呼んでもいいと思う。

設問			IPA の解答例・解答の要点	予想配点
設問 1			T 社が IP-w1 を変更しても，A 社 DNS サーバの変更作業が不要となる。	6
設問 2	(1)	ア	順番	3
		イ	80	3
		ウ	200	3
		エ	Set-Cookie	3
		オ	Cookie	3
	(2)		負荷が偏る。	5
	(3)		HTTP ヘッダを編集する処理	5
設問 3	(1)	カ	FW	3
		変更内容	任意の IP アドレスから Web システムへの HTTPS 通信を許可する。	6
	(2)		shop　IN　A　199. α . β .2	5
	(3)		XFF ヘッダに送信元 IP アドレスを追加する設定	5
			合計	50

※予想配点は著者による

　WAF（Web Application Firewall）サービスのようなSaaSで提供されるサービスを利用する企業が増えている。このようなサービスを利用する際には，利用者，オンプレミス環境及びSaaS間で行われる通信を理解し，適切に通信制御することが必要となる。

　このような状況を基に，既存のWebシステムにWAFサービスを導入する事例を取り上げ，DNSを用いた通信制御について解説した。また，以前から多くのWebシステムで利用されている負荷分散装置を設計する技術力も，ネットワーク技術者には要求される。

　本問では，WAFサービスの導入と障害時の対応方法を題材に，DNSの基礎知識，負荷分散装置の応用技術，オンプレミス環境とSaaSの構成におけるネットワークの導入・運用設計技術について，実務で活用できる水準かを問う。

　問2では，WAFサービスの導入と障害時の対応方法を題材に，DNS，負荷分散装置に関する設計，オンプレミス環境とSaaSの構成におけるネットワーク設計について出題した。全体として，正答率は低かった。

　設問1は，正答率が高かった。CNAMEレコードを登録すれば，WAFサービスのIP

otbc さんの解答	正誤	予想採点	そーださんの解答	正誤	予想採点
T社がIP-w1を変更してもFQDNは変わらないので、A社DNSサーバは変更しなくても良い	○	6	IP-w1の変更が発生しても、A社DNSサーバの設定変更が不要となる点	○	6
順番	○	3	交互	○	3
443	×	0	443	×	0
200 OK	×	0	200	○	3
XFF	×	0	Set-Cookie	○	3
Set-Cookie	×	0	Set-Cookie	×	0
セッションの終了	×	0	振り分け先が全て同じ	○	5
TLS通信を復号する。	×	0	HTTPヘッダの書き換え処理	○	5
FW	○	3	FW	○	3
Webシステムの通信は、送信元IPアドレスが任意のHTTPSを許可する	○	6	FWポリシー設定にて、送信元IPアドレスを全て許可する。	○	6
shop IN A 199.α.β.2	○	5	shop IN A 199.α.β.2	○	5
セッションIDと送信元IPアドレスの対応付けテーブルを作成。	×	0	XFFヘッダが無い場合、送信元IPアドレスを追加する。	○	5
予想点合計		23	予想点合計		44

アドレスが変わったとしても，A社のゾーンファイルの変更が不要であることを是非知っておいてもらいたい。

　設問2（2）は，正答率が低かった。"セッションの切断"など，セッション自体に問題が発生すると誤って解答した受験者が多かった。負荷分散装置が受信する通信の送信元IPアドレスは，WAFサービスのIPアドレスである。このような状況において，負荷分散装置が送信元IPアドレスに基づくセッション維持を行うと，特定のWebサーバに負荷が集中する問題が発生することを理解してほしい。（3）は，正答率が低かった。Cookieの利用，X-Forwarded-Forヘッダフィールドへの追加を行うためには，負荷分散装置で復号処理が必要であることを理解しておいてほしい。

　設問3（1）は正答率が高く，（2）（3）は低かった。WAFサービスのようなSaaSが停止したときの対応を，検討しておくことは重要である。状況記述を正確に読み取って正答を導き出してほしい。

■出典
「令和元年度秋期 ネットワークスペシャリスト試験 解答例」
https://www.jitec.ipa.go.jp/1_04hanni_sukiru/mondai_kaitou_2019h31_2/2019r01a_nw_pm1_ans.pdf
「令和元年度 秋期 ネットワークスペシャリスト試験 採点講評」
https://www.jitec.ipa.go.jp/1_04hanni_sukiru/mondai_kaitou_2019h31_2/2019r01a_nw_pm1_cmnt.pdf

歳は取りたくないものだ

「視力が良くなりましたねー」

「本当ですか？」と私は喜んだ。

「はい，メガネの度数を二つくらい下げたほうが，目の疲れも少なくなりますよ」

そういって眼科の先生が眼鏡を作るための処方箋を書いてくれた。

　老眼（＝近くが見えない）が入ると，近視（＝近くが見える）が改善されると聞いたことがあるが，私の場合はまさしくこの状態だったのだろう。

　近視と老眼の運命の出会いだ！ と喜んだが，先生から厳しい言葉も。

「目を酷使されていますが，あと何年かしたら，パソコンを使う仕事はしんどくなりますよ」

　私の仕事はIT関連と著述業なので，パソコンの画面にずっと向き合っている。そろそろ，先を見据えた仕事のやり方を考えなければいけない歳なのかもしれない。寂しい話だ。

　少し変わっていると思われるかもしれないが，私はこれまで，歳を取ることにほとんど抵抗がなかった。というのも，歳を重ねるにつれて実力や経験，肩書きが蓄積されてくる。今までできなかった仕事もできるようになるからだ。

　でも，今回のように明らかな身体機能の劣化に出くわすと，歳を取りたくないなあと思ってしまう。スーパーのレジ袋が開けられないのは，本当に悲しい……。

令和元年度
午後Ⅰ 問3

問　　題
問題解説
設問解説

問題

問3　LANのセキュリティ対策に関する次の記述を読んで，設問1〜4に答えよ。

　E社は，小売業を営む中堅企業である。E社のネットワーク構成を，図1に示す。

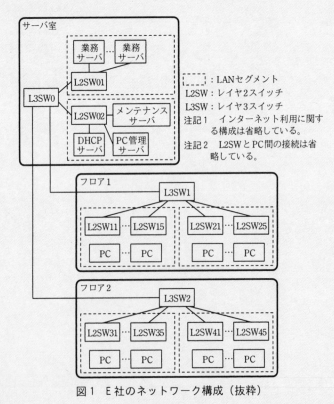

図1　E社のネットワーク構成（抜粋）

図1の概要，及びPCのセキュリティ対策について，次に示す。

- PCを接続するLANは，各フロア二つ，計四つのセグメントに分かれている。
- ルーティング情報は，全てスタティックに定義してある。
- L3SW1，L3SW2で設定されているVLANは，全てポートVLANである。
- ①PCのIPアドレスは，DHCPサーバによって割り当てられる。
- PCはメンテナンスサーバを利用して，OSやアプリケーションプログラムのアップデート，ウイルス定義ファイルのアップデートなどを行う。
- PCには，E社のセキュリティルールに従っているかどうかを検査するソフト（以下，Sエージェントという）がインストールされている。
- Sエージェントは，検査結果をPC管理サーバに登録する。

E社では，情報システム部（以下，情シス部という）が，定期的にPC管理サーバを参照して，検査結果が不合格であるPCの利用者に，対処を指示している。しかし，対処をしないままPCを使用し続ける利用者が，少なからず存在する。また，無断で個人所有のPCをLANに接続することが，度々起きていた。そこでE社は，セキュリティルールに反したPCに対し，LANの利用を制限することにした。

〔LAN通信制限方法の検討〕
　情シス部は，LAN通信制限の要件を次のとおり整理した。
- 通信を許可するかしないかは，PC管理サーバ上の情報によって決定する。
- PC管理サーバ上の情報に応じて，PCを次の三つに区分する。
　　正常PC：Sエージェントの検査結果が合格のPC
　　不正PC：Sエージェントの検査結果が不合格のPC
　　未登録PC：PC管理サーバに登録がないPC（無断持込みのPCは，これに該当）
- 正常PCは，通信を許可し，不正PCと未登録PC（以下，排除対象PCという）は，通信を許可しない。

　情シス部は，LAN通信制限の実現策として，次の2案を検討した。
案1：DHCPサーバとL2SWによる通信制限

- 正常PCだけにIPアドレスを付与するよう，DHCPサーバに機能追加する。
- ②DHCPサーバからIPアドレスを取得したPCだけが通信可能となるように，各フロアのL2SWでDHCPスヌーピングを有効にする。

案2：専用機器による通信制限
- ARPスプーフィングの手法を使って，LAN上の通信を制限する機能をもつ機器（以下，通信制限装置という）を新たに導入し，排除対象PCによる通信を禁止する。

案2の通信制限装置は，セグメント内のARPパケットを監視し，排除対象PCが送信したARP要求を検出すると，排除対象PCのパケット送信先が通信制限装置となるように偽装したARP応答を送信する。同時に，排除対象PC宛てパケットの送信先が通信制限装置となるように偽装したARP要求を送信する。これら各ARPパケットのデータ部を，表1に示す。

表1 各 ARP パケットのデータ部

フィールド名	排除対象 PC が送信した ARP 要求	通信制限装置が送信する ARP 応答	通信制限装置が送信する ARP 要求
送信元ハードウェアアドレス	排除対象 PC の MAC アドレス	a	c
送信元プロトコルアドレス	排除対象 PC の IP アドレス	b	d
送信先ハードウェアアドレス	00-00-00-00-00-00	排除対象 PC の MAC アドレス	00-00-00-00-00-00
送信先プロトコルアドレス	アドレス解決対象の IP アドレス	排除対象 PC の IP アドレス	アドレス解決対象の IP アドレス

なお，通信制限装置が送信するARP応答は10秒間隔で繰り返し送信され，あらかじめ設定された時間，又はオペレータによる所定の操作があるまで，継続する。

案1，案2ともに，同等のLAN通信制限ができるが，案2の通信制限装置には，PC管理サーバとの連携を容易にする機能が存在する。そこで，情シス部は案2を採用することにした。

〔通信制限装置の導入〕

　通信制限装置のLANポート数は4であり，各LANポートの接続先は，全て異なるセグメントでなければならない。また，タグVLANに対応可能である。

　通信制限装置の価格，セグメント数やタグVLAN対応に応じたライセンス料，フロア間配線の工事費用，既存機器の設定変更の工数などを勘案し，情シス部は，③タグVLANを使用せず，フロア間の配線も追加しない構成を選択した。また，④通信制限装置を接続するスイッチは，既設のL3SWとした。

〔運用の整備〕

　新規に調達されたPCは，PC管理サーバに検査結果が登録されていないので，通信制限装置の排除対象になってしまう。そこで，新規のPCは，情シス部がPC管理サーバに正常PCとして登録した後に，利用者に配布する運用にした。

　また，不正PCを正常PCに復帰させる対処を行うために，不正PCを接続するセグメント（以下，対処用セグメントという）を，フロア1とフロア2に追加することにした。⑤対処用セグメントから他セグメントの機器への通信は，L3SW1及びL3SW2のパケットフィルタリングによって必要最小限に制限する。

　情シス部が作成した計画に基づいて，E社はLANのセキュリティ対策を導入し，運用を開始した。

設問1　本文中の下線①について，DHCPサーバとPCのセグメントが異なっている場合に必要となる，スイッチの機能名を答えよ。また，その機能が有効になっているスイッチを，図1中の機器名で，全て答えよ。ただし，その機能が有効になっているスイッチは，台数が最少となるように選択すること。

設問2 〔LAN通信制限方法の検討〕について，(1) ～ (3) に答えよ。

(1) 案1において，本文中の下線②を実施しない場合に生じる問題を，35字以内で述べよ。

(2) 図1中のフロア1，フロア2のL2SWで，DHCPスヌーピングを有効にする際に，L3SWと接続するポートにだけ必要な設定を，25字以内で述べよ。

(3) 表1中の ｜ a ｜ ～ ｜ d ｜ に入れる適切な字句を解答群の中から選び，記号で答えよ。

解答群

ア　アドレス解決対象のIPアドレス

イ　アドレス解決対象のMACアドレス

ウ　通信制限装置のIPアドレス

エ　通信制限装置のMACアドレス

オ　排除対象PCのIPアドレス

カ　排除対象PCのMACアドレス

設問3 〔通信制限装置の導入〕について，(1)，(2) に答えよ。

(1) 本文中の下線③の構成において，必要となる通信制限装置の最少台数を答えよ。ただし，サーバ室での不正PCや未登録PCの利用対策は，考慮しなくてよいものとする。

(2) 本文中の下線④について，導入する通信制限装置のうちの1台を対象として，そのLANポート1～4の接続先を，図1中の機器名でそれぞれ答えよ。ただし，LANポート1～4は番号の小さい順に使用し，使用しないポートには"空き"と記入すること。

設問4 〔運用の整備〕について，(1)，(2) に答えよ。

(1) 本文中の下線⑤について，対処用セグメントのPCの通信先として許可される他セグメントの機器を二つ挙げ，それぞれ図1中の機器名で答えよ。

(2) 対処用セグメントを追加する際に，L3SW1，L3SW2以外に設定変更が必要な機器を二つ挙げ，それぞれ図1中の機器名で答えよ。また，それぞれの機器の変更内容を，30字以内で述べよ。

![icon] 問題文の解説

ネットワークにおけるセキュリティ対策に関する出題です。技術的にはDHCPやARPというネットワークの基礎技術で構成されています。ですが、見慣れない製品や「ARPスプーフィング」というセキュリティの仕組みが問われました。また、「こんな答えでいいの?」と不安になる設問もあり、戸惑った受験生も多かったことでしょう。

この問題ですが、ARPスプーフィングに関する詳細な記述があります。そこで、第1章2節にARPおよびARPスプーフィングの解説をまとめました。事前知識の習得として参考にしてください。

問3 LANのセキュリティ対策に関する次の記述を読んで、設問1〜4に答えよ。

E社は、小売業を営む中堅企業である。E社のネットワーク構成を、図1に示す。

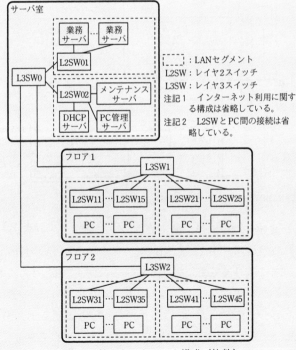

図1 E社のネットワーク構成（抜粋）

E社のネットワーク構成図が示されています。インターネットやDMZは存在せず，LANだけです。

まずはここで，このLANのIPアドレスおよびVLAN設計をしてみましょう。

IPアドレスは何を使えばいいですか？

それも含めて考えてください。とても勉強になりますよ。大事なのは，自分で書いてみることです。

参考までに，以下に解答例を示します（フロア2は省略しています）。

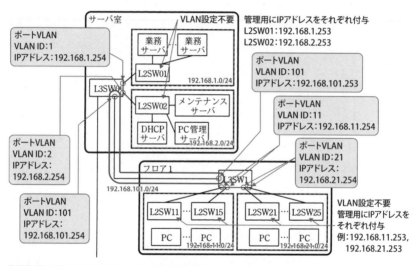

■ 解答例：E社LANのIPアドレスおよびVLAN設計

少し補足します。点線内はLANセグメントです。サーバ室のセグメントとして192.168.1.0/24と192.168.2.0/24，フロア1には192.168.11.0/24と192.168.21.0/24を割り当てました。

L3SW0を見てみましょう。192.168.1.0/24のネットワークが接続されているスイッチのポートには，ポートVLANでVLAN1，IPアドレス192.168.1.254を割り当てます。同様に，192.168.2.0/24のネットワークが接続されているポートにはVLAN2とIPアドレス192.168.2.254，フロア1と

接続するポートにはVLAN101とIPアドレス192.168.101.254を割り当てます。
VLANはすべてポートVLANです。

> 図1の概要，及びPCのセキュリティ対策について，次に示す。
> • PCを接続するLANは，各フロア二つ，計四つのセグメントに分かれている。
> • ルーティング情報は，全てスタティックに定義してある。

OSPFなどのダイナミックルーティングを使わずに，静的（スタティック）な経路情報を設定しています。

それがどうしたんですか？

この記述は，設問4（2）のための制約です。スタティックで設定しているので，ネットワーク構成が変わったら，手動で設定変更が必要です。

 【参考問題】ルーティングの設定

先に設定したIPアドレスに基づいて，L3SW0のルーティングテーブルを書きましょう。フロア2には，192.168.31.0/24と192.168.41.0/24の2つのネットワークがあるとし，ネクストホップであるL3SW2のIPアドレスを192.168.102.253とします。

A. L3SWのルーティングテーブルは，以下のとおりです。

項番	宛先ネットワーク	ネクストホップ
1	192.168.11.0/24	192.168.101.253
2	192.168.21.0/24	192.168.101.253
3	192.168.31.0/24	192.168.102.253
4	192.168.41.0/24	192.168.102.253

- L3SW1, L3SW2で設定されているVLANは，全てポートVLANである。

先ほど設計したとおり，すべてポートVLANです。ちなみに，以下のように L3SW0 と L3SW1 の間をタグVLANで設計することも可能です。その場合には，PCのデフォルトゲートウェイをL3SW0にします。また，L3SW1はレイヤ3である必要がないので，レイヤ2のL2SWで代替できます。

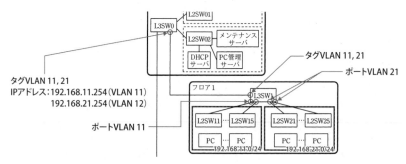

■L3SW0とL3SW1の間をタグVLANで設計

- ①PCのIPアドレスは，DHCPサーバによって割り当てられる。

下線①は，設問1で解説します。

- PCはメンテナンスサーバを利用して，OSやアプリケーションプログラムのアップデート，ウイルス定義ファイルのアップデートなどを行う。

メンテナンスサーバという言葉は，あまり馴染みがないことでしょう。たとえば，Windows製品のOSやアプリケーションのアップデートであれば，WSUS（Windows Server Update Services）があります。また，ウイルス定義ファイルのアップデートであれば，トレンドマイクロ社のウイルスバスターコーポレートエディションがあります。

- PCには，E社のセキュリティルールに従っているかどうかを検査するソフト（以下，Sエージェントという）がインストールされている。
- Sエージェントは，検査結果をPC管理サーバに登録する。

Sエージェントと PC 管理サーバは，2つ合わせて資産管理ツールのようなものと考えてください。たとえば，MOTEX（エムオーテックス）社の LanScope Cat であったり，SKY 社の SKYSEA Client View などが該当します。

> 　E社では，情報システム部（以下，情シス部という）が，定期的に PC 管理サーバを参照して，検査結果が不合格である PC の利用者に，対処を指示している。しかし，対処をしないまま PC を使用し続ける利用者が，少なからず存在する。また，無断で個人所有の PC を LAN に接続することが，度々起きていた。そこで E社は，セキュリティルールに反した PC に対し，LAN の利用を制限することにした。

LAN 利用の制限に関して，これ以降に詳しい記載があります。

> 〔LAN 通信制限方法の検討〕
> 　情シス部は，LAN 通信制限の要件を次のとおり整理した。
> ・通信を許可するかしないかは，PC 管理サーバ上の情報によって決定する。
> ・PC 管理サーバ上の情報に応じて，PC を次の三つに区分する。
> 　　正常 PC：Sエージェントの検査結果が合格の PC
> 　　不正 PC：Sエージェントの検査結果が不合格の PC
> 　　未登録 PC：PC 管理サーバに登録がない PC（無断持込みの PC は，これに該当）
> ・正常 PC は，通信を許可し，不正 PC と未登録 PC（以下，排除対象 PC という）は，通信を許可しない。

　この内容も，皆さんにはあまり馴染みのない内容だったと思います。ですが，書かれてあることは難しくありません。正常 PC，不正 PC，未登録 PC，排除対象 PC のそれぞれの意味を理解しておきましょう。

> 　情シス部は，LAN 通信制限の実現策として，次の2案を検討した。
> 案1：DHCP サーバと L2SW による通信制限
> ・正常 PC だけに IP アドレスを付与するよう，DHCP サーバに機能追加する。

どうやってやるのでしょうか

　このあとの問題文を参考にすると，PC管理サーバと連携して実現しています。DHCPサーバは，MACアドレスによる認証機能を持つことが一般的です。なので，PC管理サーバにて，正常PCのMACアドレスをリスト化し，DHCPサーバにそのリストを送っていると思います。

　　• ②DHCPサーバからIPアドレスを取得したPCだけが通信可能となるように，各フロアのL2SWでDHCPスヌーピングを有効にする。

　スヌーピングとは，「のぞき見する」という意味です。DHCPスヌーピングは，DHCPのパケットをスヌーピング（のぞき見）し，不正な通信をブロックします。詳しい機能は，設問2（1）で解説します。

　案2：専用機器による通信制限
　　• ARPスプーフィングの手法を使って，LAN上の通信を制限する機能をもつ機器（以下，通信制限装置という）を新たに導入し，排除対象PCによる通信を禁止する。

すごい機能を持った製品ですね。

　はい，そう思います。でも，古くからありますよ。たとえば，NetSkate KobanやL2Blockerなどの製品が該当します。
　さて，冒頭でも述べましたが，ARPスプーフィングに関しては，1章で解説しています。そちらの解説を読んでいただいた前提で解説を進めます。

　　案2の通信制限装置は，セグメント内のARPパケットを監視し，排除対象PCが送信したARP要求を検出すると，

まず、この部分の構成図は以下のとおりです。

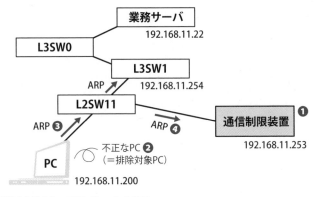

■通信制限装置を導入してARPパケットを監視

この図を解説します。L2SW11に通信制限装置を接続します（上図❶）。ここで、フロア1のL2SW11に、排除対象PC（＝不正なPC）が接続されたとします（上図❷）。この排除対象PCは、E社のネットワークに接続して通信をしようとするので、IPアドレスやデフォルトゲートウェイが適切に設定されています。IPアドレスを192.168.11.200、デフォルトGWをL3SW1（IPアドレス192.168.11.254）とします。

そして、排除対象PCが、たとえばL3SW1を通信しようとしてARPを送信すると（上図❸）、通信制限装置がこのARPフレームを検出します（上図❹）。
　※これ以降も、この構成およびIPアドレスを前提に解説します。

ARP以外のフレームの検出は不要なのですか？

ARPだけで十分です。ARPの応答を偽装し、排除対象PCのARPテーブルに間違った情報を書き込めば、排除対象PCは正常な通信ができなくなります。

通信制限装置において、「排除対象PCが送信したARP要求」なのか、「正常なPCが送信したARP要求」なのかの判断は、どう行うのですか？

まず，PC管理サーバにて，正常PCのMACアドレスをリスト化します（S
エージェントによって情報が集まってきます）。それを通信制限装置が受け
とり，記憶します。そして，ARPフレームを監視して，送信元MACアドレ
スがリストになければ，排除対象PCと判断します。

　排除対象PCのパケット送信先が通信制限装置となるように偽装したARP
応答を送信する。

　「L3SW1のMACアドレスは何ですか？」のARP要求に対して，（嘘をつ
いて）通信制限装置のMACアドレスを答えます。これにより，排除対象PC
のARPテーブルに嘘の情報を書き込みます。

　同時に，排除対象PC宛てパケットの送信先が通信制限装置となるように
偽装したARP要求を送信する。

　先ほどはARP応答でしたが，今度はARP要求です。さて，これを送る目
的は何でしょうか。それは，L3SW1のARPテーブルに嘘の情報を流すため
です。
　というのも，排除対象PCが送信したARP要求ですが，通信制限装置が応
答したとはいえ，L3SW1にも届きます。よって，L3SW1のARPテーブルで
は，「192.168.11.200」と「排除対象PCのMACアドレス」が対応づけられ
てしまいます。

■L3SW1のARPテーブルで「排除対象PCのMACアドレス」が書き込まれる

IPアドレス	MACアドレス
192.168.11.200	排除対象PCのMACアドレス

　そこで，通信制限装置からのARP要求を使って，L3SW1のARPテーブル
を上書きします。通信制限装置のARP要求を受け取ったL3SW1のARPテー
ブルでは，192.168.11.200と通信制限装置のMACアドレスが対応づけられ
ます（上書きされます）。

■ 通信制限装置からのARP要求でL3SW1のARPテーブルを上書き

IPアドレス	MACアドレス
192.168.11.200	通信制限装置のMACアドレス

これら各ARPパケットのデータ部を，表1に示す。

表1 各 ARP パケットのデータ部

フィールド名	排除対象 PC が送信した ARP 要求	通信制限装置が送信する ARP 応答	通信制限装置が送信する ARP 要求
送信元ハードウェアアドレス	排除対象 PC の MAC アドレス	a	c
送信元プロトコルアドレス	排除対象 PC の IP アドレス	b	d
送信先ハードウェアアドレス	00-00-00-00-00-00	排除対象 PC の MAC アドレス	00-00-00-00-00-00
送信先プロトコルアドレス	アドレス解決対象の IP アドレス	排除対象 PC の IP アドレス	アドレス解決対象の IP アドレス

ARPパケットの「データ部」が記載されています。「排除対象PCが送信したARP要求」（下図❶），「通信制限装置が送信するARP応答」（下図❷），「通信制限装置が送信するARP要求」（下図❸）の3項目がありますが，図に書き込むと，以下のようになります。

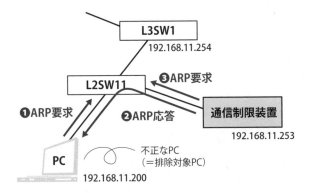

L3SW1
192.168.11.254

L2SW11

❸ARP要求

通信制限装置
192.168.11.253

❶ARP要求
❷ARP応答

PC
192.168.11.200

不正なPC
（＝排除対象PC）

■ 排除対象PCと通信制限装置からのARP要求とARP応答

表1にあるプロトコルアドレスって何ですか？

逆に何だと思いますか？

　ちょっと意地悪でしたね。でも，試験では自分が知らない言葉もたくさん出てきます。それでも，わからないなりに答えを書く必要があります。表1でプロトコルアドレスの中身を見ると，「IPアドレス」とあります。なので，IPアドレスと考えて問題ありません。

　ですから，表1にある4つのアドレスは，ざっくりですが，送信元，宛先のそれぞれのMACアドレスとIPアドレスが入ると考えてください。

　4つのアドレスの詳しい意味は，1章2節のARPの解説で記載しました。そちらを参照してください。空欄a〜dは，設問2（3）で解説します。

　なお，通信制限装置が送信するARP応答は10秒間隔で繰り返し送信され，あらかじめ設定された時間，又はオペレータによる所定の操作があるまで，継続する。

　ARP応答を繰り返して，排除対象PCのARPテーブルを何度も上書きしています。L3SW1からの正しいARP応答も送信されますから，念には念を入れて偽り情報を流す，という感じでしょう。

　案1，案2ともに，同等のLAN通信制限ができるが，案2の通信制限装置には，PC管理サーバとの連携を容易にする機能が存在する。そこで，情シス部は案2を採用することにした。

〔通信制限装置の導入〕
　通信制限装置のLANポート数は4であり，各LANポートの接続先は，全て異なるセグメントでなければならない。また，タグVLANに対応可能である。

　通信制限装置の仕様が記載されています。この仕様をもとに，設問3の通信制限装置の設置構成を考えます。ポートが4つあるので，4つのセグメントをカバーできるなぁ，ぐらいに考えておいてください。この点は，設問3(1)に関連します。

　また，「全て異なるセグメントでなければならない」というのは，「同じセ

グメントに2ポート以上つないではならない」という,設問での制約条件です。

　　通信制限装置の価格,セグメント数やタグVLAN対応に応じたライセンス料,フロア間配線の工事費用,既存機器の設定変更の工数などを勘案し,情シス部は,③タグVLANを使用せず,フロア間の配線も追加しない構成を選択した。また,④通信制限装置を接続するスイッチは,既設のL3SWとした。

下線③と④は,それぞれ設問3(1)と(2)で解説します。

〔運用の整備〕
　　新規に調達されたPCは,PC管理サーバに検査結果が登録されていないので,通信制限装置の排除対象になってしまう。そこで,新規のPCは,情シス部がPC管理サーバに正常PCとして登録した後に,利用者に配布する運用にした。

記載されたとおりです。

　　また,不正PCを正常PCに復帰させる対処を行うために,不正PCを接続するセグメント(以下,対処用セグメントという)を,フロア1とフロア2に追加することにした。

不正PCはネットワークに接続できません。しかし,それでは業務に支障が出ます。そこで,OSやウイルス定義ファイルのアップデートを行うことができるように,対処用セグメントを作成します。

どういう運用になりますか?

おそらく次のような運用です。たとえば,ウイルス定義ファイルが古いPCをネットワークに接続したとします。しかし,通信制限装置による通信

制限によって，ネットワークに接続できません。

　利用者は，ヘルプデスクに電話する，または自分でPCの不備に気がつきます。そこで，PCを対処セグメントに接続します。対処セグメントのネットワーク経由で正常PCの状態にして，あらためて，E社のネットワークに接続します。

　⑤対処用セグメントから他セグメントの機器への通信は，L3SW1及びL3SW2のパケットフィルタリングによって必要最小限に制限する。

　情シス部が作成した計画に基づいて，E社はLANのセキュリティ対策を導入し，運用を開始した。

　対処用セグメントから，業務サーバなどに通信ができてはいけません。不正PCはウイルスに感染しているかもしれないからです。

　下線⑤は，設問4（1）で解説します。

設問1

　　　本文中の下線①について，DHCPサーバとPCのセグメントが異なっている場合に必要となる，スイッチの機能名を答えよ。また，その機能が有効になっているスイッチを，図1中の機器名で，全て答えよ。ただし，その機能が有効になっているスイッチは，台数が最少となるように選択すること。

　問題文の該当箇所は以下のとおりです。

- ①PCのIPアドレスは，DHCPサーバによって割り当てられる。

【スイッチの機能名】

　スイッチの機能名を考えましょう。下線①の記述から，DHCPに関する機能だと想像できたことでしょう。また，設問文に「DHCPサーバとPCの**セグメントが異なっている場合に必要**」とあります。DHCPの基礎を学習した人は，ピンときたことでしょう。正解は「DHCPリレーエージェント」です。

解答	機能名：DHCPリレーエージェント

　DHCPリレーエージェントについて詳しく解説します。DHCPリレーエージェントは，PCからのDHCP要求をルータなどが中継する仕組みです。DHCPの要求は，ブロードキャスト通信で行われますから，同一セグメントにしか届きません。

> E社の場合，PCのセグメントは4つあるので，
> 4台のDHCPサーバが必要ですね。

　そうなんです。それぞれのセグメントにDHCPサーバを設置するのは，コ

スト面や運用面で負担になります。そこで, DHCPリレーエージェントによって, DHCPのブロードキャストパケットをDHCPサーバがある違うセグメントに伝達できるようにします。

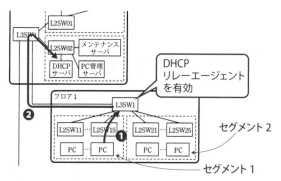

■DHCPリレーエージェントの仕組み

　上の図を見てください。セグメント1とセグメント2にはDHCPサーバがありません。ですが, PCがDHCPの要求をすると（上図❶）, DHCPリレーエージェントが有効になったL3SWがそのパケットをDHCPサーバに中継します（上図❷）。DHCPサーバからIPアドレスなどのネットワーク情報を受け取ったL3SWは, その情報をPCに返します。

　では, フレームの学習も兼ねて, 以下を考えてみましょう。

Q. ①と②のフレーム構造を書け。②に関しては, L3ヘッダも書くこと。

A.

❶のフレーム

宛先MAC アドレス	送信元MAC アドレス	タイプ	送信元IP アドレス	宛先IP アドレス	プロトコル	データ
FF:FF:FF: FF:FF:FF	PC（のMACアドレス）	IPv4	0.0.0.0	255.255.255.255	UDP	

　※IPアドレス情報は, 0.0.0.0と255.255.255.255が入っていますが, 覚える

必要はありません。そんなもんだ、くらいに考えておいてください。

ブロードキャストなので、宛先MACアドレスはFF:FF:FF: FF:FF:FFです。

❷のフレーム

宛先MAC アドレス	送信元MAC アドレス	タイプ	送信元 IPアドレス	宛先 IPアドレス	プロトコル	データ
L3SW0の MACアドレス	L3SW1の MACアドレス	IPv4	L3SW1 （のIPアドレス）	DHCPサーバ （のIPアドレス）	UDP	

先ほどはブロードキャストでしたが、今度はL3SW0宛てのユニキャストに変換されます。宛先IPアドレスはDHCPサーバです。

【機能が有効になっているスイッチ】

では、この機能が有効になっているスイッチを答えます。注意点は、「図1中の機器名」で、答えることです。勝手に「L3SW1」を「L3スイッチ1」などと表現を変えてはいけません。また、「全て」答えるので、複数あることを意識しながら考えましょう。

DHCPはブロードキャストなので、PCからの
ブロードキャストが届く必要がありますね。

そうなんです。そうすると、図1中のスイッチの「L2SW11～15」などのフロア1と2にあるレイヤ2スイッチか、レイヤ3スイッチのL3SW1とL3SW2のどれかになります。

レイヤ2スイッチって、
DHCPリレーエージェントを設定できるんですか？

そうなんです。一般的にはできません。なので、正解はL3SW1とL3SW2しかないのです。仮にレイヤ2スイッチにDHCPリレーエージェントの設定ができたとします。でも、設問文に、「その機能が有効になっているスイッチは、台数が最少となるように」とあります。この記述から、「L2SW11～

15」などのレイヤ2スイッチに設定するのは適切ではありません。

> **解答**　スイッチ：L3SW1，L3SW2

設問2

〔LAN通信制限方法の検討〕について，（1）〜（3）に答えよ。
（1）案1において，本文中の下線②を実施しない場合に生じる問題を，35
　　字以内で述べよ。

問題文の該当部分は以下のとおりです。

・②DHCPサーバからIPアドレスを取得したPCだけが通信可能となるよ
　うに，各フロアのL2SWでDHCPスヌーピングを有効にする。

　まず，DHCPスヌーピングについて説明します。DHCPスヌーピングは，
DHCPのパケットをスヌーピング（のぞき見）し，不正な通信をブロックす
る機能です。ブロックできる不正通信は以下の二つです。

❶不正なDHCPサーバを勝手に設置して，端末にIPアドレスを払い出す通信
　登録されたDHCPサーバ以外の，不正なDHCPサーバからのフレームを破
棄します。
❷固定でIPアドレスを割り当てたPCからの通信
　正規のDHCPからIPアドレスを払い出されたPCのMACアドレスを記憶し，
そのフレームだけを通過させます。こうすることで，固定IPアドレスを割
り当てたPCの通信を拒否します。

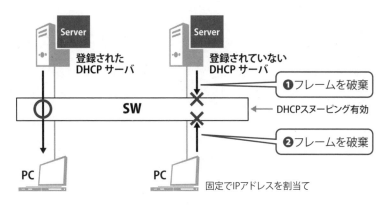

■DHCPスヌーピングの動作

　この知識があると，自信を持って正解を書けたと思います。ですが，DHCPスヌーピングを知らなかったとしても，設問文からなんとなく解けたと思います。下線②には「②DHCPサーバからIPアドレスを取得したPCだけが通信可能となる」とあります。ですから，DHCPサーバからIPアドレスを取得しないPC（＝固定でIPアドレスを割り当てたPC）が接続できてしまっては問題です。

　解答例としては，「IPアドレスを固定で設定すれば，通信ができる」という趣旨の解答が書ければ正解です。

> **解答例** IPアドレスを固定設定すれば，正常PC以外でも通信できる。（29字）

「正常PC以外でも」のキーワードは必須ですか？

　なくても正解だったと思いますよ。正常PCがIPアドレスを固定にして通信することはあまり問題ではありません。だから，「正常PC以外でも」と入れています。ですが，解答例のとおりに書ける人はほとんどいません。あまり気にしなくていいでしょう。

(2) 図1中のフロア1，フロア2のL2SWで，DHCPスヌーピングを有効にする際に，L3SWと接続するポートにだけ必要な設定を，25字以内で述べよ。

DHCPスヌーピングは先に説明した二つの機能を持ちます。また，設問には，「L3SWと接続するポートにだけ必要な設定」とあります。このポートの先にはDHCPサーバが接続されています。この点から，なんとなく答えが見えてきたのではないでしょうか。

> DHCPスヌーピングの設定をしたことがないので，書きようがありません。

この試験は，製品の実際の設定コマンドが問われる試験ではありません。「どういう設定をするか」が問われています，事前知識がなくても正解できます。

DHCPスヌーピングでは，登録されたDHCPサーバ以外の不正なDHCPサーバからのフレームを破棄します。ですが，正規のDHCPサーバのフレームまで破棄されては困ります。よって，そうならないような設定をします。

> DHCPスヌーピングの設定をOFFにするとか，フレームを破棄しないような設定にするとか，でしょうか

そんな感じです。解答例でも，ぼんやりとした解答が記載されています。

| 解答例 | DHCPスヌーピングの制限を受けない設定（20字） |

採点講評には「正答率は低かった」とあります。難しかったことでしょう。

(3) 表1中の ▢a▢ ～ ▢d▢ に入れる適切な字句を解答群の
中から選び，記号で答えよ。

解答群

ア　アドレス解決対象のIPアドレス

イ　アドレス解決対象のMACアドレス

ウ　通信制限装置のIPアドレス

エ　通信制限装置のMACアドレス

オ　排除対象PCのIPアドレス

カ　排除対象PCのMACアドレス

問題文の該当部分を再掲します。

表1　各ARPパケットのデータ部

フィールド名	❶排除対象PCが送信したARP要求	❷通信制限装置が送信するARP応答	❸通信制限装置が送信するARP要求
送信元ハードウェアアドレス	排除対象PCのMACアドレス	a	c
送信元プロトコルアドレス	排除対象PCのIPアドレス	b	d
送信先ハードウェアアドレス	00-00-00-00-00-00	排除対象PCのMACアドレス	00-00-00-00-00-00
送信先プロトコルアドレス	アドレス解決対象のIPアドレス	排除対象PCのIPアドレス	アドレス解決対象のIPアドレス

　問題文でも解説しましたが，表1にある四つのアドレスは，ざっくり言う
と，送信元，宛先（送信先）のMACアドレスとIPアドレスです。

　問題文で解説した図を再掲します。表1の❶❷❸の項目は，次ページの図
の❶❷❸が対応します。

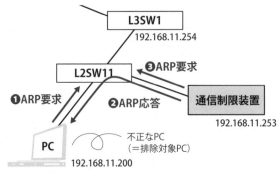

■排除対象PCと通信制限装置からのARP要求とARP応答

では，空欄を順に考えます。

❷の「通信制限装置が送信するARP応答」によって，通信制限装置は何をするのでしょうか。

たしか，アドレス解決対象のIPアドレス（192.168.11.254）の端末は自分であると「なりすます」ことですよね。

そうです。それがわかれば答えは簡単です。送信元MACアドレス（＝送信元ハードウェアアドレス）は，なりすましてる自分，つまり「通信制限装置のMACアドレス」です。また，送信元IPアドレス（＝送信元プロトコルアドレス）は，なりすます「アドレス解決対象のIPアドレス」（図では192.168.11.254）です。

解答　　a：エ　　　b：ア

こちらも考え方は同じです。❸の「通信制限装置が送信するARP要求」によって，通信制限装置は何をするのでしょうか。こちらも，他の端末に対して，自分（通信制限装置）が排除対象PCであるという偽りの情報を流して「なりすます」ことです。

よって，送信元MACアドレス（＝送信元ハードウェアアドレス）は自分，
つまり「通信制限装置のMACアドレス」です。また，送信元IPアドレス（＝
送信元プロトコルアドレス）は，なりすます「排除対象PCのIPアドレス」（図
では192.168.11.200）です。

解答　c：エ　　　d：オ

設問3

〔通信制限装置の導入〕について，(1)，(2)に答えよ。
(1) 本文中の下線③の構成において，必要となる通信制限装置の最少台
数を答えよ。ただし，サーバ室での不正PCや未登録PCの利用対策は，
考慮しなくてよいものとする。

問題文の該当部分は以下のとおりです。

> 情シス部は，③タグVLANを使用せず，フロア間の配線も追加しない構
> 成を選択した。

　通信制限装置は，LANの利用を制限するネットワークと同一セグメント
に配置する必要があります。なので，基本的には利用を制限するネットワー
クの数だけ必要です。サーバ室は考慮しなくていいので，図1より，フロア
1の二つと，フロア2の二つの合計四つのセグメントに設置します。しかし，
問題文に「通信制限装置のLANポート数は4」とあります。よって，1台で
最大四つのセグメントの通信制限ができます。とはいえ，設問文に「フロア
間の配線も追加しない」とあります。ですから，フロア1に設置した通信制
限装置からフロア2に配線することはできません。
　結果として，フロア1とフロア2の合計2台を設置します。

解答　2

下線③に「タグVLANを使用せず」とあります。
タグVLANを使うと台数が変わりますか？

さあどうでしょう。考えてみてください。

Q. タグVLANを使用した場合，必要となる通信制限装置の最少台数を答えよ。

A. タグVLANを使用すると，フロア1の通信制限装置と，フロア2の二つのセグメントを同一セグメントにすることができます。通信制限装置→L3SW1→L3SW0→L3SW2という経路で，同一セグメントになるようにVLANを設定すればいいからです。その結果，フロア1の通信制限装置1台で，フロア1とフロア2の四つのセグメントをカバーできます。

設問3

(2) 本文中の下線④について，導入する通信制限装置のうちの1台を対象として，そのLANポート1〜4の接続先を，図1中の機器名でそれぞれ答えよ。ただし，LANポート1〜4は番号の小さい順に使用し，使用しないポートには"空き"と記入すること。

今回の通信制限装置の接続構成は次のようになります。○や▲などの同じ記号の部分が，同一VLANで，L3SWにはすべてポートVLANが設定されます。

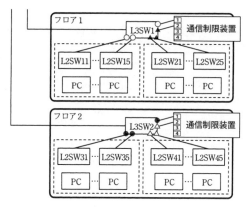

■ 通信制限装置の接続構成

通信制限措置のLANポートは四つありますが，二つしか使いません。また，「LANポート1〜4は番号の小さい順に使用」とあります。よって，1番と2番ポートをL3SW1（またはL3SW2）に接続し，3番と4番ポートは「空き」になります。

解答	LANポート1：**L3SW1** または **L3SW2**
	LANポート2：**L3SW1** または **L3SW2**
	LANポート3：**空き** または **空き**
	LANポート4：**空き** または **空き**

設問4

〔運用の整備〕について，(1)，(2)に答えよ。

(1) 本文中の下線⑤について，対処用セグメントのPCの通信先として許可される他セグメントの機器を二つ挙げ，それぞれ図1中の機器名で答えよ。

問題文の該当部分を再掲します。

また，不正PCを正常PCに復帰させる対処を行うために，不正PCを接

続するセグメント（以下，対処用セグメントという）を，フロア1とフロア2に追加することにした。⑤対処用セグメントから他セグメントの機器への通信は，L3SW1及びL3SW2のパケットフィルタリングによって必要最小限に制限する。

これは簡単な問題でした。対処用セグメントの目的は，ここにあるように「不正PCを正常PCに復帰させる対処を行うため」です。

> であれば，OSのアップデートなどを行う「メンテナンスサーバ」への通信が許可されるべきですね。

そうです。加えて，「PC管理サーバ」にも通信できる必要があります。SエージェントがPC管理サーバと通信をして，検査結果が合格になったことをPC管理サーバに登録する必要があるからです。

解答	・PC管理サーバ ・メンテナンスサーバ

設問4

(2) 対処用セグメントを追加する際に，L3SW1，L3SW2以外に設定変更が必要な機器を二つ挙げ，それぞれ図1中の機器名で答えよ。また，それぞれの機器の変更内容を，30字以内で述べよ。

設定変更として，まずL3SW1とL3SW2に，対処用セグメント用のVLANが必要です。そして，そのVLANに接続された端末が，設問4（1）の解答であるPC管理サーバと，メンテナンスサーバに通信できる必要があります。

> では，対処用セグメント用のVLANをL3SW1 →
> L3SW0 → L2SW02 →メンテナンスサーバと
> PC管理サーバまで設定すればいいですね。

いえ，それだと，設定がとても複雑です。詳しい解説はしませんが，簡単に言うと，メンテナンスサーバとPC管理サーバのIPアドレスを，対処用セグメント用のVLANにしなければいけません。すると，メンテナンスサーバとPC管理サーバにLANポートをもう一つ追加する必要があります。

　ですので，単純にL3SW1とL3SW2に対処用セグメント用のVLANを設定し，ルーティングでメンテナンスサーバまで通信できるようにします。

　問題文には，「ルーティング情報は，全てスタティックに定義してある」という意味ありげな記述がありました。よって，L3SW0の機器に，新しく設定した対処用セグメントのルーティングテーブルを追加する必要があります。これが答えの一つめです。

> **解答例**　機器名：**L3SW0**
> 　　　　　変更内容：**対処用セグメントへのルーティング情報を追加する。**（24字）

　参考までに，対処用セグメントを追加したネットワークは以下のようになります（フロア2などは省略）。対処セグメントとして，192.168.111.0と192.168.121.0を追加しました。

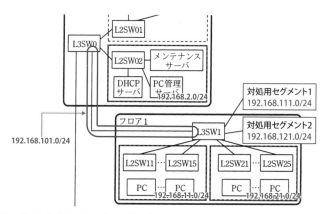

■対処用セグメントを追加したネットワーク

　また，追加した結果のL3SW0のルーティングテーブルは次のとおりです。

■L3SW0のルーティングテーブル

項番	宛先ネットワーク	ネクストホップ	
1	192.168.11.0/24	192.168.101.253	
2	192.168.21.0/24	192.168.101.253	
3	192.168.111.0/24	192.168.101.253	← 対処用セグメント向けの追加経路(フロア1)
4	192.168.121.0/24	192.168.101.253	← 対処用セグメント向けの追加経路(フロア1)
5	192.168.31.0/24	192.168.102.253	
6	192.168.41.0/24	192.168.102.253	
7	192.168.131.0/24	192.168.102.253	← 対処用セグメント向けの追加経路(フロア2)
8	192.168.141.0/24	192.168.102.253	← 対処用セグメント向けの追加経路(フロア2)

補足ですが，採点講評には，以下の記載があります。

> 対処用セグメントからのパケットをルーティングする設定という解答が散見されたが，対象サーバ宛てのルーティングは，対処用セグメントが追加される前から行われている。

「対処用セグメント**からの**」となると，この採点講評にあるように，「対象サーバ宛てのルーティング」という意味になってしまいます。メンテナンスサーバなどの対象サーバは，L3SW0に直結されており，追加でルーティングを設定する必要はありません。

　では，もう一つの機器は何でしょうか。それほど難しくなかったと思います。なぜなら，「図1中の機器名」で答えるからです。図1の機器で，通信に関連する機器はDHCPサーバくらいです。
　DHCPサーバにて，追加した対処セグメントへの払い出し設定を行います。具体的には，払い出すIPアドレスの範囲やデフォルトゲートウェイなどの情報をDHCPサーバに設定します。

でも，対処が必要な不正PCは，IPアドレスを
固定で設定すればいいのでは？

　それはできません。なぜなら，DHCPスヌーピングにより，固定でIPアド

レスを設定したPCは通信できないからです。

解答例 機器名：DHCPサーバ
変更内容：**対処用セグメントのアドレスプールを追加する。**（22字）

解答例は「アドレスプールを」と限定していますが，先に述べたように，デフォルトゲートウェイなどの設定も必要です。ですから，「対処用セグメントのIPアドレス払い出しの設定を追加する」など，「アドレスプール」のキーワードがなくても正解になったことでしょう。

設問		IPA の解答例・解答の要点				予想配点
設問 1		機器名	**DHCP リレーエージェント**			3
		スイッチ	**L3SW1, L3SW2**			4
設問 2	(1)	**IP アドレスを固定設定すれば，正常 PC 以外でも通信できる。**				5
	(2)	**DHCP スヌーピングの制限を受けない設定**				5
	(3)	a	**エ**			2
		b	**ア**			2
		c	**エ**			2
		d	**オ**			2
設問 3	(1)	**2**				4
	(2)	LAN ポート 1	**L3SW1**	又は	**L3SW2**	5
		LAN ポート 2	**L3SW1**		**L3SW2**	
		LAN ポート 3	**空き**		**空き**	
		LAN ポート 4	**空き**		**空き**	
設問 4	(1)	①	・**PC 管理サーバ**			3
		②	・**メンテナンスサーバ**			3
	(2)	①	機器	**L3SW0**		2
			変更内容	**対処用セグメントへのルーティング情報を追加する。**		3
	(3)	②	機器	**DHCP サーバ**		2
			変更内容	**対処用セグメントのアドレスプールを追加する。**		3
※予想配点は著者による					合計	50

　社内の有線 LAN 利用に対し，認証などによる利用制限を導入していない企業はまだまだ多い。認証ネットワークとしては，IEEE802.1x を用いた認証スイッチ方式が有名であるが，認証基盤の整備，認証スイッチの導入など，導入のハードルが高い。一方，認証スイッチ方式ほど堅牢ではないが，導入が容易な他の方式が幾つかある。そのうちの一つに，ARP スプーフィングを応用した方式があり，既設ネットワークへの影響が非常に小さく，導入が容易という特徴がある。

　本問では，LAN 上の IP 通信を成立させる基礎技術である DHCP，ARP に対する原理的な理解を問い，それを実際のネットワークにおけるセキュリティ対策へ応用できる能力を問う。

　問 3 では，LAN 上での IP 通信を成立させる基礎技術である DHCP，ARP に関する基礎的な理解を問い，それらを応用したセキュリティ対策について出題した。

　設問 1 では，不要なスイッチを含んだ解答が多く見られた。DHCP リレーエージェント－ DHCP サーバ間はユニキャスト通信であるので，特殊な場合を除き，経路上の機器に影響しないことを理解しておいてほしい。

H1rak さんの解答	正誤	予想採点	そーださんの解答	正誤	予想採点
DHCP リレーエージェント	◯	3	DHCP リレーエージェント	◯	3
L3SW1，L3SW2，L3SW3	×	0	L3SW1，L3SW2	◯	4
DHCP 割当後ポートの L2SW に接続した PC が、接続可能となってしまう。	×	0	手動で IP アドレスを付与した PC も通信可能となる。	◯	5
プロミスキャスモードを設定する。	×	0	DHCP スヌーピングを無効にする設定	×	0
エ	◯	2	エ	◯	2
ア	◯	2	ウ	×	0
エ	◯	2	エ	◯	2
オ	◯	2	ウ	×	0
10 台	×	0	2	◯	4
L3SW1			L3SW1		
L3SW11	×	0	L3SW1	◯	5
L3SW21			空き		
空き			空き		
・メンテナンスサーバ	◯	3	・PC 管理サーバ	◯	3
・PC 管理サーバ	◯	3	・メンテナンスサーバ	◯	3
DHCP サーバ	◯	2	L3SW0	◯	2
追加されるセグメントの PC に対し、IP アドレスの払い出しを行う。	◯	3	対処セグメント宛のルーティングを追加する。	◯	3
L3SW0	◯	2	DHCP サーバ	◯	2
追加されるセグメントに関する、ルーティング設定を行う。	◯	3	対処用セグメントを IP アドレス払い出し対象から外す。	×	0
予想点合計		27	予想点合計		38

　設問2（1）（2）で取り上げた方式は，比較的容易に導入できる LAN 不正利用対策の一つとして，覚えておいてほしい。（1）は正答率が高く，DHCP サーバだけでは課題があることは，よく理解されているようである。（2）は，（1）の解決策である DHCP スヌーピングに関する設問であるが，正答率は低かった。両者を併せて理解しておいてほしい。

　（3）は，正答率が低かった。ARP の詳細な仕様を覚えていなくても，IP アドレスから MAC アドレスを得るプロトコルであることを理解していれば，正答を導き出せるはずである。

　設問4（2）では，L3SW0 の設定内容として，対処用セグメントからのパケットをルーティングする設定という解答が散見されたが，対象サーバ宛のルーティングは，対処用セグメントが追加される前から行われている。ルーティングが宛先 IP アドレスに基づいた単方向の転送であることを，よく理解しておいてほしい。

■出典
「令和元年度秋期 ネットワークスペシャリスト試験 解答例」
https://www.jitec.ipa.go.jp/1_04hanni_sukiru/mondai_kaitou_2019h31_2/2019r01a_nw_pm1_ans.pdf
「令和元年度 秋期 ネットワークスペシャリスト試験 採点講評」
https://www.jitec.ipa.go.jp/1_04hanni_sukiru/mondai_kaitou_2019h31_2/2019r01a_nw_pm1_cmnt.pdf

ネットワークSE Column 3 　やりたいことって何?

　実業家, 投資家として名を馳せ, 著述家でもある堀江貴文氏の本を読むと,「やりたいことをやりましょう。それが一番収入UPにつながる」というような内容が記載されている。しかし, このことは全員に当てはまるわけではない。世の中, そう簡単ではないし, 堀江氏も, そう簡単に成功したわけではないからだ。

　とはいえ,「やりたいことをやって, 収入が増える」ということは理想的であり, そこを目指すのはいいことだと思う。

　後輩から「先輩がやりたいことって何ですか?」「本を書くことですか?」と聞かれた。私は本を書くことは嫌いではないが, それほど好きでもない。なぜなら, めちゃくちゃ大変なわりに, 入ってくる額がとても少ない。時給に換算すると, コンビニでアルバイトするほうが稼げると思う……。

　では私は, 何がしたいのか。

　そのとき私は後輩にこう言った。「正直, どんな仕事でもいいと思う。ただ, お客様に価値を与え, それを喜んでもらい, そしてお金をいただける仕事がいいよね」。多少キザと思われる内容だったかもしれないが, 本心である。後輩も大きくうなずいてくれた。

　わかりやすい例が, 飲食店である。目の前のお客様においしい料理を出し, 空腹を満たすとともに喜んでもらい, 対価としてお金をもらえる。すばらしい仕事だと思う。腕を磨けば人気店になり, 収入も増える(人気店になったらいいですよね!)。

　サイゼリヤ社長(「サイゼリア」じゃないですよ!)の正垣泰彦氏は,『40歳の教科書』(講談社)という本のなかで「まずはお客さんが喜ぶことを第一に考えて, 喜んでもらえるための努力を精いっぱいやる。そうすれば, 結果として儲かる。」と述べている。

　わかりにくい例が, 大きな組織での関係部署との調整業務や社内向け資料の作成業務などだ。誰のために何を目的としてやっているのか, よくわからなくなる。「この資料って作らなくてもいいんじゃないか?」「残業代もらってまでやる仕事か?」「そういえば, 前回作った資料は幹部に見てもらえなかったって聞いたな(つまり, 作った意味がなかった……)」「もしかして, そもそも俺自体が不要なんじゃないか?」と虚しくなる。

　私が若手エンジニアだった頃は, 仕事に真剣に取り組んでいた。お客様にシステムを提案し導入してもらいサービスを提供して喜んでいただき, 会社に利益をもたらした。そして, 私も給料がもらえていた(はずだ。実際のお金の流れは

そう単純ではないが，理屈的にはそうである）。いい仕事をするとさらに喜んでもらえるから技術を高めたいと思ったし，資格もたくさん取得した。

　この本を読んでくれている多くの方はサラリーマンだと思う。会社にいると机の上をひっくり返したくなるようなことが山ほどあるし，理不尽なことも多い。でも，「いい仕事」をすることを起点として，お金をいただくという喜びや楽しみを味わいたいという考えは，皆さんも同じなはずだ。そうじゃなかったら，プライベートの時間やお小遣いを投資してまで資格（なんて）取らないですよね。

　皆さんにとっては，資格試験の勉強も「やりたいこと」，いい仕事をして喜んでもらうことも「やりたいこと」だと思う。

　一つ付け加えると，試験の勉強をするだけでなく，勉強して「合格する」ところまでがやりたいことのはずである。合格することで，資格の肩書が得られ，心の満足や自信を持つことができ，対外的なPRもできる。結果として，さらにいい仕事につながるはずだ。

　だから，絶対に合格しましょう！

仕事を任せる

　いい仕事，より大きな仕事，たくさんの仕事をするには，人に任せることが大事である。だが，私の場合は，人に任せるのがあまりうまくない（ストレートにいうと，下手だ）。

　依頼する立場ではなく，依頼された立場で考えてみる。依頼された立場だと，信頼して任せてもらい，自分の好きなようにやらせてもらうのが，モチベーションも上がるし，いいものを作ろうと思って取り組める。結果として，一番いいアウトプットが出せるのだ。DeNAの創業者，南場智子氏の著書『不格好経営－チームDeNAの挑戦』（日本経済新聞出版社）にも，「なぜ社員が育つか」という点に関して，「単純な話で恐縮だが，任せる，という一言に尽きる」とある。

　依頼された側は，アウトプットに対してケチをつけられたり，細かく直されるんだったら，「だったらお前がやれよ」と思ってしまうものだ。

　仕事を任せた以上，その仕事の「主役」は依頼先である。主役が光り輝く姿を奪って，いい作品などできるわけがない。返ってきたアウトプットが，自分が想像したものと大きく違う内容であったとしたら，依頼の仕方が悪かっただけだ。または，依頼先を自分のコピーロボットにしか見ていないのである。

　本当に信頼しているのであれば，依頼した仕事があがってきたときに言うセリフは，「素晴らしい仕事をありがとう」以外にはない。細かな「てにをは」や言い回しなどを指摘したりするのはバカらしい。そんな些細なことよりも，素晴らしい仕事をしてくれたことに対して感謝することが大事だ。

　えーっと，話が長くなりましたが，自分に言い聞かせています。

第3章

過去問解説

令和元年度
午後 II

【丁寧な勉強 2】
手を動かして整理する

　問題文に記載してあることを，頭の中だけで整理するのはやめましょう。特に午後 II は長文です。問題文の図や表に印をつけたり，問題文の言葉を書き込んだり，ときには新しい図を自分で描いて整理することが大事です。

　不思議なことに，他人が描いた問題文の図はわかりにくいのですが，自分で図に描くと，各段に理解が深まるのです。

　こういう作業はとても面倒です。ですが，皆さんはネットワークスペシャリストという一流の SE になるわけです。面倒なこともサラリと成し遂げるのが一流です。

令和元年度

午後Ⅱ 問1

問　　　題

問題解説

設問解説

問題

問1 クラウドサービスへの移行に関する次の記述を読んで，設問1～4に答えよ。

　D社は，本社及び複数の支店をもつ中堅の運送事業者である。ファイアウォール，Webサーバ，プロキシサーバ，IP-PBX，PBXなどから構成されているD社システムを使って，社内外の通信と運送管理業務を行っている。
　D社の情報システム部は，D社システムの老朽化に伴い，システムの更改を検討中である。

〔現行のD社システム〕
現行のD社システムの構成を図1に示す。

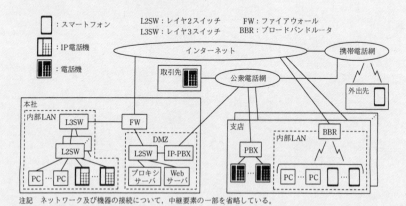

注記　ネットワーク及び機器の接続について，中継要素の一部を省略している。
図1　現行のD社システムの構成（抜粋）

図1の概要を次に示す。

（1）全社のPCから，本社のWebサーバ及びインターネットにアクセスする。

(2) 本社のPCからインターネットへのアクセスは，プロキシサーバを経由する。

(3) 支店のPCから本社のWebサーバへのアクセスは，インターネットを経由する。

(4) 本社のDMZ及び全社の内部LANはプライベートIPアドレスで運用されており，FWとBBRではNAT機能及びNAPT機能が動作している。例えば，上記（2）中のインターネットへのアクセスでは，FWのNAPT機能によって，IPパケット中のプロキシサーバのIPアドレスが変換される。同様に，上記（3）中のインターネット経由のWebサーバへのアクセスでは，BBRのNAPT機能によってIPパケット中の　　ア　　のIPアドレスが変換される。さらに，　　イ　　のNAT機能によって，IPパケット中のWebサーバのIPアドレスが変換される。

(5) IP-PBXはSIPサーバの機能をもつ。また，IP電話機，及び電話用ソフトウェア（以下，SIP-APという）を搭載したスマートフォン（以下，スマホという）はSIPユーザエージェント（以下，SIP UAという）として機能する。IP電話機及びSIP-APの間では，SIPプロトコルによる接続制御によって通話セッションが確立し，RTPプロトコルによる通話が行われる。

(6) SIP UAがIP-PBXに位置情報登録を依頼する際，SIP UAはSIPメソッド　　ウ　　を使ってリクエストを行う。その際，　　エ　　を認証するために"HTTPダイジェスト認証方式"が用いられる。認証情報がないリクエストを受け取ったIP-PBXはチャレンジ値を含むレスポンス"401 Unauthorized"を返す。SIP UAはチャレンジ値から生成した正しいレスポンス値を送り，IP-PBXはレスポンス"　　オ　　"を返す。

(7) 一部の支店ではスマホを社員に貸与し，次のように利用させている。

・支店では，BBR，インターネット及びFWを経由して，スマホのWebブラウザから本社のWebサーバへアクセスする。また，①同様にFWを経由して，スマホのSIP-APと本社のIP電話機間で通話を行う。

・外出先では，携帯電話網，インターネット及びFWを経由して，スマホのWebブラウザから本社のWebサーバへアクセスする。また，スマ

ホのSIP-APから取引先への電話については，本社の公衆電話網の電話番号からの発信となるように，携帯電話網，インターネット，FW及び

  カ を経由させる。

　Bさんは情報システム部のネットワーク担当である。情報システム部長から指示があり，D社システム更改のネットワークに関する検討を行っている。

　Bさんに伝えられたD社システム更改の方針を次に示す。

(1) 運用負荷の軽減
　・ IaaSを利用し，本社のFW, Webサーバ及びプロキシサーバを撤去する。
　・ クラウドPBXサービスを利用し，本社のIP-PBX及び支店のPBXを撤去する。
　・ 無線LAN及びPoE(Power over Ethernet)を利用し，構内配線を減らす。
(2) スマホの活用
　・ 全社員にスマホを貸与し，全社及び外出先で，電話機及びPCを補完する機器として利用させる。
(3) 新システムへの段階的移行
　・ 現行システムから新システムへの切替えは，拠点単位に段階的に行う。

〔クラウドサービスの利用〕

　D社システムの更改では，X社が提供するIaaSと，Y社が提供するクラウドPBXサービスを利用する。利用するクラウドサービスの概要を表1に，Bさんが考えた新D社システムの構成を図2に，それぞれ示す。

表1 利用するクラウドサービスの概要

サービス名	説明
IaaS	X社のデータセンタ（以下，X-DCという）内に，D社の仮想LAN（以下，X-VNWという）と仮想サーバを構成する。 　次のオプションサービスを利用する。 ・インターネット接続：X-VNW内にFWを構成し，X-VNWとインターネットを接続する。 ・専用線接続：イーサネット専用線を使って，本社とX-VNWを接続する。
クラウドPBXサービス	Y社のデータセンタ（以下，Y-DCという）内に，D社の仮想LAN（以下，Y-VNWという），IP-PBX及びFWを構成する。IP-PBXは，インターネット，携帯電話網，公衆電話網及びY社の閉域網（以下，Y-VPNという）と接続する。 　次のオプションサービスを利用する。 ・専用線接続：イーサネット専用線を使って，本社とY-VPNを接続する。 ・PPPoE（Point-to-Point Protocol over Ethernet）接続：Y社のブロードバンドルータ（以下，Y-BBRという）を支店に設置し，PPPoEを用いて，支店をY-VPN及びインターネットに接続する。 ・ゲートウェイ接続：Y社のゲートウェイ（以下，Y-GWという）を一部の支店に設置し，支店を公衆電話網に接続する。 ・SIP-APの利用：スマホにY社のクラウドPBXサービス用のSIP-APを搭載し，電話機と同じような操作を可能にする。

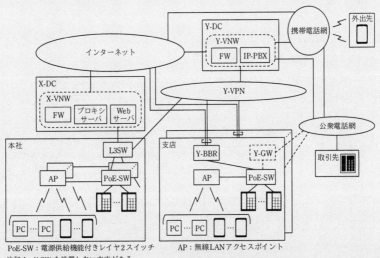

PoE-SW：電源供給機能付きレイヤ2スイッチ　　　　AP：無線LANアクセスポイント
注記1　Y-GWを設置しない支店がある。
注記2　ネットワーク及び機器の接続について，中継要素の一部を省略している。
図2　Bさんが考えた新D社システムの構成（抜粋）

図2中のネットワークについてBさんが整理した内容を次に示す。

(1) Y-BBRは，二つのPPPoEセッションを提供する。一つはインターネット接続に，もう一つはクラウドPBXサービス利用に用いられる。

(2) Y-VPNは，Y社のクラウドPBXサービスを利用する顧客が共用するIP-VPNである。RFC3031で標準化されている　　キ　　の技術が用

いられている。

(3) D社の異なる拠点間の通話が他の拠点を経由しないように，Y-VPNの
網内は ク 構成となっている。

(4) 新たに構成する，X-VNW，Y-VNW及び全社の内部LANのIPアドレ
スは，現行のプライベートIPアドレスとは重ならないアドレス空間を
利用する。

(5) 全社の内部LANでは静的ルーティングを用いる。全社のAPはブリッ
ジモードで動作させ，PCとスマホを収容する。収容端末のIPアドレ
ス及びデフォルトゲートウェイのIPアドレスは，APのDHCP機能を
使って配布する。本社の収容端末のデフォルトゲートウェイはL3SW，
支店の収容端末のデフォルトゲートウェイは ケ である。

(6) 電話に関する図2中の通信経路を表2に示す。

表2　電話に関する図2中の通信経路（抜粋）

項番	発信	着信	通信経路
1-1	本社の IP電話機	本社の IP電話機	シグナリング：本社～Y-VPN～Y-VNW～Y-VPN～本社 通話：本社
1-2		支店の IP電話機	シグナリング：本社～Y-VPN～Y-VNW～Y-VPN～支店 通話：本社～Y-VPN～支店
1-3		取引先の 電話機	シグナリング・通話共：本社～Y-VPN～Y-VNW～公衆電話網～取引先
2-1	支店の IP電話機	取引先の 電話機	シグナリング・通話共：支店～Y-VPN～Y-VNW～公衆電話網～取引先
2-2			シグナリング：支店～Y-VPN～Y-VNW～Y-VPN～支店～公衆電話網～取引先 通話：支店～公衆電話網～取引先
3-1	本社の スマホ	本社の IP電話機	シグナリング：本社～Y-VPN～Y-VNW～Y-VPN～本社 通話：本社
3-2	支店の スマホ		シグナリング：支店～Y-VPN～Y-VNW～Y-VPN～本社 通話：　　a

〔スマホの活用〕

スマホのSIP-APを使うと，電話機と同等の操作ができる。その一例が，
通話中の電話を別の電話機に転送する操作（以下，保留転送という）であ
る。Bさんは，保留転送の通信仕様をY社に問い合わせた。Y社からの回
答を次に示す。

(1) 開始されているダイアログ内で送信されるINVITEリクエストを，re-
INVITEリクエストという。保留転送を行うスマホは，IP-PBXに次の
四つのSIPリクエストを送信する。

- re-INVITE リクエストを送信し，相手の電話機を保留状態にする。
- INVITE リクエストを送信し，転送先の電話機を呼び出す。
- re-INVITE リクエストを送信し，転送先の電話機を保留状態にする。
- REFER リクエストを送信し，セッションを切り替える。

(2) 保留転送に関する通信シーケンス例を図3に示す。

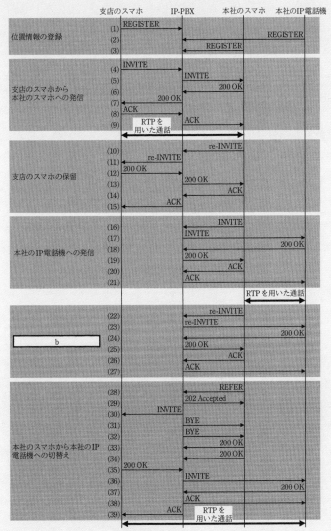

注記1 (1)～(39) は，シーケンス番号を表す。
注記2 Trying など，一部のシーケンスを省略している。

図3 保留転送に関する通信シーケンス例

(3) 図3の通信シーケンスは，利用者が　　コ　　を操作して保留転送を行う例を示している。

(4) re-INVITEリクエストでは，SDP（Session Description Protocol）情報を用いて，通話に関するSIP UAの動作を指定する。Y社が指定するIP電話機以外の製品を使う場合，このような動作について事前に確認する必要がある。例えば，図3中の（11）を受信したSIP-APは，（11）中のSDPの情報に従って保留音を出す。②図3中の本社のIP電話機についても同様の動作が行われる。

　Bさんは，導入するIP電話機を調べて問題がないことを確認した。

〔新システムへの段階的移行〕
　Bさんは移行計画を検討した。Bさんが作成した拠点別の移行作業を表3及び図4に示す。

表3　Bさんが作成した拠点別の移行作業（抜粋）

拠点名	作業名		作業の内容
本社	a1	ネットワークの準備	・本社のPoE-SW及びAPを設置する。
	a2	プロキシサーバの切替え	・X-DCのプロキシサーバを立ち上げ，本社のプロキシサーバと並行稼働させる。
	a3	IP-PBXの切替え	・本社のIP-PBXを停止する。 ・本社の公衆電話網の電話番号をY-DCへ移行する。 ・Y-DCのIP-PBXを稼働させる。
	a4	Webサーバの切替え	・本社のWebサーバを停止する。 ・本社のWebサーバからX-DCのWebサーバへデータを移行する。 ・X-DCのWebサーバを稼働させる。
	a5	IP電話機の切替え	・本社のIP電話機の接続を，L2SWからPoE-SWへ変更する。
	a6	PCの切替え	・本社のPCの接続を，L2SWからAPへ変更する。
	a7	スマホの導入	・新規導入するスマホを配布する。
支店	b1	ネットワークの準備	・Y-BBR，Y-GW，PoE-SW及びAPを設置する。
	b2	PBXの停止	・支店のPBXを停止する。 ・公衆電話網との接続を，PBXからY-GWへ変更する（Y-GW設置の支店だけ）。
	b3	IP電話機の導入	・新規導入するIP電話機を，PoE-SWへ接続する。 ・電話機の利用をやめ，IP電話機の利用を開始する。
	b4	PCの切替え	・支店のPCの接続を，BBRからAPへ変更する。
	b5	スマホの導入	・新規導入するスマホを配布する。
	b6	既存のスマホの切替え	・支店のスマホのSIP-APを，Y社クラウドPBXサービス用のものに変更する。

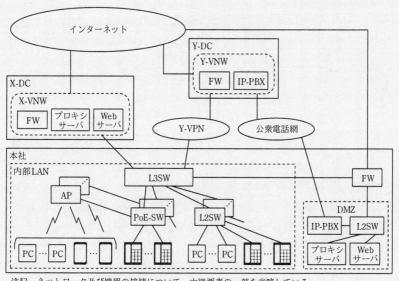

	10月	11月 連休	12月	1月 連休	2月
本社	a2	a3		a4	
部署1	a1	a5	a6, a7		
部署2	a1	a5	a6, a7		
⋮		⋮			
部署m	a1	a5	a6, a7		
支店1	b1	b6	b2～b5の日程を支店1と調整する		
支店2	b1	b6	b2～b5の日程を支店2と調整する		
⋮		⋮			
支店n	b1	b6	b2～b5の日程を支店nと調整する		

注記1　■■■ 中の記号は，表3中の作業名に付与された識別子を表す。
注記2　mは部署の数，nは支店の数をそれぞれ表す。

図4　Bさんが作成した拠点別の移行作業（抜粋）

次にBさんは，表3を基に切替期間中のネットワーク環境を検討した。Bさんが作成した切替期間中の本社のネットワーク構成を図5に示す。

注記　ネットワーク及び機器の接続について，中継要素の一部を省略している。

図5　Bさんが作成した切替期間中の本社のネットワーク構成（抜粋）

Bさんは，表3，図4，5を持参し，移行計画について情報システム部長に相談した。その時のBさんと部長の会話を次に示す。

Bさん：図4をご覧ください。10月末までにネットワークの準備を終え，プロキシサーバを並行稼働させておきます。11月の連休を利用してIP-PBXを切り替え，1月の連休を利用してWebサーバを切り替えます。

部長　：図4を見ると，本社では2か月以上掛けてPCを切り替えるようだね。

Bさん：台数が多く利用者への配慮も必要なので，長めの切替期間を設けています。

部長　：なるほど。

Bさん：また，③切替期間中の本社の内部LANでは，現行環境と新環境を分離します。

部長　：その方が安全だ。ところで，本社のIP電話機は一斉に切り替えるのだね。PCと同様に段階的に切り替えた方が良いと思うが。

Bさん：Y社に相談しましたが，Y-DCのIP-PBXと本社のIP-PBXとの連携は複雑なので断念しました。二つのIP-PBXを同時に稼働させることは可能ですが，その場合には，それぞれに収容されたIP電話機間の内線通話ができません。また，　　c　　とIP電話機の切替えの順序関係によって，一部のIP電話機では，一時的に　　d　　ができなくなります。

部長　：了解した。次に，表3中の作業a2にあるプロキシサーバの並行稼働について説明してくれないか。

Bさん：プロキシサーバには，プロキシ機能とDNS機能をもたせています。並行稼働中は，それぞれの機能について，本社のプロキシサーバとX-DCのプロキシサーバの両方を稼働させます。さらに，X-DCのプロキシサーバのDNS機能をスレーブDNSサーバとし，本社のプロキシサーバのDNS機能からゾーン転送を行います。

部長　：プロキシ機能はどのように切り替えるのかな。

Bさん：現在，本社のPCからは本社のプロキシサーバを使っています。表3中の作業a6でPCを切り替えるときに，PCの設定情報を変更し，X-DCのプロキシサーバを使うようにします。

部長　：Webサーバは，1月の連休を利用して切り替えるのだね。

Bさん：はい。④切替えは，プロキシサーバの設定変更によって行います。

部長　：本社の切替えは大体良さそうだ。次に，支店の切替えを確認しよ

う。図4を見ると，本社と同様に長めの切替期間を設けるのだね。

Bさん：支店ごとに日程を調整することになります。3か月程度必要です。

部長　：支店ごとに作業b2～b5を実施するわけだが，日程調整の際，何か制約はあるのかな。

Bさん：一つの支店について，作業　　サ　　と作業　　シ　　は一斉に行う必要があります。それ以外の作業は切替期間内であればいつでも実施できます。

部長　：了解した。支店と早めに切替日程を調整して，それぞれの支店について，PBXがいつから撤去可能になるのかを図4に追記してほしい。⑤本社についても，FW，Webサーバ，プロキシサーバ及びIP-PBXがいつから撤去可能になるのか，図4に追記してくれないか。

Bさん：はい。分かりました。

　その後，Bさんは，見直した移行計画を含む検討結果を情報システム部長に報告した。Bさんの検討結果に基づき，D社システムの更改が開始された。

設問1 〔現行のD社システム〕について，（1）～（3）に答えよ。

(1) 本文中の　　ア　　，　　イ　　及び　　カ　　に入れる適切な機器を，図1中の機器名で答えよ。

(2) 本文中の　　ウ　　～　　オ　　に入れる適切な字句を答えよ。

(3) 本文中の下線①のために，FWにおいて許可している通信を二つ挙げ，それぞれ30字以内で答えよ。

設問2 〔クラウドサービスの利用〕について，（1）～（3）に答えよ。

(1) 本文中の　　キ　　～　　ケ　　に入れる適切な字句を答えよ。

(2) 表2中の　　a　　に入れる適切な字句を，表2中の字句を用いて答えよ。

(3) 表2中の支店のIP電話機から取引先の電話機への通信経路が，項番2-1と項番2-2の2通りになる理由を，30字以内で具体的に述べよ。

設問3 〔スマホの活用〕について, (1) ～ (4) に答えよ。

(1) 本文中の ┌─ コ ─┐ に入れる適切な字句を, 図3中の字句を用いて答えよ。

(2) 図3中の ┌─ b ─┐ に入れる適切な字句を答えよ。

(3) 図3中のシーケンス番号 (31), (32) の二つのBYEリクエストについて, BYEリクエストと同じCall-IDをもつINVITEリクエストのシーケンス番号を, 一つずつ答えよ。

(4) 本文中の下線②について, 同様の動作を, シーケンス番号を用いて35字以内で述べよ。

設問4 〔新システムへの段階的移行〕について, (1) ～ (5) に答えよ。

(1) 本文中の下線③に必要となる機器の設定を, 図5中の字句を用いて60字以内で述べよ。

(2) 本文中の ┌─ c ─┐ , ┌─ d ─┐ に入れる適切な字句を, それぞれ20字以内で答えよ。

(3) 本文中の下線④の設定変更を行うプロキシサーバの設置場所を答えよ。また, 変更内容を50字以内で述べよ。

(4) 本文中の ┌─ サ ─┐ , ┌─ シ ─┐ に入れる適切な字句を答えよ。

(5) 本文中の下線⑤中の全ての機器は, どの時点で撤去可能になるか。20字以内で答えよ。また, その時点まで撤去できない機器を, 全て答えよ。

問題文の解説

　　　　多くの受験生が苦手とするVoIPの出題です。Webやメールと違い，VoIPでは呼制御通信と音声通信でIPパケットの経路が異なります。また，（IPではない）公衆電話網との接続があるなど，複雑な構成でした。本問もVoIPの特徴やプロトコルの知識が前提となっており，難易度は高かったと思います。また，採点講評では「基本的技術の組合せだが，システム全体の理解を前提としている問題が多い」と述べられています。問題文を丁寧に読み込み，全体像を理解することで，個別の設問に解答しやすくなったと思います。

問1　クラウドサービスへの移行に関する次の記述を読んで，設問1〜4に答えよ。

　D社は，本社及び複数の支店をもつ中堅の運送事業者である。ファイアウォール，Webサーバ，プロキシサーバ，IP-PBX，PBXなどから構成されているD社システムを使って，社内外の通信と運送管理業務を行っている。
　D社の情報システム部は，D社システムの老朽化に伴い，システムの更改を検討中である。

〔現行のD社システム〕
　現行のD社システムの構成を図1に示す。

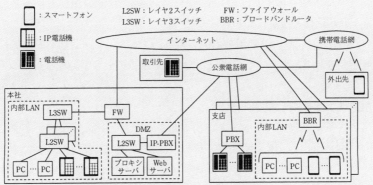

注記　ネットワーク及び機器の接続について，中継要素の一部を省略している。
図1　現行のD社システムの構成（抜粋）

いつもお伝えしておりますが，システム構成図（ネットワーク構成図）は
とても重要です。内容を一つひとつ確認しましょう。
　今回は音声を含むネットワーク構成です。皆さんに馴染みが少ない機器も
多いので，丁寧に解説します。

①IP電話機と電話機

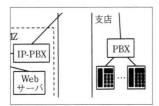

　IP電話機は，LANケーブルを使って通信をします。
プロトコルは皆さんお馴染みのIPです。一方の電話
機（アナログ電話機・デジタル電話機）は，電話線を
使って電話特有のプロトコルで通信をします（プロト
コル名は知らなくていいです）。
　本社はIP化がされて，すべてIP電話機です。支店は，従来の電話機のま
まです。

②PBXとIP-PBX

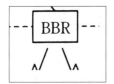

　PBX（Private Branch eXchange）は，社内の
電話機および電話会社と接続して，外線との発
着信や，内線通話を実現します。余談ですが，
小規模な会社の場合は，PBXではなくビジネス
フォンという仕組みで同じ機能を実現します。
　この図におけるPBXは，公衆電話網（アナログ回線やISDN）および旧来
の電話機と接続します。一方，IP-PBXは，IPのプロトコルに対応したPBX
です。IP電話機と接続します。
　今回のIP-PBXは，IP電話専用ではなく，従来の公衆電話網や電話機にも
接続できるものと考えてください。図1でも従来の公衆電話網と接続してい
ます。

③BBR（ブロードバンドルータ）

　ブロードバンドルータとは，1Gbpsなどの高速な回
線（ブロードバンド回線）に対応したルータです。皆
さんの家庭にも，インターネットに接続し，かつ，PC
と無線LANで接続するためにブロードバンドルータが
設置されていることでしょう。

なぜ FW でなく BBR なのでしょうか。

　深い理由はないと思います。インターネットと通信するだけなので，FW
による高度なフィルタリング機能がいらないからでしょう。問題文を作る上
で，本社の FW と紛らわしいので BBR にしたのかもしれません。

④ギザギザの矢印

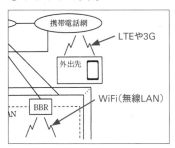

　電波での通信を表しています。BBR から
発出される電波は Wi-Fi（無線 LAN），外出
先の電波は携帯電話会社がサービス提供す
る LTE や 3G です（今後は 5G になります）。

⑤携帯電話網

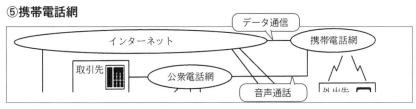

　携帯電話網には，二つの役割があります。一つは，IP による**データ通信**（イ
ンターネットとの通信）の役割です。もう一つは，090 や 080 で始まる電話
番号を使った**音声通信**（公衆電話網との通話）の役割です。皆さんも，スマ
ホでデータ通信と音声通話の両方を使っていることでしょう。ただし，本問
では，スマホの音声通話は**データ通信**上で行います。

　ここで述べた以外の機器に関しても，一つひとつ丁寧に確認してください。

IP-PBX が DMZ に設置されている理由がわかりません。
公衆電話網から IP-PBX にアクセスするからですか？

いえ，公衆電話網は関係ありません。公衆電話網は，支店のPBXが接続
している回線と同じで，アナログ回線かISDN回線です。
　IP-PBXをDMZに設置している理由は，インターネットからFWを経由し
てIP-PBXにアクセスさせるためです。具体的には，支店のスマホがインター
ネット経由でIP-PBXに接続します。そして，データ通信の上で音声通話を
行います。

　　図1の概要を次に示す。
（1）全社のPCから，本社のWebサーバ及びインターネットにアクセスする。
（2）本社のPCからインターネットへのアクセスは，プロキシサーバを経
　　　由する。
（3）支店のPCから本社のWebサーバへのアクセスは，インターネットを
　　　経由する。
（4）本社のDMZ及び全社の内部LANはプライベートIPアドレスで運用さ
　　　れており，FWとBBRではNAT機能及びNAPT機能が動作している。

　図1の説明が記載されています。以下の図に，（2）と（3）の流れと，（4）
のIPアドレスの例を書きました（このIPアドレスは問題文の説明に使いま
す）。この内容に限らず，問題文の内容を図1と照らし合わせて丁寧に確認
していきましょう。

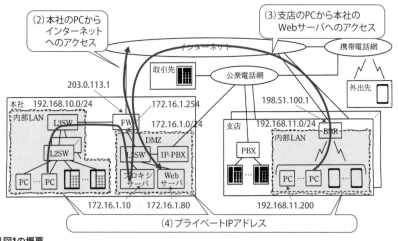

■図1の概要

例えば，上記（2）中のインターネットへのアクセスでは，FWのNAPT機能によって，IPパケット中のプロキシサーバのIPアドレスが変換される。

NAPT（Network Address Port Translation）によるIPアドレス変換の様子を，具体的に解説します。下図のように，IPヘッダの送信元IPアドレスが，FWのグローバル側インタフェースのIPアドレスに変換されます（NAPTなのでTCP/UDPヘッダ中の送信元ポート番号も変換されますが，図では省略しました）。

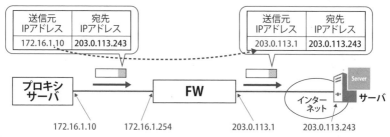

■NAPTによるIPアドレス変換

同様に，上記（3）中のインターネット経由のWebサーバへのアクセスでは，BBRの**NAPT機能**によってIPパケット中の　　ア　　のIPアドレスが変換される。さらに，　　イ　　の**NAT機能**によって，IPパケット中のWebサーバのIPアドレスが変換される。

BBR（ブロードバンドルータ）ではNAPT，つまりIPヘッダとポート番号の両方を書き換えます。空欄イではNAT（Network Address Translation），つまりIPヘッダだけ書き換え，ポート番号は書き換えません。
空欄ア，イは設問1（1）で解説します。

（5）IP-PBXは**SIPサーバ**の機能をもつ。

SIP（Session Initiation Protocol）を直訳すると，通話のセッション（Session）を開始（Initiation）するためのプロトコル（Protocol）です。実際には，セッションの開始だけではなく，セッションの終了やセッション状態の変更にも使います。いわゆる「呼制御」です。

また，IP電話機，及び電話用ソフトウェア（以下，SIP-APという）を搭載したスマートフォン（以下，スマホという）はSIPユーザエージェント（以下，SIP UAという）として機能する。

「SIP-AP」は，LINEのアプリを使って通話できる「LINE通話」と考えてください（実際には仕組みは違いますが，あくまでもイメージとして）。スマホにアプリ（SIP-AP）をインストールし，アプリの機能とIPによるデータ通信を使って通話します。

「SIP UA」は，SIPサーバに対するクライアント端末の呼び名です。

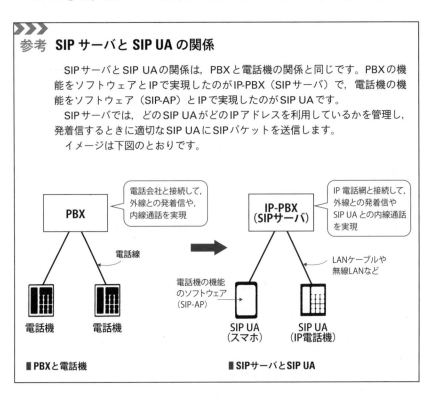

参考 **SIP サーバと SIP UA の関係**

　SIPサーバとSIP UAの関係は，PBXと電話機の関係と同じです。PBXの機能をソフトウェアとIPで実現したのがIP-PBX（SIPサーバ）で，電話機の機能をソフトウェア（SIP-AP）とIPで実現したのがSIP UAです。
　SIPサーバでは，どのSIP UAがどのIPアドレスを利用しているかを管理し，発着信するときに適切なSIP UAにSIPパケットを送信します。
　イメージは下図のとおりです。

電話会社と接続して，外線との発着信や，内線通話を実現

PBX

電話線

電話機　　電話機

■PBXと電話機

IP電話網と接続して，外線との発着信やSIP UAとの内線通話を実現

IP-PBX（SIPサーバ）

LANケーブルや無線LANなど

電話機の機能のソフトウェア（SIP-AP）

SIP UA（スマホ）　　SIP UA（IP電話機）

■SIPサーバとSIP UA

IP電話機及びSIP-APの間では，SIPプロトコルによる接続制御によって通話セッションが確立し，RTPプロトコルによる通話が行われる。

VoIPでは，接続制御（呼制御）にSIP，通話（音声データの送受信）には

RTPという二つのプロトコルを使います。

　SIPによる接続制御とは，たとえば「電話をかけてください」「呼び出し中です」「接続しました」「切断してください」のような制御用メッセージのやりとりです。

　一方で，接続制御によって通話が開始（通話セッションが確立）されると，RTPによって音声信号を送受信します。

（6）SIP UAがIP-PBXに位置情報登録を依頼する際，SIP UAはSIPメソッド　ウ　を使ってリクエストを行う。

　「位置情報登録」とありますが，物理的な位置ではなく，SIP UAのユーザ名（内線番号）とIPアドレスの関連付けを登録します。位置情報登録のシーケンスは，少し先の図3の（1）～（3）にも示されます。

　　　　その際，　エ　を認証するために"HTTPダイジェスト認証方式"が用いられる。

　認証をすることで，第三者が勝手に位置情報を登録できないようにします。

> クライアントであるSIP UAでは，認証が必須ということですね。

　そうです。メールの受信設定でも認証情報を入れますよね。それと同じです。SIP UA（ソフトフォンやSIP電話機）は，SIPの設定で必ず認証設定（ユーザIDとパスワード）を行います。そうしないと発信も着信もできません。

　参考として，SIP UA（スマホアプリのZoiper）での認証の設定画面を紹介します。SIPサーバ，ユーザ名（内線番号と同じにしています），パスワードの三つが必要です。メール受信の設定に似ています。

Account Name
内線２０１

Authentication

Host
172.16.1.56 — SIP サーバ

Username
201 — ユーザ名（内線番号）

Password
**** — パスワード

Optional

■ SIP UAでの認証の設定画面

　また，このときの認証にはBASIC認証（ベーシック認証）とDIGEST認証（ダイジェスト認証）があります。前者はパスワードが平文で流れますが，後者は暗号化されます。HTTPだけでなく，SIPでもこれらと同じ仕組みが利用できます。

　今回は，セキュリティ面からダイジェスト認証方式を採用します。ここではダイジェスト認証の詳細は解説しませんが，チャレンジレスポンス認証と同じやり方だと考えてください。つまり，HTTPサーバ（今回はIP-PBX）からチャレンジを送り，クライアント（今回はSIP UA）がレスポンスを返して認証をします。

> 認証情報がないリクエストを受け取ったIP-PBXはチャレンジ値を含むレスポンス "401 Unauthorized" を返す。SIP UAはチャレンジ値から生成した正しいレスポンス値を送り，IP-PBXはレスポンス " オ " を返す。

　「401 Unauthorized」ですが，これはHTTPのステータスコードで，Unauthorized（認証に失敗）です。空欄オは正常時のステータスコードです。詳しくは設問1（2）で解説します。

（7）一部の支店ではスマホを社員に貸与し，次のように利用させている。
　・支店では，BBR，インターネット及びFWを経由して，スマホのWebブラウザから本社のWebサーバへアクセスする。

スマホは，皆さんが使われているように，データ通信と音声通話の二つの使い方があります。この内容は，データ通信に関する内容です。

> また，①同様にFWを経由して，スマホのSIP-APと本社のIP電話機間で通話を行う。

下線①の通話は，支店のスマホのSIP-AP（下図❶）と本社のIP電話機（下図❷）間での，データ通信（IP）を使った通話のことです。03-xxxx-xxxxのような，外線通話ではありません。4桁の内線番号でかけるような内線通話です。

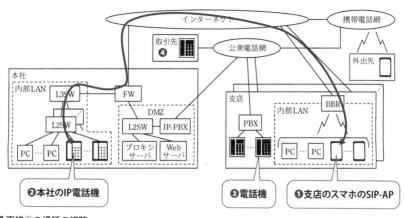

■下線①の通話の経路

ただ，呼制御プロトコルであるSIPと，音声通信のためのRTPで経路が異なるので，実際にはもう少し複雑です。詳しくは設問1（3）で解説します。

> 支店の人は，スマホおよびPBXに接続された電話機（上図❸）の両方から電話ができるのですね？

はい，そうです。電話機が複数ありますし，経路が複雑なので，以下に整理します。経路を図1と見比べながら，時間があるときに確認してください。（※SIPによる呼制御とRTPによる音声通話で経路が異なりますが，音声通話のみ

の経路を記載しています）

■音声通話の経路

項番	発信元	宛先	経路
1	**❶** 支店のスマホ	**❷本社のIP電話機**	スマホ→BBR→インターネット→FW→IP電話機
2		**❸支店の電話機**	スマホ→BBR→インターネット→FW→IP-PBX →公衆電話網→PBX→電話機
3		**❹取引先(外線通話)**	スマホ→BBR→インターネット→FW→IP-PBX →公衆電話網→取引先
4	**❸** 支店の電話機	**❷本社のIP電話機**	電話機→PBX→公衆電話網→IP-PBX→FW →IP電話機
5		**❸支店の電話機**	電話機→PBX→電話機
6		**❹取引先(外線通話)**	電話機→PBX→公衆電話網→取引先

結構複雑ですね。

はい。きちんと理解していないと，難しいと思います。

- **外出先**では，携帯電話網，インターネット及びFWを経由して，スマホ
  のWebブラウザから本社のWebサーバへアクセスする。

今度は，外出先のスマホからのデータ通信に関する説明です。設問には関
連しません。

また，スマホのSIP-APから取引先への電話については，本社の公衆電
話網の電話番号からの発信となるように，携帯電話網，インターネット，
FW及び 　カ　 を経由させる。

続いて，音声通話の経路です。
　網掛けの部分は，発信元の電話番号を本社の番号にするための対応です。
外出先からであっても，携帯電話の番号ではなく事務所の番号が相手に通知
されます。このような仕組みは，企業ではよく利用されていることでしょう。

支店の電話番号は使わないんですか？

　支店の電話番号から発信するためには，支店のPBXから発信しないといけません。しかし，支店のPBXは従来のアナログのPBXなので，かなり複雑な仕組みになりそうです。実現するのは簡単ではありません。
　空欄力は，設問1で解説します。

　　Bさんは情報システム部のネットワーク担当である。情報システム部長から指示があり，D社システム更改のネットワークに関する検討を行っている。
　　Bさんに伝えられたD社システム更改の方針を次に示す。

(1) 運用負荷の軽減
　・IaaSを利用し，本社のFW, Webサーバ及びプロキシサーバを撤去する。

　最近はクラウド化が進行しています。政府も，「クラウド・バイ・デフォルト原則」という方針を打ち立てました。オンプレミスのシステムではなく，クラウドを活用することを第一にしています。ネットワークスペシャリスト試験でも，毎年のようにクラウドの出題があります。
　IaaSは「Infrastructure as a Service」の略です。サーバやOSなどの基盤（Infrastructure）部分をサービスとして提供します。IaaSの代表例がAWS（Amazon Web Services）のEC2（Elastic Compute Cloud）です。

　・クラウドPBXサービスを利用し，本社のIP-PBX及び支店のPBXを撤去する。

　クラウドPBXサービスとは，PBXをクラウドで提供するサービスです。アナログ電話ではなく，IPによる通話機能を提供します。

クラウド PBX は IaaS ですか？ PaaS ですか？
それとも SaaS ですか？

まあ，音声アプリケーションとして考えると SaaS でしょう。

内線電話などは，機密情報もあるはずです。インターネット経由
のクラウドサービスを利用するのって，少し違和感があります。

　たしかに，インターネットでクラウドサービスに接続するのはセキュリ
ティや品質面で不安があります。ですから，本問では，インターネット経由
と，専用線を使った閉域網での通話の両方があります。この点は，あとの表
1や図2で説明があります。

- 無線LAN及びPoE（Power over Ethernet）を利用し，構内配線を減らす。

　無線LANによって，LANケーブルの配線を減らします。また，PoE（Power
over Ethernet）は，LANケーブル（Ethernet）で電源（Power）を供給します。
これにより，電源の配線を減らします。

（2）スマホの活用
- 全社員にスマホを貸与し，全社及び外出先で，電話機及びPCを補完す
る機器として利用させる。

「補完する」って，わかりにくい表現ですね。

　深い意味はありません。スマホからメールを送受信したり，社内システム
にアクセスできます。PCの代わりになるという程度に考えてください。

（3）新システムへの段階的移行

・現行システムから新システムへの切替えは，拠点単位に段階的に行う。

システムの移行を一斉に行うと，切替えや試験などの作業が大変です。そこで，段階的に切替えを行います。問題文の後半で，詳細な切替え内容が記載されます。

〔クラウドサービスの利用〕

D社システムの更改では，X社が提供するIaaSと，Y社が提供するクラウドPBXサービスを利用する。利用するクラウドサービスの概要を表1に，Bさんが考えた新D社システムの構成を図2に，それぞれ示す。

これ以降にクラウドサービスの説明と新システムの構成があります。説明の都合上，表1と図2の順序を入れ替えて解説します。

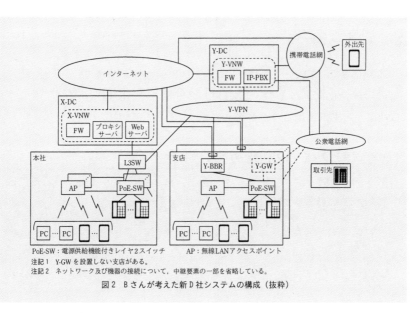

PoE-SW：電源供給機能付きレイヤ2スイッチ　　AP：無線LANアクセスポイント
注記1　Y-GWを設置しない支店がある。
注記2　ネットワーク及び機器の接続について，中継要素の一部を省略している。
図2　Bさんが考えた新D社システムの構成（抜粋）

図2は，移行後のシステムの全体像です。まずは，図1（現行のシステム構成）と，図2（新システム）の四つの変更点を解説します。

【変更点1】 サーバのクラウド化

これは，先ほどの問題文の以下の内容です。

> （1）運用負荷の軽減
> ・**IaaS** を利用し，本社のFW，Webサーバ及びプロキシサーバを撤去する。

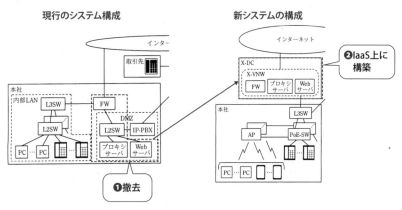

■サーバのクラウド化

　本社にある，FWとWebサーバ，プロキシサーバを撤去し（上図❶），X社のIaaS上に構築します（上図❷）。ハードウェアの運用が不要になるため，D社にとっては運用負荷が軽減されます。

【変更点2】 PBX・IP-PBXのクラウド化

　PBX・IP-PBXをクラウド化するに際し，以下の三つの変更点（変更点2-①，2-②，2-③）があります。

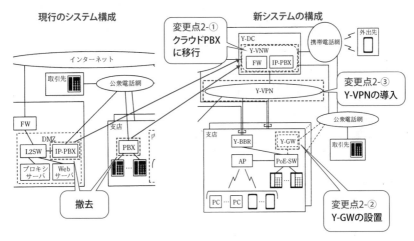

現行のシステム構成　　　　　　　新システムの構成

インターネット

取引先

公衆電話網

FW

DMZ

L2SW　IP-PBX

プロキシ
サーバ　Webサーバ

撤去

支店

PBX

変更点2-①
クラウドPBX
に移行

Y-DC

Y-VNW

FW　IP-PBX

携帯電話網

外出先

Y-VPN

変更点2-③
Y-VPNの導入

公衆電話網

支店

Y-BBR　Y-GW

取引先

AP　PoE-SW

PC … PC

変更点2-②
Y-GWの設置

■ PBX・IP-PBXのクラウド化

変更点2-①：クラウドPBXに移行

　本社のIP-PBXと支社のPBXを撤去し，Y-DCのクラウドPBXに移行します。こちらも，ハードウェアが減ることで，D社の運用負荷が軽減できます。

　この部分は，先ほどの問題文の以下の内容です。

> ・クラウドPBXサービスを利用し，本社のIP-PBX及び支店のPBXを撤去する。

変更点2-②：Y-GWの設置

　変更点2-①で，支店のPBXを撤去しました。支店で公衆電話網と接続するための新たな機器が必要です。そこで，Y-GW（GWはゲートウェイの意）を導入します。Y-GWは，公衆電話網と接続し，IP電話（やスマホ）が理解できる形式に通信を変換します。

どんな変換をするのですか？

電話線に流れているアナログ電話回線（またはISDN）の信号（接続制御

第3章

令和元年度

過去問解説

午後II

問1

問題

問題解説

設問解説

や通話）を，LANケーブルで通信できるVoIPのプロトコル（SIPとRTP）に変換します。電話線とLANケーブルは，物理的なコネクタも違いますので，その変換も行います。

なお，図2注記2にあるとおり，Y-GWを設置しない支店があります。この点は，設問2（3）に関連します。

> だったら，支店にY-GWを設置せず，
> Y-DCで支店との公衆電話網との接続をまとめてはどうですか？

もちろんその構成も可能です。しかし，今まで支店で使ってきた電話番号が使えなくなります。たとえば名古屋支店では052から始まる番号を使っていたのが，Y-DCが大阪にあるとすると，06で始まる番号に変わってしまうのです。

> ### 参考 **Y-GW に関して**（※長文解説です）
>
> 　Y-GWに関して補足します。順に説明したいので，VoIPの復習から行っていきます。
> 　まず，従来からあるアナログ電話による接続構成は以下のとおりです。
>
>
>
> **■古くからあるアナログ電話機と公衆網（一般の電話網）との接続**
>
> 　次に，よくあるVoIPゲートウェイを使った構成は以下のとおりです。電話回線の代わりにLANおよびインターネットを使って通話を行います。
>
>
>
> **■VoIPゲートウェイを導入して，インターネット経由で通話をする**
>
> 　このようにすることで，遠距離であっても通話料を無料にすることができます。

今回の Y-GW は逆ですよね。

そうなんです。今回は従来からある公衆網に，IP電話機を接続する構成です。

LAN　電話線

Y-GW

公衆電話網

IP電話機　　　　　　　　　　　　　　　アナログ電話機

■ **今回の設定では，公衆網をそのまま使う**

　この構成ですが，コストメリットがないので，あまり一般的ではない構成です。このY-GWは，VoIPゲートウェイではありますが，PSTN（従来の電話網）との変換を行います。PSTNゲートウェイと呼んだほうがイメージしやすいでしょう。

上の図ですが，これで本当に通信できるんですか？

　はい，そういう変換機能を持っていると考えてください。図2だと他の機器もあるので，わかりにくいと思います。電話に限定した以下の図で，構成を確認しましょう。

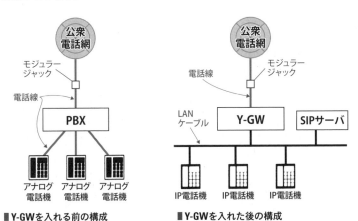

公衆電話網

モジュラージャック

電話線

PBX

アナログ電話機　アナログ電話機　アナログ電話機

■ **Y-GWを入れる前の構成**

公衆電話網

電話線

モジュラージャック

LANケーブル

Y-GW　SIPサーバ

IP電話機　IP電話機　IP電話機

■ **Y-GWを入れた後の構成**

　左は，アナログ電話回線，PBX，アナログ電話での接続構成です。右は，Y-GW（PSTNゲートウェイ）を入れて，LAN側をIP化した構成です。

では，以下のように，家庭でも電話機の代わりに Y-GW を入れれば，PC に入れたソフトフォンや IP 電話機から電話できますか？

　おそらく以下の構成だと思います。左が，家庭によくあるアナログ電話機の構成です。右が，Y-GWを入れて，IP電話機を接続する構成です。

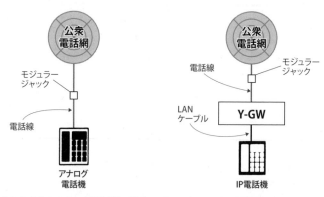

■家庭によくあるアナログ電話機の構成　　■Y-GWを入れてIP電話機を接続する構成

　右側の構成ですが，このままだと通話は難しいです。IP電話機は，SIPサーバがあってはじめて動作します。なので，この構成の場合，Y-GWにSIPサーバの機能を持たせるべきです。そして，このIP電話機を，後半の図3にあるようにREGISTERによって登録すれば，動作することでしょう。

変更点2-③：Y-VPNの導入

　本社や支店とY-DCの間で，Y社が提供するVPNを導入します。インターネットを使うと通話を盗聴されたり，遅延によって音声の品質が悪くなるおそれがあるからです。セキュリティの確保と音声通信の品質を確保するためにIP-VPNを使います。

【変更点3】支店のネットワーク構成変更とIP電話機の導入

　支店ではネットワーク構成の変更（変更点3-①）と電話機の変更（変更点3-②）があります。

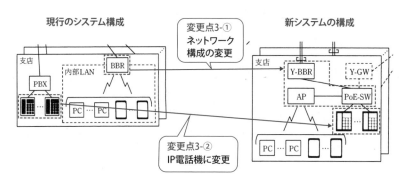

現行のシステム構成　　　変更点3-①　　　　　　　新システムの構成
　　　　　　　　　　　　ネットワーク
　　　　　　　　　　　　構成の変更

■ 支店のネットワーク構成変更とIP電話機の導入

変更点3-①：ネットワーク構成の変更

　Y-VPNとインターネットの接続のために，BBRをY-BBRに変更します。また，無線LANの接続は，BBRの無線機能ではなく，新たにAP（無線LANアクセスポイント）を導入します。無線APを設置することで，無線LANの通信を安定させるためでしょう。

BBRとY-BBRは何が違うのですか？

　移行期間中は新旧二つの機器が混在します。新旧の区別をしやすくするために，名前を変えただけでしょう。あまり気にする必要はありません。
　また，構内配線を減らすためにPoE-SWを新たに導入します。この部分は，先の問題文の以下の内容です。

　　• 無線LAN及びPoE（Power over Ethernet）を利用し，構内配線を減らす。

変更点3-②：IP電話機に変更

　PBXを撤去するので，これまでの電話機が使えなくなります。代わりに，IP電話機を導入します。

【変更点4】 本社の無線LANとスマホの導入

これは，問題文の以下の内容です。

> （2）スマホの活用
> ・全社員にスマホを貸与し，全社及び外出先で，電話機及びPCを補完する機器として利用させる。

長くなりましたが，変更点の説明は以上です。

さて，移行の全体像を理解してもらったと思いますので，表1を図2と照らしあわせて詳しく見ていきます。

表1　利用するクラウドサービスの概要

サービス名	説明
IaaS	X社のデータセンタ（以下，X-DC（❶）という）内に，D社の仮想LAN（以下，X-VNWという（❷））と仮想サーバ（❸）を構成する。 次のオプションサービスを利用する。 ・インターネット接続：X-VNW内にFW（❹）を構成し，X-VNWとインターネットを接続する（❺）。 ・専用線接続：イーサネット専用線を使って，本社とX-VNWを接続する（❻）。

先ほどの「【変更点1】 サーバのクラウド化」に関する内容です。筆者が追記した❶〜❻の内容は，図2の以下の部分です。

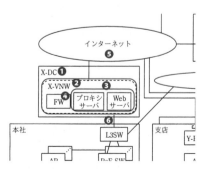

■表1のIaaSの説明部分を図2で確認

なお，VNWとは，Virtual NetWork の略です。

> X-VNW の中は，物理的は配線などが描かれていませんが，
> どうなっているのでしょう。

注記2に「中継要素の一部を省略している」とあるように，回線接続に必
要なONUや，DC内のスイッチやルータなどが省略されています。クラウド
サービス事業者の構成は，冗長化され，しかも仮想サーバ上でソフトウェア
が動作していて，非常に複雑です。図に表現しにくいので省略したのでしょ
う。それに，クラウドサービスでは内部の物理構成が公開されることはあま
りありません。

クラウドPBX サービス	Y社のデータセンタ（以下，Y-DC（**❼**）という）内に，D社の仮想LAN（以下，Y-VNW（**❽**）という），IP-PBX（**❾**）及びFW（**❿**）を構成する。IP-PBXは，インターネット，携帯電話網（**⓫**），公衆電話網（**⓬**）及びY社の閉域網（以下，Y-VPN（**⓭**）という）と接続する。

先ほどの「【変更点2】PBX・IP-PBXのクラウド化」に関する内容です。
上の問題文の筆者が追記した**❼**～**⓭**の内容は，図2では以下の部分になり
ます。

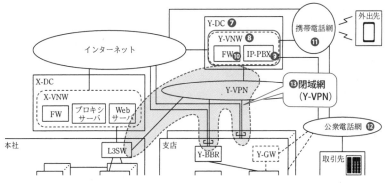

■表1のクラウドPBXサービスの説明部分を図2で確認

先ほども述べましたが，内線電話などは外部の第三者に聞かれては困ります。よって，Y-VPNという閉域網によって，本社や支店とクラウドPBXサービスとを接続します。

クラウドPBXサービス	次のオプションサービスを利用する。 ・専用線接続：イーサネット専用線を使って，本社とY-VPNを接続する（⓮）。 ・PPPoE（Point-to-Point Protocol over Ethernet）接続：Y社のブロードバンドルータ（以下，Y-BBR（⓯）という）を支店に設置し，PPPoEを用いて，支店をY-VPN（⓰）及びインターネットに接続する（⓱）。

　表1の続きで，閉域網のネットワークについてです。本社からY-VPNへは，専用線で接続します。支店からはPPPoE接続で接続します。
　上の問題文の筆者が追記した⓮～⓱の内容は，図2では以下の部分になります。

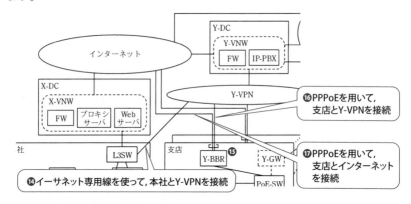

■ 閉域網のネットワークでの接続

なぜPPPoE接続なんですか？

　PPPoEの回線サービス（NTT東西のフレッツ光ネクストなど）はベストエフォート方式で安価だからです。PPPoEではなく，専用線や広域イーサネッ

トでも構成できますが，費用が高くなります。支店は拠点数が多いので，費用を削減したかったのでしょう。さらに，一つの物理的な回線で複数のセッション（論理的な接続のことで，本問では，インターネットとY-VPNの二つ）を確立できるので，物理構成がシンプルになります。

一方，本社は重要な拠点であり，たくさんの電話機があります。通信の安定性を確保するために，専用線にしたと考えられます。

PPPoE回線か専用線かは設問には関係しません。気にせず先に進みましょう。

クラウドPBX サービス	・ゲートウェイ接続:Y社のゲートウェイ（以下，Y-GW（⑱）という）を一部の支店に設置し，支店を公衆電話網（⑲）に接続する。

先ほどの「【変更点3】支店のネットワーク構成変更とIP電話機の導入」に関する内容です。

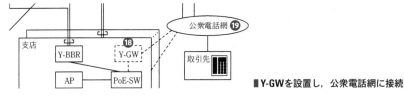

■Y-GWを設置し，公衆電話網に接続

Y-GW とその接続が点線ですね。

点線である理由は，図2の注記1にあるとおり，「Y-GWを設置しない支店がある」からです。

また，Y-GWの有無によって，IP電話機から取引先への通話経路が変わります。簡単にいうと，Y-GWを設置しない支店の場合は，Y-DCのIP-PBXから公衆電話網を経由して，取引先に通話します。

この点は，設問2（2）で問われます。

クラウドPBX サービス	・SIP-APの利用：スマホにY社のクラウドPBXサービス用 のSIP-APを搭載し，電話機と同じような操作を可能にする。

すでに説明しましたが，SIP-APは通話アプリです。ソフトフォンと呼ぶこともありました。電話機と同じように，発信・着信・保留・転送などの操作を行う機能を持ちます。

> 図2中のネットワークについてBさんが整理した内容を次に示す。
> （1）Y-BBRは，二つのPPPoEセッションを提供する。一つはインターネット接続に，もう一つはクラウドPBXサービス利用に用いられる。

こちらは，すでに説明した内容です。繰り返しになりますが，二つのPPPoEセッションとは，インターネットとY-VPNへの接続のことです。図2では，下図の色線が該当します。

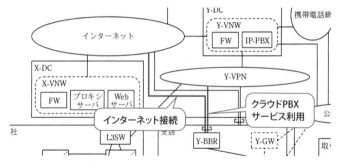

■二つのPPPoEセッション

参考として，ブロードバンドルータ（NTT東西のフレッツ光ネクスト用ホームゲートウェイ）で2セッションを設定する画面例を次ページに示します。

接続可	接続先選択	接続先名	接続モード	UPnP優先	状態	操作
	メインセッション	インターネット	常時接続	＊	接続中	切断
	セッション2	Y－VPN	常時接続		接続中	切断
	セッション3		要求時接続(自動切断する)		未接続（接続不可）	接続
	セッション4		要求時接続(自動切断する)		未接続（接続不可）	接続
	セッション5		要求時接続(自動切断する)		未接続（接続不可）	接続

インターネットへの接続

Y-VPN への接続

■ブロードバンドルータでの2セッション設定画面の例

(2) Y-VPNは，Y社のクラウドPBXサービスを利用する顧客が共用する IP-VPNである。RFC3031で標準化されている 　キ 　 の技術が用いられている。

(3) D社の異なる拠点間の通話が他の拠点を経由しないように，Y-VPN の網内は 　ク 　 構成となっている。

空欄キ，クは，設問2（1）で解説します。

(4) 新たに構成する，X-VNW，Y-VNW及び全社の内部LANのIPアドレスは，現行のプライベートIPアドレスとは重ならないアドレス空間を利用する。

なぜですか？

旧システムと新システムへの移行期間中に，両者が混在する可能性があるからです。

(5) 全社の内部LANでは静的ルーティングを用いる。全社のAPはブリッジモードで動作させ，PCとスマホを収容する。

「ブリッジモード」とは，レイヤ3のルータ機能を使わず，レイヤ2で動

作するモードです。APがスイッチングハブのような動作をすると考えてください。一方，これと対になるモードが「ルータモード」です。ルータモードの場合は，レイヤ3のルータ機能が有効になります。

　ちなみに，これまでのBBRは，無線APの機能を持ちながらルータの機能も持っていました。

収容端末のIPアドレス及びデフォルトゲートウェイのIPアドレスは，<mark>AP</mark>
<mark>のDHCP機能</mark>を使って配布する。本社の収容端末のデフォルトゲートウェイはL3SW，支店の収容端末のデフォルトゲートウェイは　　ケ　　である。

APのDHCPサーバ機能を使うんですね。

　そうですね。専用のDHCPサーバを建てるのが理想です。限られた予算なので，APのDHCPサーバ機能を使ったのでしょう。
　空欄ケは設問2（1）で解説します。

　以下，図2の本社部分にIPアドレスを割り当てました。APはブリッジモードなので，管理用のIPアドレスのみを割り当てています。同様に，PoE-SWにも管理用にIPアドレスを割り当てました。
　このIPアドレスは，以降の解説で使用します。

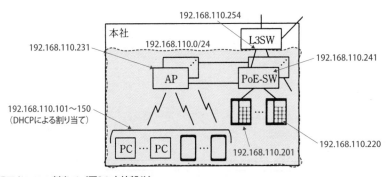

■IPアドレスの割当て（図2の本社部分）

(6) 電話に関する図2中の通信経路を表2に示す。

表2 電話に関する図2中の通信経路（抜粋）

項番	発信	着信	通信経路
1-1	本社の IP電話機	本社の IP電話機	シグナリング：本社～Y-VPN～Y-VNW～Y-VPN～本社 通話：本社
1-2		支店の IP電話機	シグナリング：本社～Y-VPN～Y-VNW～Y-VPN～支店 通話：本社～Y-VPN～支店
1-3		取引先の 電話機	シグナリング・通話共：本社～Y-VPN～Y-VNW～公衆電話網～取引先
2-1	支店の IP電話機	取引先の 電話機	シグナリング・通話共：支店～Y-VPN～Y-VNW～公衆電話網～取引先
2-2			シグナリング：支店～Y-VPN～Y-VNW～Y-VPN～支店～公衆電話網～取引先 通話：支店～公衆電話網～取引先
3-1	本社の スマホ	本社の IP電話機	シグナリング：本社～Y-VPN～Y-VNW～Y-VPN～本社 通話：本社
3-2	支店の スマホ		シグナリング：支店～Y-VPN～Y-VNW～Y-VPN～本社 通話：　　　a

IP電話機やスマホを使った通信経路です。シグナリングとはSIP，通話とはRTPのことです。

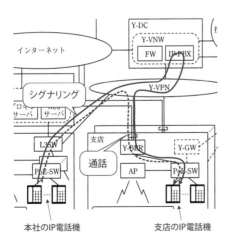

ごちゃごちゃした表で，わかりづらいです。

そうですね。こういう場合は，一つだけでもいいので，図に書き込むとイメージが膨らみます。例として，項番1-2（本社のIP電話機→支店のIP電話機）のシグナリングと通話の経路を記載します。

■シグナリングと通話の経路

〔スマホの活用〕
　スマホのSIP-APを使うと，電話機と同等の操作ができる。その一例が，通話中の電話を別の電話機に転送する操作（以下，保留転送という）である。

　まず，保留転送の様子を実際の通話ベースで紹介します（下図）。状況としては，支店のAさんが本社のBさんと通話します。その後BさんがCさんに保留転送します（別件でAさんがCさんと話をしたい場合などです）。このとき，Bさんが本社のスマホを操作して保留転送を行います。

　ここでしっかりとイメージをつかんでおくと，これ以降の問題文の内容が理解しやすいと思います。通話1～6までを順に確認してください。

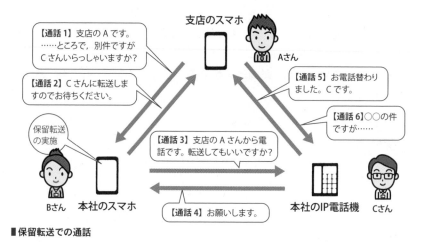

■保留転送での通話

　Bさんは，保留転送の通信仕様をY社に問い合わせた。Y社からの回答を次に示す。

　なぜY社に問い合わせる必要があったのでしょうか。設問に関係ないので簡単にだけ説明します。理由は，保留転送の通信シーケンスが，IP-PBXによって異なることがあるからです。

　Y社クラウドサービスのIP-PBXと，D社に設置するIP電話機はメーカが異なるということですか？

おそらくそうでしょう。メーカはたくさんあるので，同じである可能性のほうが低いと思います。SIPでは大きな枠組みは決めているものの，機器ごとに仕様が異なることがあります。

（1）開始されているダイアログ内で送信されるINVITEリクエストを，re-INVITEリクエストという。

　「ダイアログ（dialogue）」は，「対話」という意味です。まあ，「通話」と考えてください。「re-INVITE」とは，すでにINVITEを使って確立済みのダイアログの状態を変える（たとえば今回のように，通話中に保留転送を行う）ときに使うリクエストです。INVITEを再び（Re）行うので，re-INVITEです。

保留転送を行うスマホは，IP-PBXに次の四つのSIPリクエストを送信する。
- re-INVITEリクエストを送信し，相手の電話機を保留状態にする。
- INVITEリクエストを送信し，転送先の電話機を呼び出す。
- re-INVITEリクエストを送信し，転送先の電話機を保留状態にする。
- REFERリクエストを送信し，セッションを切り替える。

　ここにある四つのSIPリクエストに関して，以下に整理します。前ページの保留転送での会話の図との関連や，このあとの図3の通信シーケンスのどこの番号に該当するかも記載しました。
　とはいえ，この表を読むのも大変だと思います。面倒であれば，読み飛ばしてください。

■四つのSIPリクエストの説明と図3での該当箇所

問題文の記載	説明	図3
re-INVITEリクエストを送信し，相手の電話機を保留状態にする。	支店のスマホ（Aさん）との会話を保留にする	(10)
INVITEリクエストを送信し，転送先の電話機を呼び出す。	本社のIP電話機（Cさん）を呼ぶ	(16)
re-INVITEリクエストを送信し，転送先の電話機を保留状態にする。	通話を切り替えるために，本社のIP電話機（Cさん）との会話を保留する	(22)
REFERリクエストを送信し，セッションを切り替える。	支店のスマホ（Aさん）と本社のIP電話機（Cさん）の通話に切り替える	(28)

（2）保留転送に関する通信シーケンス例を図3に示す。

先ほどの保留転送を通信シーケンスで見てみましょう。

恐怖の通信シーケンスです。

　通信シーケンスは皆さん苦手とされています。読むのが面倒ですし…。しかし，午後Ⅱでは通信シーケンスは頻出です。がんばって読み解きましょう！
　テクニックというほどではありませんが，本試験では，何が書かれているか全体像をまず把握し，設問を解くときにあらためてこのシーケンスを読むといいでしょう。
　では，順番に見ていきます。

位置情報の登録

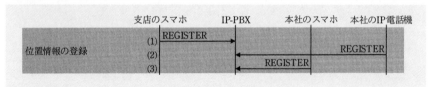

　「位置情報の登録」とは，SIP UAが起動時したときに，SIPサーバに自身のIPアドレスを登録する（REGISTER）動作のことです。SIPサーバは，この動作によって，どの内線番号がどのIPアドレスであるかを知ります。今回は，（1）〜（3）にて，支店のスマホ，本社のIP電話機，本社のスマホの3台がSIPサーバに登録します。
　ユーザ名，内線番号，IPアドレスの対応例は次のとおりです。

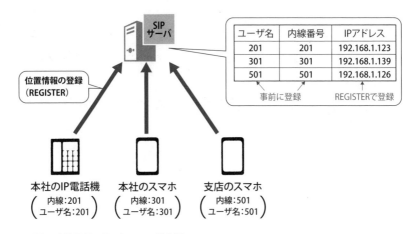

■ユーザ名，内線番号，IPアドレスの対応例

　今回，ユーザ名と内線番号は同じにしています。また，これらはSIPサーバに事前に登録済みです。REGISTERでは，ユーザ名を入力するので，ユーザ名とIPアドレスがくくりつけられます。

支店のスマホから本社スマホへの発信

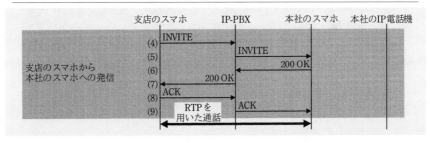

　支店のスマホ（Aさん）が，本社のスマホ（Bさん）に（4）の「INVITE」を使って電話をかけます。本社のスマホ（Bさん）が（6）の「200 OK」で応答すると，AさんとBさんの通話が始まります。「RTPを用いた通話」は，先の図（p.226）の【通話1】と【通話2】の箇所です。

>>> **参考** **SIP による呼制御**

　設問には関係ありませんが，INVITE，200 OK，ACKなどの意味を理解して
おくと，シーケンスが少し読みやすくなると思います。そこで，H17年度NW
午後Ⅰ問3の問題をもとに，SIPによるこれらのメッセージを解説します。
　まずは，シーケンス図を見てみましょう。❹以外はすべてSIPのシーケンス
です。

■SIPによる呼制御シーケンス（出典：H17年度NW試験 午後Ⅰ問3より）

　では，❶〜❺のメッセージを解説します。

❶ INVITE

　受話器を上げて電話をかけます（スマホの場合は，電話番号を入力して発
信を押す）。すると，通話の開始を意味するINVITEメッセージ（INVITEは招
待するの意）がSIPサーバを経由して通信相手に送られます。このとき，通信
相手（電話端末Y）では電話の着信音が鳴り，発呼側（電話端末X）では「プ
ルルルル…」という音が流れます。

❷ 200 OK

　通話の相手が，受話器を取る（スマホの場合は，通話のボタンを押す）と，
SIPサーバを経由して「200 OK」が相手に送られます。また，話中の場合は「486
Busy Here」が返されます。

❸ ACK

　3ウェイハンドシェイクの確認応答と同じと考えてください。発呼側から通
話相手にACKが送られ，これで通話のセッションが確立されます。

❹ 通話

　その後，RTPを使って実際の音声通話が実施されます。

❺ BYE

　通話を切ります。

支店のスマホの保留

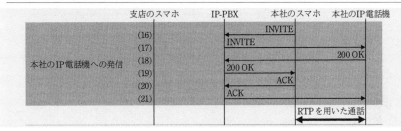

　本社のスマホ（Bさん）を操作し，支店のスマホ（Aさん）との通話を保留します。問題文の「re-INVITEリクエストを送信し，相手の電話機を保留状態にする」の箇所です。通話中の状態を変更するのでre-INVITEを使います（シーケンス（10），（11））。支店のスマホ（Aさん）では，（12）の「200 OK」を返すとともに，保留音が（自分に）流れます。

本社のIP電話機への発信

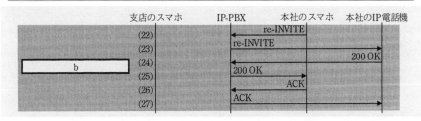

　本社のスマホ（Bさん）が，本社のIP電話機（Cさん）を（16）の「INVITE」で呼び出します。問題文の「INVITEリクエストを送信し，転送先の電話機を呼び出す」に該当します。Cさんが（19）の「200 OK」で応答すると，BさんとCさんの通話が始まります。「RTPを用いた通話」は，先の図（p.226）の【通話3】と【通話4】の箇所です。

空欄b

支店のスマホ　　　IP-PBX　　　本社のスマホ　本社のIP電話機

		re-INVITE	
(22)			
(23)	re-INVITE		
			200 OK
(24)			
b	200 OK		
(25)			
		ACK	
(26)			
(27)	ACK		

本社のスマホ（Bさん）が（22）の「re-INVITE」でIP-PBXに保留を指示し，本社のIP電話機を保留にします。問題文の「re-INVITEリクエストを送信し，転送先の電話機を保留状態にする」にあたります。空欄bは設問で解説します。

本社のスマホから本社のIP電話機への切替え

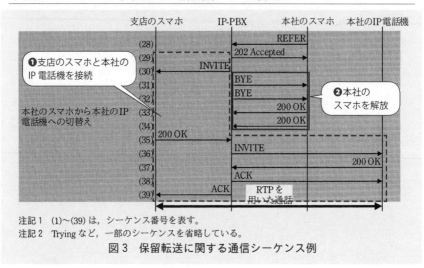

注記1　(1)～(39) は，シーケンス番号を表す。
注記2　Trying など，一部のシーケンスを省略している。

図3　保留転送に関する通信シーケンス例

シーケンスが長いですね……

はい，最後なのでがんばって理解しましょう。

このシーケンスにより，本社のスマホ（Bさん）の通話を切り替えます。REFERは「差し向ける」という意味です。（28）「REFER」にて，支店のスマホ（Aさん）と本社のIP電話機（Cさん）が通話できるように差し向けます。問題文の「REFERリクエストを送信し，セッションを切り替える」の部分です。

このシーケンスには二つの動作があります。一つは，支店のスマホと本社のIP電話機を接続する動作（❶）と，本社のスマホを解放する動作（❷）の二つです。

❶に関しては，IP-PBXが（30）と（36）で双方に「INVITE」を送信します。それぞれの電話機から（35）と（37）で「200 OK」を受け取ると，支

店のスマホ（Aさん）と本社のIP電話機（Cさん）の通話が開始します。「RTP を用いた通話」は，先の図（p.226）の【通話5】と【通話6】の箇所です。

❷に関してですが，（4）で始まった支店のスマホ（Aさん）と本社のスマ ホ（Bさん）の通話は保留中です。同様に（16）で始まった本社のスマホ（B さん）と本社のIP電話機（Cさん）の通話も保留中です。この保留状態の通 話を終了させるのが（31）と（32）の「BYE」です。この点は，設問3（3） に関連します。詳しくは設問で解説します。

（3）図3の通信シーケンスは，利用者が ┌─ コ ─┐ を操作して保留転送 を行う例を示している。

空欄コは設問3（1）で解説します。

（4）re-INVITEリクエストでは，SDP（Session Description Protocol）情 報を用いて，通話に関するSIP UAの動作を指定する。

SDPとは，通話に関する取り決めを記述するプロトコルです。SDPに関 しては，以下の参考解説に詳細を記載しました。

▶▶▶▶
参考 SDP について

SDPが取り決めるのは，音声や映像などのメディアの種類，データ通信の ためのプロトコル，使用するポート番号などです。

> SIP というプロトコルを使っていて，さらに SDP というプロトコルも使うのですか？

SDPは，プロトコルといってもSIPやRTPとは少し異なります。RFCに「SDP is purely a format for session description」とあるように，単にセッション を記述（description）するためのformat（書式）です。書き方を規定してい るもの，くらいに考えてください。
イメージを膨らませるために，SDPの実例を過去問から紹介します。

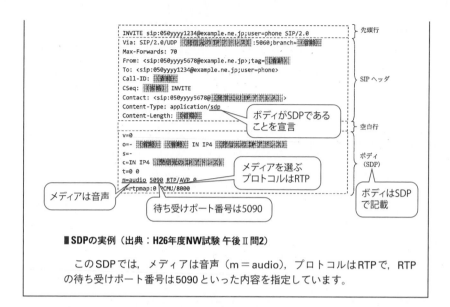

INVITE sip:050yyyy1234@example.ne.jp;user=phone SIP/2.0　┐先頭行
Via: SIP/2.0/UDP ▨▨▨▨▨▨:5060;branch=▨▨▨
Max-Forwards: 70
From: <sip:050yyyy5678@example.ne.jp>;tag=▨▨▨
To: <sip:050yyyy1234@example.ne.jp;user=phone>
Call-ID: ▨▨▨　　　　　　　　　　　　　　　　　 │ SIPヘッダ
CSeq: ▨▨▨ INVITE
Contact: <sip:050yyyy5678@▨▨▨▨▨▨▨▨▨▨>
Content-Type: application/sdp　　　　　　┌──────────┐
Content-Length: ▨▨▨　　　　　　　　　 │ボディがSDPである│
　　　　　　　　　　　　　　　　　　　 │ことを宣言　　　 │　┐空白行
v=0　　　　　　　　　　　　　　　　　　└──────────┘
o=- ▨▨▨ ▨▨▨ IN IP4 ▨▨▨▨▨
s=-
c=IN IP4 ▨▨▨▨▨▨▨　　┌──────────┐　　│ ボディ
t=0 0　　　　　　　　　　│メディアを選ぶ　　│　　│ (SDP)
m=audio 5090 RTP/AVP 0　│プロトコルはRTP │
a=rtpmap:0 PCMU/8000　　└──────────┘

メディアは音声

待ち受けポート番号は5090

ボディはSDP
で記載

■SDPの実例（出典：H26年度NW試験 午後Ⅱ問2）

　このSDPでは，メディアは音声（m＝audio），プロトコルはRTPで，RTP
の待ち受けポート番号は5090といった内容を指定しています。

　Y社が指定するIP電話機以外の製品を使う場合，このような動作について
事前に確認する必要がある。例えば，図3中の（11）を受信したSIP-APは，
（11）中のSDPの情報に従って保留音を出す。②図3中の本社のIP電話機
についても同様の動作が行われる。

　Bさんは，導入するIP電話機を調べて問題がないことを確認した。

SIPやSDPはRFCで決まっていますよね。
SIPやSDPに対応したIP電話機なら確認する必要はない
と思いますが…

　先ほども述べましたが，RFCは枠組みを決めるだけで，細かい動作までは
規定していません。たとえばここに記載されている保留音の動作では，電話
機が持つ保留音を流したり，IP-PBXが送出する保留音を流したりと，いく
つかの方式があります。IP-PBXが送信するre-INVITE中の保留音の指定方法
にIP電話機が対応できていないと，保留に失敗します。その場合，（12）が「200
OK」にならず保留に失敗し，「406 Not Acceptable」のようなコードが返る

と思われます。

難しすぎます。

　ちょっと専門的すぎましたね。試験に出ませんので忘れてください。細か
い話はさておき，保留された電話機はSDPに従って保留音を流します。こ
の点は下線②に関連し，設問3（4）で問われます。

〔新システムへの段階的移行〕
　Bさんは移行計画を検討した。Bさんが作成した拠点別の移行作業を表
3及び図4に示す。

　ここからは，移行作業の話です。

表3　Bさんが作成した拠点別の移行作業（抜粋）

拠点名		作業名	作業の内容
本社	a1	ネットワークの準備	・本社のPoE-SW及びAPを設置する。
	a2	プロキシサーバの切替え	・X-DCのプロキシサーバを立ち上げ，本社のプロキシサーバと並行稼働させる。
	a3	IP-PBXの切替え	・本社のIP-PBXを停止する。 ・本社の公衆電話網の電話番号をY-DCへ移行する。 ・Y-DCのIP-PBXを稼働させる。
	a4	Webサーバの切替え	・本社のWebサーバを停止する。 ・本社のWebサーバからX-DCのWebサーバへデータを移行する。 ・X-DCのWebサーバを稼働させる。
	a5	IP電話機の切替え	・本社のIP電話機の接続を，L2SWからPoE-SWへ変更する。
	a6	PCの切替え	・本社のPCの接続を，L2SWからAPへ変更する。
	a7	スマホの導入	・新規導入するスマホを配布する。
支店	b1	ネットワークの準備	・Y-BBR，Y-GW，PoE-SW及びAPを設置する。
	b2	PBXの停止	・支店のPBXを停止する。 ・公衆電話網との接続を，PBXからY-GWへ変更する（Y-GW設置の支店だけ）。
	b3	IP電話機の導入	・新規導入するIP電話機を，PoE-SWへ接続する。 ・電話機の利用をやめ，IP電話機の利用を開始する。
	b4	PCの切替え	・支店のPCの接続を，BBRからAPへ変更する。
	b5	スマホの導入	・新規導入するスマホを配布する。
	b6	既存のスマホの切替え	・支店のスマホのSIP-APを，Y社クラウドPBXサービス用のものに変更する。

第3章
令和元年度
過去問解説
午後Ⅱ
問1
問題
問題解説
設問解説

字が小さいですし，読む気も起きません。

　そうですよね。でも，この内容は，ここまでの問題文ですでに記載されて
います。読んでもらうとわかりますが，それほどストレスなく読めると思い
ますよ（読むのが面倒ですが……）。

　以下，このあとで登場する図5に，本社のa1からa7の作業を記載しました。
図と照らし合わせて表3の内容を確認してください。支店に関しては，ぜひ
ご自身で確認をお願いします。

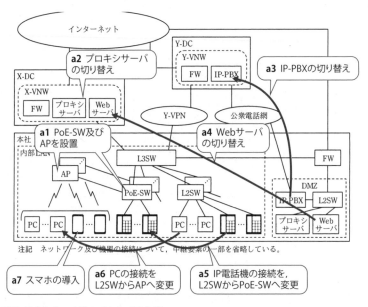

■ 表3に示された，本社のa1からa7の作業

a5のIP電話機の切替えについて質問です。IP電話機の接
続先を，L2SWからPoE-SWに替えるだけでY-DCのIP-
PBXにつながるようになるんですか？

　いえ，REGISTER先のIP-PBXが変わるので，IP電話機の設定変更（接続
先IP-PBXの変更）が必要です。もしかしたら認証情報（ID/パスワード）も

変わるかもしれません。

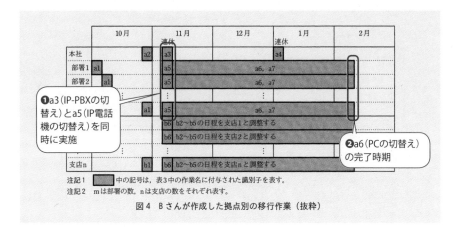

注記1 ▨ 中の記号は，表3中の作業名に付与された識別子を表す。
注記2 mは部署の数，nは支店の数をそれぞれ表す。
図4 Bさんが作成した拠点別の移行作業（抜粋）

　図4は，どの拠点で何の作業をいつ実施するかを書き込んだ図です。見るべきポイントは2点です。

❶a3（IP-PBXの切替え）とa5（IP電話機の切替え）を同時に実施

　電話の移行では，a3とa5を同時に実施します。なぜなら，IP電話機は，PCの切替え（a6）のように段階的に実施できないからです。その理由が，設問4（2）で問われます。

❷a6（PCの切替え）の完了時期

　サーバ・PCの切替えは，a6をもって本社の移行が完了します。この時点で旧システムの機器の撤去ができます。最後に撤去する機器や，撤去できる時期が設問4（5）で問われます。

a4の作業は，お正月返上ですか。おつかれさまです。

　次にBさんは，表3を基に切替期間中のネットワーク環境を検討した。Bさんが作成した切替期間中の本社のネットワーク構成を図5に示す。

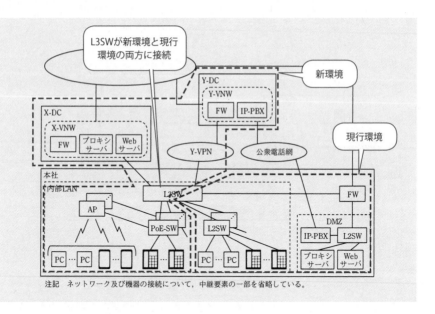

図5は，新環境と現行環境の並行運用期間中の構成図です。新環境と現行環境を点線で囲みました。

ここで確認しておくべきことは，L3SWが新環境と現行環境の両方に接続していることです。現行環境と新環境はほぼ分離されていますが，L3SWだけが共有されています。この点は設問4（1）に関連します。

Bさんは，表3，図4，5を持参し，移行計画について情報システム部長に相談した。その時のBさんと部長の会話を次に示す。

Bさん：図4をご覧ください。10月末までにネットワークの準備を終え，プロキシサーバを並行稼働させておきます。11月の連休を利用してIP-PBXを切り替え，1月の連休を利用してWebサーバを切り替えます。

部長　：図4を見ると，本社では2か月以上掛けてPCを切り替えるようだね。

Bさん：台数が多く利用者への配慮も必要なので，長めの切替期間を設けています。

部長　：なるほど。

Bさん：また，③切替期間中の本社の内部LANでは，現行環境と新環境を分離します。

現行環境と新環境を分離するのに必要となる機器の設定が，設問4（1）で問われます。

なぜ分離が必要なんですか？

分離をしなくても，移行は可能です。でも，分離しておいたほうが，わかりやすいですし，作業もやりやすく，設定ミスも防げると思いますよ。

部長　：その方が安全だ。ところで，本社のIP電話機は一斉に切り替えるのだね。PCと同様に段階的に切り替えた方が良いと思うが。

一斉に切り替えることは，図4を見てもわかります。a3（IP-PBXの切替え）とa5（IP電話機の切替え）が，連休を使って同時に行われています。

Bさん：Y社に相談しましたが，Y-DCのIP-PBXと本社のIP-PBXとの連携は複雑なので断念しました。

なぜ，連携が複雑なのですか？

単純に，「機種が違うから」と考えてください。詳しく説明すると複雑になるので省略しますが，IP-PBXの仕様はメーカによって異なります。

二つのIP-PBXを同時に稼働させることは可能ですが，その場合には，それぞれに収容されたIP電話機間の内線通話ができません。

この部分のイメージ図を以下に記載しました。Y-DCのIP-PBXと本社DMZのIP-PBXをそれぞれ同時に稼働させます。ですが，両者の連携は複雑なので断念しています。その結果，それぞれのIP-PBX配下のIP電話機間での内

線通話ができません。

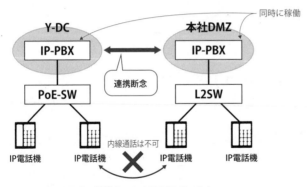

■二つのIP-PBXを同時に稼働すると内線通話ができない

また，　　　c　　　とIP電話機の切替えの順序関係によって，一部のIP
電話機では，一時的に　　　d　　　ができなくなります。

空欄cは設問4（4）で解説します。

部長　：了解した。次に，表3中の作業a2にあるプロキシサーバの並行稼
　　　　働について説明してくれないか。
Bさん：プロキシサーバには，プロキシ機能とDNS機能をもたせています。

> プロキシサーバなのに DNS 機能を持つんですね。

はい。おそらく，Linuxなどのサーバに，プロキシのサービス（Squid）と
DNSのサービス（BIND）を共存させていると思います。「プロキシ」とい
う言葉に惑わされますが，問題文の指示どおりに読み進めてください。

並行稼働中は，それぞれの機能について，本社のプロキシサーバとX-DC
のプロキシサーバの両方を稼働させます。さらに，X-DCのプロキシサー
バのDNS機能をスレーブDNSサーバとし，本社のプロキシサーバのDNS
機能からゾーン転送を行います。

スレーブDNSサーバとは，セカンダリDNSサーバのことです。1章3節にDNSの解説をまとめています。主に午後Ⅱ問2の内容が中心ですが，参考にしてください。

さて，現状と並行稼働中のプロキシサーバおよびDNS機能の様子を以下に記載します。現行は1台で，並行稼動中は2台になります。また，①プロキシ機能と②DNS機能の二つを持ちます。

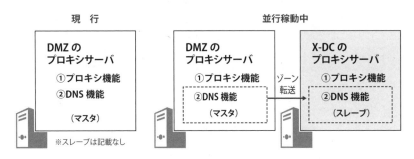

■ **現行と並行稼働中のプロキシサーバおよびDNS機能の様子**

ゾーン転送とは，ゾーン情報（ドメイン内の全レコード情報）を，別のDNSサーバに転送（コピー）することです。

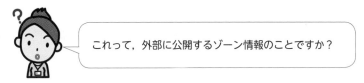

これって，外部に公開するゾーン情報のことですか？

はい，そうです。

> 部長　：プロキシ機能はどのように切り替えるのかな。
> Bさん：現在，本社のPCからは本社のプロキシサーバを使っています。表3中の作業a6でPCを切り替えるときに，PCの設定情報を変更し，X-DCのプロキシサーバを使うようにします。

PCでは，ブラウザにおけるプロキシサーバの設定を変更します（次ページの図）。

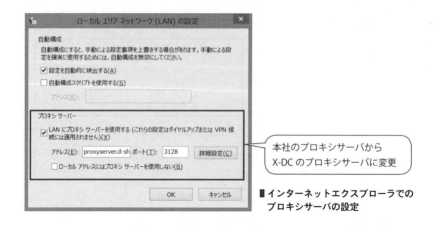

ローカル エリア ネットワーク (LAN) の設定

自動構成
自動構成にすると、手動による設定事項を上書きする場合があります。手動による設定を確実に使用するためには、自動構成を無効にしてください。
☑ 設定を自動的に検出する(A)
☐ 自動構成スクリプトを使用する(S)
　アドレス(R): [　　　　　　　　　　　　　]

プロキシ サーバー
☑ LAN にプロキシ サーバーを使用する (これらの設定はダイヤルアップまたは VPN 接続には適用されません)(X)
　アドレス(E): [proxyserver.d-sh] ポート(T): [3128] [詳細設定(C)]
　☐ ローカル アドレスにはプロキシ サーバーを使用しない(B)

[OK] [キャンセル]

> 本社のプロキシサーバから
> X-DC のプロキシサーバに変更

■インターネットエクスプローラでの
　プロキシサーバの設定

部長　：Webサーバは、1月の連休を利用して切り替えるのだね。
Bさん：はい。④切替えは、プロキシサーバの設定変更によって行います。

Web サーバの切替えを、なぜプロキシサーバの
設定変更で行うんですか？

　少し前に出てきましたが、プロキシサーバにはDNS機能を持たせています。切替えは、プロキシサーバに設定したDNS機能の設定変更によって行う、というのが正確な書き方です。
　下線④について、設問4（3）で具体的な設定変更が問われます。

部長　：本社の切替えは大体良さそうだ。次に、支店の切替えを確認しよう。図4を見ると、本社と同様に長めの切替期間を設けるのだね。
Bさん：支店ごとに日程を調整することになります。3か月程度必要です。
部長　：支店ごとに作業b2〜b5を実施するわけだが、日程調整の際、何か制約はあるのかな。
Bさん：一つの支店について、作業　　サ　　と作業　　シ　　は一斉に行う必要があります。それ以外の作業は切替期間内であればいつでも実施できます。

支店の切替えでも，同時に行わなければならない作業があります。具体的な作業が，空欄サと空欄シ（設問4（4））で問われます。

> 部長　：了解した。支店と早めに切替日程を調整して，それぞれの支店について，PBXがいつから撤去可能になるのかを図4に追記してほしい。⑤本社についても，FW，Webサーバ，プロキシサーバ及びIP-PBXがいつから撤去可能になるのか，図4に追記してくれないか。
> Bさん：はい。分かりました。
>
> 　その後，Bさんは，見直した移行計画を含む検討結果を情報システム部長に報告した。Bさんの検討結果に基づき，D社システムの更改が開始された。

設問4（5）で，下線⑤内の機器がいつから撤去可能かが問われます。

問題文の解説はここまでです。長文おつかれさまでした。

第3章
令和元年度　過去問解説
午後Ⅱ
問1
問題
問題解説
設問解説

設問の解説

設問1

〔現行のD社システム〕について，（1）〜（3）に答えよ。

（1）本文中の ［ ア ］， ［ イ ］ 及び ［ カ ］ に入れる適切な
機器を，図1中の機器名で答えよ。

問題文の条件から，該当する機器名を答える設問です。

空欄ア，空欄イ

問題文の該当部分は以下のとおりです。解説のために丸数字を付与しました。

（3）支店のPC（次図❶）から本社のWebサーバ（次図❷）へのアクセスは，
インターネットを経由する。

（4）本社のDMZ及び全社の内部LANはプライベートIPアドレスで運用
されており，FWとBBRではNAT機能及びNAPT機能が動作してい
る。（中略）上記（3）中のインターネット経由のWebサーバへのア
クセスでは，BBRのNAPT機能（次図❸）によってIPパケット中の
［ ア ］ のIPアドレスが変換される。さらに，［ イ ］ の
NAT機能によって，IPパケット中のWebサーバのIPアドレスが変換
される。

この問題を解くヒントは，設問文の「図1中の**機器名で**答えよ」です。「送
信元」「宛先」などの言葉は入りません。

では，（3），（4）の内容を図1に当てはめて考えます。

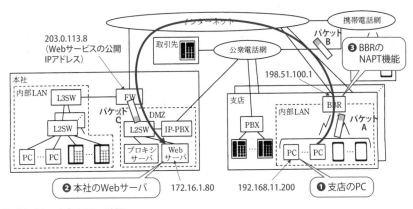

203.0.113.8
（Webサービスの公開
IPアドレス）

❷本社のWebサーバ　　172.16.1.80　　192.168.11.200　　❶支店のPC

■ (3), (4)の内容を図1で確認

　支店のPC（❶）から本社のWebサーバ（❷）への通信は，上図の矢印です。経路は，PC→BBR→インターネット→FW→L2SW→Webサーバです。図1中の機器名で答えるので，答えはこれらのどれかです。上の図を見れば，ヤマ勘でも正解できたかもしれません。

　正解ですが，空欄アは「PC」です。PCはプライベートIPアドレスですので，BBRにてグローバルIPアドレスに変換します。また，空欄イには「FW」が入ります。アドレス変換（NAT）をできる機器はFWしかないからです。問題文に「FWとBBRでは**NAT機能**及びNAPT機能が動作している」とあるのもヒントです。

> **解答**　　空欄ア：PC　　　空欄イ：FW

　では，アドレス変換（NAPTとNAT）によって，上の図のパケットA～Cのヘッダがどのように変換するのでしょうか。以下にパケットA～Cの内容を記載します。

【NAPT変換前（パケットA）】

送信元IPアドレス	宛先IPアドレス	送信元ポート番号	宛先ポート番号	データ
192.168.11.200 （支店のPC）	203.0.113.8 （Webサーバの 公開IPアドレス）	20000 （任意のポート番号）	443	・・・・

↓

BBR …NAPTにより送信元IPアドレスと
↓　　　　送信元ポート番号を変換

【NAPT変換後（パケットB）】

送信元IPアドレス	宛先IPアドレス	送信元ポート番号	宛先ポート番号	データ
198.51.100.1 （BBRのインターネット側）	203.0.113.8 （Webサーバの公開IPアドレス）	10000	443	・・・・

↓

FW …NATにより宛先IPアドレスを変換
↓

【NAT変換後（パケットC）】

送信元IPアドレス	宛先IPアドレス	送信元ポート番号	宛先ポート番号	データ
198.51.100.1 （BBRのインターネット側）	172.16.1.80 （WebサーバのプライベートIPアドレス）	10000	443	・・・・

空欄カ

問題文の該当部分は以下のとおりです。

スマホのSIP-APから取引先への電話については，本社の公衆電話網の電話番号からの発信となるように，携帯電話網，インターネット，FW及び
カ を経由させる。

まずは，図1でスマホ（次図❶）と取引先（次図❷）の位置を確認しましょう。

> スマホは支店と外出先の2か所にありますね。

はい，そうです。でも，どちらで考えても答えは同じです。
　以下の経路を見てください。問題文にあるように，本社の公衆電話網の電話番号からの発信とするためには，本社のIP-PBXを経由させる必要があります。よって，空欄カは「IP-PBX」です。簡単でしたね。

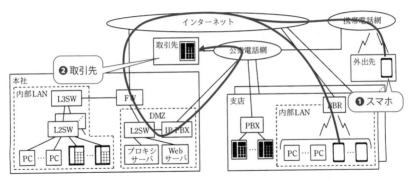

本社の公衆電話網からの発信はIP-PBX経由

解答 IP-PBX

(2) 本文中の ┌ ウ ┐ ～ ┌ オ ┐ に入れる適切な字句を答えよ。

空欄ウ

問題文の該当部分は以下のとおりです。

(6) SIP UA が IP-PBX に位置情報登録を依頼する際，SIP UA は SIP メソッ
ド ┌ ウ ┐ を使ってリクエストを行う。

「位置情報登録」とあるので，少し先にある図3の「位置情報の登録」を
見ましょう。

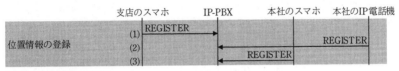

図3の「位置情報の登録」

SIP UA は，この図の「支店のスマホ」や「本社のスマホ」，「本社のIP電
話機」です。SIP UA が IP-PBX に対して位置情報の登録をするリクエストは，
「REGISTER」です。REGISTER を直訳すると「登録」です。SIPサーバに，

第3章

令和元年度 過去問解説 午後Ⅱ

問1

問題

問題解説

設問解説

自分のユーザ名とIPアドレス情報を「登録」します。これにより、IP-PBXは、ユーザがどの位置にいるか（＝IPアドレスは何か）がわかります。

　よって、空欄ウは「REGISTER」です。

解答　REGISTER

　すでに述べましたが、ユーザと内線番号のくくりつけは、あらかじめSIPサーバに登録されています。

空欄エ

　問題文の該当部分は以下のとおりです。

その際、│　　エ　　│を認証するために "HTTPダイジェスト認証方式" が用いられる。

　先ほどの「位置情報の登録」の際に、何を認証しているのかを考えます。誰が何を認証していると思いますか？

> 登場人物は、SIP UA と IP-PBX だけですよね。
> どちらかがどちらかを認証していると思います。

　そうですね。正解はIP-PBXがSIP UAを認証します。問題文でも解説しましたが、誰もが勝手に位置情報（つまりIPアドレスとユーザ名の組み合わせ）を登録できてしまっては困ります。正規のSIP UA（スマホやIP電話機）だけが登録できるべきです。

　ですので、IP-PBXがHTTPダイジェスト認証によってSIP UAを認証します。空欄エには「SIP UA」が入ります。文章の流れから、なんとなく答えられた人も多かったことでしょう。

解答　SIP UA

「支店のスマホ」と書いては不正解ですよね？

そうですね。認証するのは，支店のスマホだけでなく，本社のスマホやIP電話機を含む，すべてのSIP UAです。

問題文の該当部分は以下のとおりです。

> 認証情報がないリクエストを受け取ったIP-PBXはチャレンジ値を含むレスポンス "401 Unauthorized" を返す。SIP UAはチャレンジ値から生成した正しいレスポンス値を送り，IP-PBXはレスポンス "｜　　オ　　｜" を返す。

図3の中で，「位置情報の登録」以外のシーケンスには，リクエストに対するレスポンスが示されています。たとえば，以下でいうと，(4) INVITEに対する (7) 200 OKや，(5) INVITEに対する (6) 200 OKです。REGISTERの場合も同じで，リクエストが成功すると「200 OK」のレスポンスを返します。

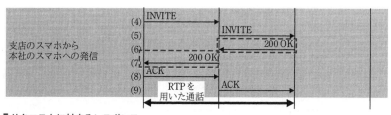

■ リクエストに対するレスポンス

解答　200 OK

補足ですが，空欄オの直前にわざわざ括弧書きで "HTTPダイジェスト認証方式" と "401 Unauthorized" が示されています。勘のよい方は「HTTPと同じでは？」と気づいたことでしょう。HTTPの場合は，認証に成功した

第3章
過去問解説
令和元年度
午後Ⅱ
問1
問題
問題解説
設問解説

ときには「200 OK」を返します。SIPの場合も同じです。

以下は，RFCで規定されているHTTPのステータスコードの概要です。すべてを覚える必要はありません。200番台が正常，302がリダイレクト，400番と500番がエラーであると，ざっくり理解しておきましょう。

■HTTPのステータスコード

コード	意味	例
100番台	処理中	
200番台	正常終了	200 OK（正常終了）
300番台	さらに追加の処理が要求される状態	302 Found（リダイレクト）
400番台	クライアント側エラー	401 Unauthorized（認証に失敗） 404 Not Found（指定されたページがない）
500番台	サーバ側エラー	503 Service Unavailable（サービス利用不可） ※CGIのスクリプトがエラーになるなど

▶▶▶
参考　位置情報の登録パケットをキャプチャしてみました

　この例では，192.168.1.100のSIP UA（IP電話機）が，192.168.1.56のSIPサーバに位置情報の登録（REGISTER）を行います。認証用のアカウントとして，ユーザ名"100"とパスワードをSIP UAに登録しました。ユーザ名に対応する電話番号は事前にSIPサーバに登録されています。

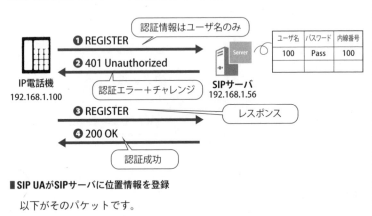

■SIP UAがSIPサーバに位置情報を登録

以下がそのパケットです。

```
No.  Time      Source         Destination    Protocol  Length  Info
  1 0.000000  192.168.1.100  192.168.1.56   SIP       444  Request: REGISTER sip:192.168.1.56:5060  (1 binding)
  2 0.001010  192.168.1.56   192.168.1.100  SIP       587  Status: 401 Unauthorized
  3 0.046757  192.168.1.100  192.168.1.56   SIP       602  Request: REGISTER sip:192.168.1.56:5060  (1 binding)
  4 0.048378  192.168.1.56   192.168.1.100  SIP       605  Status: 200 OK  (1 binding)
```

■位置情報の登録パケット

❶1つ目のパケット：REGISTER

SIP UAは起動後に，SIPサーバに「認証情報がないリクエスト」（REGISTER
メソッド）を送信します。認証情報にはユーザ名 "100" だけが含まれており，
パスワードは入っていません。

❷2つ目のパケット：401 Unauthorized

REGISTERを受信したSIPサーバは，「401 Unauthorized」のレスポンスを
返します。この中に，チャレンジが含まれます。

❸3つ目のパケット：REGISTER

SIP UAはチャレンジとパスワードから生成したレスポンスを埋め込んで，
あらためてSIPサーバにREGISTERを送信し，位置情報の登録を行います。

❹4つ目のパケット：200 OK

REGISTERを受信したSIPサーバは位置情報を登録し，「200 OK」のレスポ
ンスを返します。

以下は，❸のパケットの詳細です。

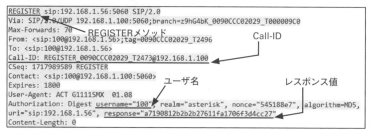

```
REGISTER sip:192.168.1.56:5060 SIP/2.0
Via: SIP/2.0/UDP 192.168.1.100:5060;branch=z9hG4bK_0090CCC02029_T000009C0
Max-Forwards: 70          REGISTERメソッド               Call-ID
From: <sip:100@192.168.1.56>;tag=0090CCC02029_T2496
To: <sip:100@192.168.1.56>
Call-ID: REGISTER_0090CCC02029_T2473@192.168.1.100
CSeq: 1717989589 REGISTER
Contact: <sip:100@192.168.1.100:5060>
Expires: 1800                    ユーザ名              レスポンス値
User-Agent: ACT G1111SMX  01.08
Authorization: Digest username="100", realm="asterisk", nonce="545188e7", algorithm=MD5,
uri="sip:192.168.1.56", response="a7190812b2b2b27611fa1706f3d4cc27"
Content-Length: 0
```

■❸のパケットの詳細

後半に，ユーザ名とレスポンス値が入っていることがわかります。

あとの設問3（3）で出てくるCall-IDも確認しておきましょう。Call-IDは，
セッションを管理する番号と考えてください。慣例的にCall-IDには，発信元
（INVITEやREGISTERを送信するSIP UA）のIPアドレスやFQDNが付与され
ます。付与は必須ではありませんが，上記の例でも，発信元のIPアドレスで
ある「@192.168.1.100」がCall-IDに含まれます。上記❶～❹の四つのパケッ
トはすべて同じCall-IDが入ります。

第3章
令和元年度 過去問解説
午後Ⅱ
問1
問題
問題解説
設問解説

設問1

（3）本文中の下線①のために，FWにおいて許可している通信を二つ挙げ，
それぞれ30字以内で答えよ。

問題文の該当部分は以下のとおりです。

・支店では，BBR，インターネット及びFWを経由して，スマホのWeb

ブラウザから本社のWebサーバへアクセスする。また，①同様にFWを経由して，スマホのSIP-APと本社のIP電話機間で通話を行う。

さて，この通話を図1に書きこんでみましょう。

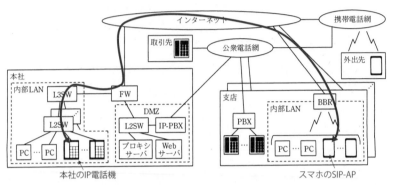

本社のIP電話機

スマホのSIP-AP

■ スマホの**SIP-AP**と本社の**IP電話機間の通話**

また，問題文には「IP電話機及びSIP-APの間では，**SIPプロトコル**による接続制御によって通話セッションが確立し，**RTPプロトコル**による通話が行われる」とありました。

では，FWで許可する通話は何でしょうか。

IP 電話機と SIP-AP の間での① SIP と② RTP ですか？
そんな単純ではないですよね。

残念ながらそのとおりです（笑）。というのも，SIPプロトコルによる呼制御は，IP電話機とスマホ（SIP-AP）の間ではなく，IP-PBXと行うからです。

以下の点線がSIPによる呼制御の流れ，実線がRTPによる通話の流れです。

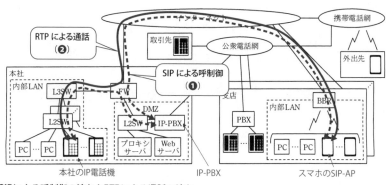

■ **SIP**による呼制御の流れと**RTP**による通話の流れ

整理すると，以下の二つの通信です。

❶ SIPプロトコル：IP-PBXと本社IP電話機の間，IP-PBXとSIP-APの間（点線の矢印）

❷ RTPプロトコル：本社IP電話機とSIP-APの間（実線の矢印）

解答例 ①インターネット及びIP電話機とIP-PBX間のSIP通信（28字）
②インターネットとIP電話機間のRTP通信（20字）

解答例①は，「インターネットとIP-PBX間のSIP通信」と，「IP電話機とIP-PBX間のSIP通信」の二つをまとめて記載しています。

あれ？ SIP-AP じゃなくてインターネットになってますね。

FWのポリシーは，IPアドレスで記載する必要があります。支店および外出先のスマホはインターネットを経由して接続するため，IPアドレスを特定できません。なので，「ANY（すべて）」と設定します。ただ，「ANY（すべて）」といってもプライベートIPアドレスは含みません。対象になるのは，FWのWAN側のインタフェースに接続されているすべてのグローバルIPアドレスです。なので，解答例では「インターネット」という言葉を使ったのでしょう。

〔クラウドサービスの利用〕について，（1）～（3）に答えよ。

（1）本文中の ┌─ キ ─┐ ～ ┌─ ケ ─┐ に入れる適切な字句を答えよ。

空欄キ

問題文の該当部分は以下のとおりです。

（2）Y-VPNは，Y社のクラウドPBXサービスを利用する顧客が共用するIP-VPNである。RFC3031で標準化されている ┌─ キ ─┐ の技術が用いられている。

これは知識問題です。IP-VPNでは，IP-VPN事業者の設備内でMPLS（Multi-Protocol Label Switching）を使います。MPLSでは，パケットにラベルを付与し，ラベルによってパケットをスイッチングします。この手法により，ネットワークを顧客ごとに論理的に分離したり，高速な転送を実現します。

> **解答** MPLS（Multi-Protocol Label Switching）

ちなみに，H30年度の午後Ⅰ問3でも「MPLS」のキーワードが問われました。

空欄ク

問題文の該当部分は以下のとおりです。

（3）D社の異なる拠点間の通話が他の拠点を経由しないように，Y-VPNの網内は ┌─ ク ─┐ 構成となっている。

通話は遅延があると会話が聞きづらいものです。そのため，通話の通信はできるだけ遅延しないようにネットワークを設計します。経由する拠点が多くなると遅延が大きくなるので，拠点間を直接通信（＝他の拠点を経由しない）させます。これが，問題文の「拠点間の通話が<u>他の拠点を経由しない</u>構成」です。その結果，各拠点を直接結ぶことになるので，次図の左側のような「フルメッシュ」と呼ばれる構成になります。メッシュ（mesh）とは，編み目

という意味です。

解答 フルメッシュ

参考までに，対照的な構成としてハブアンドスポーク構成（下図右）があります。イメージは下図のとおりです。

フルメッシュ構成

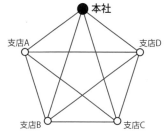

ハブアンドスポーク構成

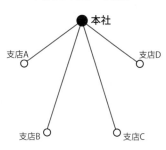

■ **フルメッシュ構成とハブアンドスポーク構成**

ハブアンドスポーク構成は，ハブとなる中心拠点と各拠点（スポーク）を接続します。この構成では，支店Aから支店Cに通信する場合には，本社を経由する必要があります。中心拠点が故障するとすべての通信が止まってしまったり，遅延が増えたりするリスクがあります。

フルメッシュ構成に関しては，H30年度午後Ⅰ問3でも問われました。同じ問題も出題されるので，過去問はしっかりと勉強しておきましょう。

空欄ケ

問題文の該当部分は以下のとおりです。

本社の収容端末のデフォルトゲートウェイはL3SW，支店の収容端末のデフォルトゲートウェイは　　ケ　　である。

支店の収容端末とは，PCやスマホのことです。図2で当該箇所を確認しましょう。

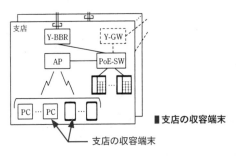

支店の収容端末

■支店の収容端末

支店の収容端末

デフォルトゲートウェイの候補は，支店の中にある機器（Y-BBR，Y-GW，PoE-SW，AP）のどれかです。Y-GWはIPを公衆電話網の信号に変換する機器で，ルーティング機能を持ちません。PoE-SWはレイヤ2スイッチなのでルーティング機能を持ちません。APも問題文で「全社のAPはブリッジモードで動作」とされているのでルーティング機能を持ちません。残るY-BBRが正解です。BBR（ブロードバンドルータ）はレイヤ3の装置ということで，直感でわかった方もいたことでしょう。

解答 Y-BBR

設問2

(2) 表2中の　　a　　に入れる適切な字句を，表2中の字句を用いて答えよ。

図2の電話に関する通信経路である表2を見ましょう。

項番	発信	着信	通話経路
3-2	支店の スマホ	本社の IP電話機	シグナリング：支店～Y-VPN～Y-VNW～Y-VPN～本社 通話：　　　　　a

支店のスマホから本社のIP電話機に発信したときの，「通話（RTP）」の経路が問われています。項番3-2について，❶シグナリング（SIP）と❷通話（RTP）の経路を図2に書き込んだのが次ページの図です。

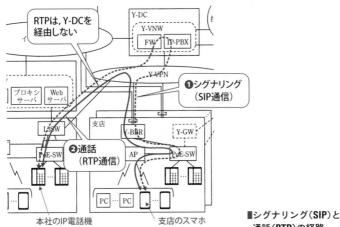

RTPは、Y-DCを
経由しない

Y-DC
Y-VNW
FW
IP-PBX

Y-VPN

❶シグナリング
（SIP通信）

プロキシ
サーバ

Web
サーバ

支店

L3SW

Y-BBR

Y-GW

PoE-SW

AP

PoE-SW

❷通話
（RTP通信）

PC PC

本社のIP電話機

支店のスマホ

■シグナリング（**SIP**）と
通話（**RTP**）の経路

このように、空欄aで問われた通話（RTP）は、IP-PBXを介さずに通信を
します。

経由する機器はわかりました。答案としては、
どう書けばいいのでしょうか

他の書き方を参考にしましょう。シグナリングの通信経路は「本社～
Y-VPN～Y-VNW～Y-VPN～本社」です。ここからY-VNWへの経路を省くと、
解答例のようになります。

PoE-SWやAP、Y-BBRなどの機器は、記載する必要がありません。

> 解答例 **支店～Y-VPN～本社**

設問2

(3) 表2中の支店のIP電話機から取引先の電話機への通信経路が、項番
2-1と項番2-2の2通りになる理由を、30字以内で具体的に述べよ。

表2の該当部分を見ましょう。

項番	発信	着信	通話経路
2-1	支店の IP電話機	取引先の 電話機	シグナリング・通話共：支店〜Y-VPN〜Y-VNW 　　　　　　　　　　〜公衆電話網〜取引先
2-2			シグナリング：支店〜Y-VPN〜Y-VNW〜Y-VPN〜支店 　　　　　　　〜公衆電話網〜取引先 通話：支店〜公衆電話網〜取引先

　なぜ，通信経路が項番2-1と項番2-2の2通りなのかが問われています。ヒントは，図2の注記1の「Y-GWを設置しない拠点がある」です。

じゃあ，「Y-GWを設置する拠点としない拠点があるから」でどうですか？

　いいと思います。解答例では，設置するかしないかによって，「経路が異なる」点まで踏み込んでいます。ただ，ここまで書かなくても正解になったことでしょう。

> **解答例** Y-GWの設置の有無によって，異なる経路が使われるから（27字）

　参考までに，Y-GWを設置する拠点と設置しない拠点の，それぞれの通信経路を記載します。

（1）Y-GWを設置する拠点（項番2-2）

　❶の点線がシグナリングで，❷の実線が通話です。Y-GWから公衆電話網に接続します。

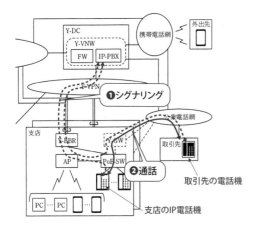

■ **Y-GWを設置する拠点の通信経路**

（2）Y-GWを設置しない拠点（項番2-1）

❶の点線がシグナリングで，❷の実線が通話です。公衆電話網との接続を支店ではなくY-DCで行います。よって，Y-GWは必要ありません。

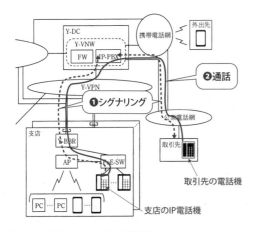

■ **Y-GWを設置しない拠点の通信経路**

〔スマホの活用〕について，（1）～（4）に答えよ。

（1）本文中の　　コ　　に入れる適切な字句を，図3中の字句を用いて答えよ。

問題文の該当部分は以下のとおりです。

（3）図3の通信シーケンスは，利用者が　　コ　　を操作して保留転送を行う例を示している。

保留転送は，誰が（というか，どの機器で）行っているのかが問われています。

> 図3のシーケンスを理解できていれば簡単な問題なんでしょうね。
> 私にはさっぱりわかりませんが……

　図3に登場する機器は，支店のスマホ，IP-PBX，本社のスマホ，本社のIP電話機の四つしかありません。利用者がIP-PBXを操作することはないので，残るは三択です。それに，シーケンスをさらっと見れば，なんとなく答えがわかります。あきらめずにがんばりましょう。

　では，シーケンスを見てみましょう。支店のスマホを保留しているのも，本社のIP電話機へ発信するのも，本社のスマホです。

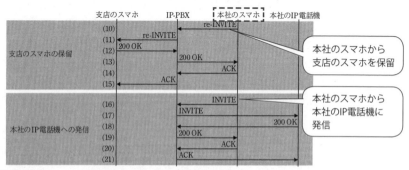

■図3の通信シーケンスでの本社のスマホからのリクエスト

また，問題文では図3の前に「**保留転送を行うスマホ**は，IP-PBXに次の四つのSIPリクエストを送信する」とあります。図3中で四つのリクエスト（re-INVITE，INVITE，re-INVITE，REFFER）をすべて送信しているのは，本社のスマホだけです。

解答　本社のスマホ

設問3

(2) 図3中の　　　b　　　に入れる適切な字句を答えよ。

図3の該当部分は以下のとおりです。

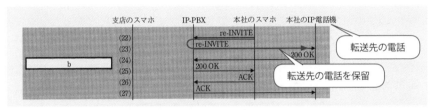

このシーケンスは何をしているのでしょうか。これは，問題文の「re-INVITEリクエストを送信し，**転送先の電話を保留状態に**」するシーケンスです。また，「転送先の電話」とは，上図のre-INVITEが届く「本社のIP電話機」です。

さて，空欄bの解答の答え方ですが，図3の他の表記を参考にして答えます。図3中では，同じre-INVITEのリクエストを送信する（10）～（15）のシーケンスがあります。このタイトルは，「支店のスマホの保留」となっています。「支店のスマホ」を「本社のIP電話機」に置き換え，「本社のIP電話機の保留」と答えます。

解答例　本社のIP電話機の保留

第3章
令和元年度
過去問解説
午後Ⅱ
問1
問題
問題解説
設問解説

(3) 図3中のシーケンス番号 (31), (32) の二つのBYEリクエストについて, BYEリクエストと同じCall-IDをもつINVITEリクエストのシーケンス番号を, 一つずつ答えよ。

Call-IDなんて知りません!

　そうですね, 問題文にもなかったキーワードが突然出てきました。しかし, 試験では, わからなくてもなんとかして答えなければいけません。それに, この設問は, Call-IDを知らなくても解けます。

　問題文の解説 (p.230「参考：SIPによる呼制御」) ではINVITEからBYEまでが, 一連の通話の流れであると説明しました。Call-IDは, Call (呼) のID (識別子)の名のとおり, 通話を識別するIDです。セッションを管理するセッションIDみたいなものです。通話はINVITEで始まり, BYEで終わります。(31)(32)のBYEは, IP-PBXから本社のスマホに対して送信します。ですので, 同じ区間で送受信されているINVITEを探します。

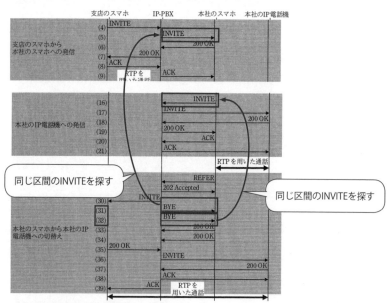

■BYEと同じ区間で送受信されているINVITE

すると，（5）と（16）の二つしかありません。

> **解答** （5），（16）

> （5）は→（右向き矢印），（16）は←（左向き矢印），（31）と（32）
> は→（右向き矢印）とバラバラですが，それはいいのですか？

　問題ありません。INVITEで通話をかけたり，BYEで通話を切ろうとして
いる人が違うだけです。

> （4）と（5）や，（16）と（17）のCall-IDは
> 同じではないんですか？

　はい，（4）のINVITEをIP-PBXがそのまま転送して（5）のINVITEにする
のではなく，新規にINVITEを作成しています。ですので，別々のCall-IDが
生成されます。
　すでに述べましたが，慣例的にCall-IDには発信元のIPアドレスやFQDN
が付与されて，xxxxxxxx@192.168.1.100などとなります。発信元IPアドレ
スが変わればCall-IDも変わります。

> **設問3**
>
> （4）　本文中の下線②について，同様の動作を，シーケンス番号を用いて35
> 　　　字以内で述べよ。

　問題文の該当部分は以下のとおりです。

> 例えば，図3中の（11）を受信したSIP-APは，（11）中のSDPの情報に従っ
> て保留音を出す。②図3中の本社のIP電話機についても同様の動作が行わ
> れる。

図3中の（11）とあるので，該当するシーケンスを見ましょう。

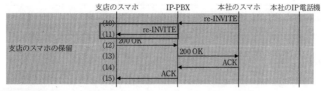

■ 図3の**（11）**

これ，何をしてるんでしたっけ？

　（10）より前では，本社のスマホと支店のスマホが通話しています。本社のスマホが本社のIP電話機と通話するために，支店のスマホを保留にします。そのためのre-INVITEです。思い出してもらえましたか？

　さて，設問で問われているのは，本社のIP電話機における「同様の動作」です。ここまでくれば簡単ですね。シーケンス番号（11）の保留の指示であるre-INVITEを，図3の中から探します。ただし，下線②にあるように**本社のIP電話機**に関連するものという条件です。正解は,以下にあるようにシーケンス番号（23）です。これ一つしかありません。

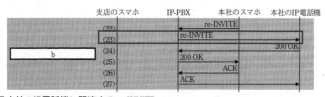

■ **本社のIP電話機に関連する**re-INVITE

　さて，答案の書き方です。下線②直前の文をそのまま使いましょう。シーケンス番号を（11）から（23）に置き換え，SIP-AP（支店のスマホ）を本社のIP電話機に置き換えます。

図3中の (11) を受信したSIP-APは, (11) 中のSDPの情報に従って保留音を出す。

図3中の (23) を受信した**本社のIP電話機**は, (23) 中のSDPの情報に従って保留音を出す。

35字以内にまとめると, 解答例のようになります。

> **解答例** 本社のIP電話機は, (23) 中のSDPに従い保留音を出す。(29字)

設問4

　〔新システムへの段階的移行〕について, (1) ～ (5) に答えよ。
(1) 本文中の下線③に必要となる機器の設定を, 図5中の字句を用いて60字以内で述べよ。

　問題文には「③切替期間中の本社の内部LANでは, 現行環境と新環境を分離します」とあります。
　問題文にヒントが少なく, さらに設問の意図もつかみづらい, 答えにくい設問でした。

分離といわれても, 何を分離してよいのやら……

　図5で現行環境と新環境の範囲を確認しましょう。図5では, 既存システムと新システムはほぼ分離されています。

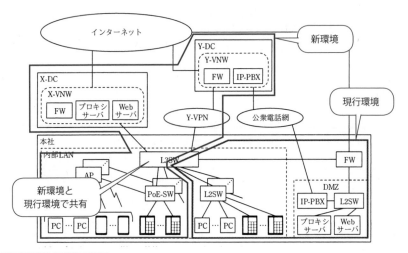

■ 現行環境と新環境の範囲

　図を見るとわかるように，共有されているのは本社のL3SWだけです。ですので，設定が必要な機器はL3SWです。

　では，L3SWにどんな設定をすれば両者が分離できるのでしょうか。

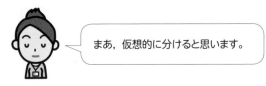

まあ，仮想的に分けると思います。

　VLANですね。具体的には，新環境のネットワークにはVLANを作成し，新環境用のセグメントを作ります。そして，新環境用の機器であるPoE-SWを，作成したVLANが割り当てられたポートに接続します。ちなみに，下線③には，「本社の内部LANでは」とあるので，X-DCやY-VPNの接続は考慮する必要がありません。

　ここで，注意点があります。VLANを分けてもルーティングで相互に通信ができます。ですから，現行環境と新環境のVLAN間でのルーティングを禁止します。

> **解答例** L3SWのPoE-SW収容ポートを新しいセグメントにして，L2SW収容ポートとのルーティングを禁止する。（52字）

特定の VLAN 間のルーティングだけを禁止できましたっけ?

　Ciscoルータでいう PBR（ポリシーベースルーティング）や，複数の独立した仮想ルータを稼働させる VRF（Virtual Routing and Forwarding）など，少し特殊な設定が必要になります。答案ではそこまで求められないので，あまり気にする必要はありません。

　私の想像ですが，「ルーティングを禁止する」という解答は，多くの受験生は書けなかったと思います。

設問4

(2) 本文中の　　c　　，　　d　　に入れる適切な字句を，それぞれ20字以内で答えよ。

　問題文の該当部分は以下のとおりです。

> また，　　c　　と IP 電話機の切替えの順序関係によって，一部の IP電話機では，一時的に　　d　　ができなくなります。

　図4では，IP-PBXの切替え（a3）と IP 電話機の切替え（a5）を同時に実施します。特に IP 電話機は，PCのように台数が多いにもかかわらず一斉に切り替えます。一斉に切り替える理由を，この穴埋めで答えます。
　まず，空欄dですが，電話機で何かができなくなるといえば?

通話，ですかね。

　そうです。どこかの通話ができなくなります。どこの電話機かというと，本社の IP 電話機です。というのも，問題文で部長の発言に「**本社の**IP電話機は一斉に切り替える」とあるとおり，本社の IP 電話機について議論され

ているからです。

　さて，この問題はとても難しいというか，雑な問題だと感じました。解けなくても仕方がなかったと思います。なので，先に解答例を紹介します。

解答例　空欄c：**公衆電話網の電話番号の移行**（13字）
　　　　　空欄d：**本社と社外の電話との発着信**（13字）

　今から解説をしますが，正解を見た筆者による「後付け」の解説と思ってください。私が本試験を受けても，テクニック的に導いた答案しか書けなかったと思います。
　では，整理しながら順に解説します。

（1）電話機の切替え作業の内容は？

　電話機の切替え作業の内容を表3で確認します。以下の❶～❹の工程です。

■ 電話機の切替え作業の内容（表3より抜粋）

拠点名	作業名	作業の内容
本社	a3　IP-PBXの切替え	・本社のIP-PBXを停止する。（❶） ・本社の公衆電話網の電話番号をY-DCへ移行する。（❷） ・Y-DCのIP-PBXを稼働させる。（❸）
	a5　IP電話機の切替え	・本社のIP電話機の接続を，L2SWからPoE-SWへ変更する。（❹）

　図にすると，以下のようになります。

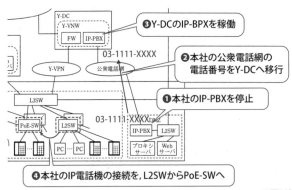

■電話機の切替え作業

（2）この中で，切替えの順序が影響するのは？

問題文には，「　　c　　とIP電話機の切替えの順序関係」とあります。「IP電話機の切替え」が❹に該当しますから，空欄cには，❶〜❸のどれかが入ります。

さて，「一部のIP電話機では，一時的に　　d　　ができなく」なるのはどの工程でしょうか。

> ❶〜❸のどれも可能性があると思います。

たしかにそうですよね。たとえば，❶の「本社のIP-PBXを停止」したら，まだ移行していないIP-PBXに接続されたIP電話機は，外線通話ができなくなります。

今回の正解は❷の「本社の公衆電話網の電話番号をY-DCへ移行」ですが，何を答えても正解になりそうです。

> じゃあ，なぜ❷なのですか？

最初にお伝えしたとおりです。私も納得しているわけではありません。ですが，この試験で大事なのは「作問者と対話する」ことです。作問者が一番ほしかっただろうと思う答えを書くのです。それが，今回の解答例なのです。

空欄c

まず，空欄cを考えます。

「a3　IP-PBXの切替え」の以下の三つの手順ですが，皆さんならどうしますか？

- 本社のIP-PBXを停止する。（❶）
- 本社の公衆電話網の電話番号をY-DCへ移行する。（❷）
- Y-DCのIP-PBXを稼働させる。（❸）

常識で考えると，電話が使えない時間を極力短くしますよね。であれば，❶はなるべく遅く，❸はなるべく早く実施します。迷うのは❷のタイミングだけです。

電話番号を移行しなければ切り替えたIP電話機が使えず，移行すれば切り替えていないIP電話が使えないからですね。

そのとおりです。だから，❷とIP電話機の**切替えの順序関係**によって，一部のIP電話機で使えなくなります。よって，空欄cは，❷の内容である「公衆電話網の電話番号の移行」です。

空欄d

次に空欄dです。どんな通話ができなくなるかを答えます。実は，すべての通話ができないわけではありません。

以下は，電話番号をY-DCに移行したあとの，IP電話機の発着信の様子です。

切替え前のIP電話機は，電話番号がないので公衆電話網と発着信ができません（図の**(A)**）。とはいえ，これは切り替えるまでの一時的なことです。これを空欄dで答えます。なお，内線通話は部分的に可能です（図の**(B)**）。新旧のIP-PBXをまたがる通話はできません（図の**(C)**）。

このような事象を防ぐために，電話番号の移行とIP電話機の切替えを同時に行います。

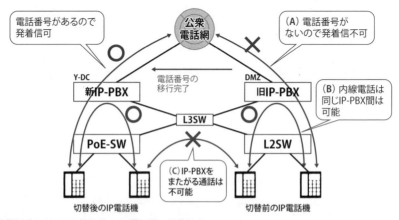

電話番号があるので発着信可

公衆電話網

(A) 電話番号がないので発着信不可

Y-DC　新IP-PBX

電話番号の移行完了

DMZ　旧IP-PBX

(B) 内線電話は同じIP-PBX間は可能

L3SW

PoE-SW　　　L2SW

(C) IP-PBXをまたがる通話は不可能

切替後のIP電話機　　切替前のIP電話機

■電話番号をY-DCに移行後の，IP電話機の発着信

まとめると 空欄c：公衆電話網の電話番号の移行 とIP電話機の切替えの順序関係によって，一部のIP電話機では，一時的に 空欄d：本社と社外の電話との発着信 ができなくなります。

(3) 本文中の下線④の設定変更を行うプロキシサーバの設置場所を答えよ。また，変更内容を50字以内で述べよ。

問題文の該当部分は以下のとおりです。

部長　：Webサーバは，1月の連休を利用して切り替えるのだね。
Bさん：はい。④切替えは，プロキシサーバの設定変更によって行います。

Webサーバの切替えは，DNSの設定変更で行います。DNSのAレコードで，IPアドレスを旧Webサーバ（DMZ内）から新Webサーバ（X-DC内）に変えれば，切替えが完了します。

DNSではなく旧WebサーバのIPアドレスを，新Webサーバに付け替えてもいいのですよね？

そういう方法もありますね。でも，DNSのAレコードを変えるほうが簡単です。それに，旧Webサーバ（DMZ内）と新Webサーバ（X-DC内）は，設置場所が違うので，同じIPアドレスにはできません。新WebサーバはX社の中にあり，X社が保有しているグローバルIPアドレスしか割当てができないからです。

さて，問題文中でも解説しましたが，プロキシサーバはDNS機能を持ちます。なので，今回設定を変更するのはプロキシサーバです。では，どちらのプロキシサーバを変更すればいいのでしょうか？ この質問を言い換えると，マスタDNSサーバ（＝プライマリDNSサーバ）とスレーブDNSサーバ（セカンダリDNSサーバ）のどちらの設定を変更しますか？

簡単です。マスタDNSサーバです。

　そうですね。セカンダリDNSサーバは変更する必要がありません。なぜなら，ゾーン転送により，マスタDNSサーバの情報が自動で反映されるからです。

　マスタDNSサーバは「本社」のプロキシサーバです。よって，解答例は以下のようになります。

解答例
設置場所：**本社**
変更内容：**WebサーバのAレコードのIPアドレスを，X-DCのWebサーバのIPアドレスに変える。**（44字）

　設定変更およびゾーン転送のイメージは以下のとおりです。旧Webサーバのブ のIPアドレスを203.0.113.8，X-DCの新WebサーバのIPアドレスを192.0.2.80としています。

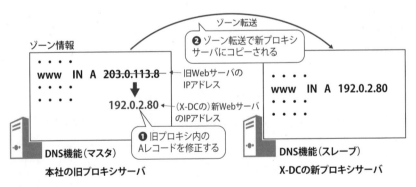

■DNSの設定変更の例とゾーン転送のイメージ

設問4

（4）本文中の　　サ　　，　　シ　　に入れる適切な字句を答えよ。

問題文の該当部分は以下のとおりです。

部長　：支店ごとに作業b2〜b5を実施するわけだが，日程調整の際，何か制約はあるのかな。

Bさん：一つの支店について，作業 ┃　　サ　　┃ と作業 ┃　　シ　　┃ は一斉に行う必要があります。それ以外の作業は切替期間内であればいつでも実施できます。

　支店の作業について，同時に行わなければいけない作業が問われています。b2〜b5の作業を表3（抜粋）で確認しましょう。

■ 支店の作業（表3より抜粋）

b2　PBXの停止	・支店のPBXを停止する。 ・公衆電話網との接続を，PBXからY-GWへ変更する（Y-GW設置の支店だけ）。
b3　IP電話機の導入	・新規導入するIP電話機を，PoE-SWへ接続する。 ・電話機の利用をやめ，IP電話機の利用を開始する。
b4　PCの切替え	・支店のPCの接続を，BBRからAPへ変更する。
b5　スマホの導入	・新規導入するスマホを配布する。

図1，図2に記載すると以下のようになります。

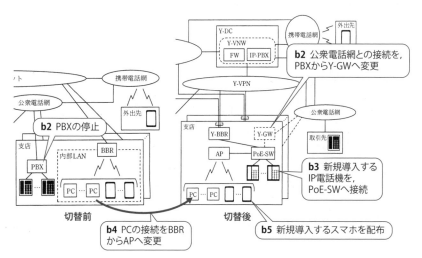

■ 表3のb2〜b5の作業

第3章
令和元年度
過去問解説
午後Ⅱ
問1
問題
問題解説
設問解説

このb2からb5の中で, 一斉に切り替える必要があるのはどれでしょうか。四つの中から二つを選びます。直感で答えましょう。

当たり前のことですが, PBXと電話機は一体となって動きます。同時に切り替える必要があると思います。

そうですね。b3にて,「新規導入するIP電話機を, PoE-SWへ接続」します。しかし, b2の「公衆電話網との接続を, PBXからY-GWへ変更」が終わっていないと, 新規導入したIP電話機は使えません。逆にb2のY-GWへの変更を先にしてしまった場合でも, b3のIP電話機が接続されていないと, 使えません。つまり, 両者は同時に(=一斉に)行う必要があります。

解答	空欄サ：b2	空欄シ：b3	（順不同）

また, 残りの二つの作業ですが, b4（PCの切替え）とb5（スマホの導入）は, どちらも単独で実施できます。すでにb1でAP, PoE-SW, Y-BBRが準備されていて, PCとスマホが利用できる環境だからです。

設問4

(5) 本文中の下線⑤中の全ての機器は, どの時点で撤去可能になるか。20字以内で答えよ。また, その時点まで撤去できない機器を, 全て答えよ。

問題文の該当部分は以下のとおりです。

⑤本社についても, FW, Webサーバ, プロキシサーバ及びIP-PBXがいつから撤去可能になるのか, 図4に追記してくれないか。

この問題は, **最後に撤去する機器**がどれかを考えます。それが「その時点まで撤去できない機器」です。では, FW, Webサーバ, プロキシサーバ, IP-PBXの四つの機器の中で, 最後に撤去する機器はどれでしょう。

図5の該当部分を以下に記載します。

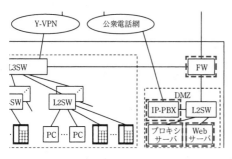

■四つの機器はどの時点で撤去可能になるか

こちらも，直感で答えてください。

> FW の配下に Web サーバ，プロキシサーバ，
> IP-PBX の三つが接続されています。
> FW が最後かなぁ。

そのとおりです。FWを先に撤去すると，これらのサーバが守れなくなるからです。

でも，FWだけあっても意味がないですよね。FWは，配下にある機器の通信を守るためのものだからです。つまり，FWの配下の機器を撤去するタイミングで（つまり同時に），FWを撤去できます。

ではFW配下の三つの機器は，いつ撤去できるでしょうか。以下の図4と照らし合わせて確認しましょう。

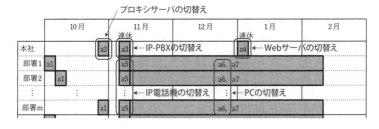

■FW配下の三つの機器の撤去時期

・Webサーバ

Webサーバは，Webサーバの切替え（a4）が終わると撤去できます。

第3章
過去問解説
令和元年度
午後Ⅱ
問1
問題
問題解説
設問解説

・プロキシサーバ

　プロキシサーバは，プロキシサーバの切替え（a2）後，PCの切替え（a6）がすべての拠点で完了したあとに撤去します。切替え前のPCが，プロキシサーバ経由でインターネットにアクセスするからです。

・IP-PBX

　IP-PBXは，IP-PBXの切替え（a3）とIP電話機の切替え（a5）が完了したあとに撤去できます。

　以上より，FW以外で最も遅いのは，プロキシサーバの撤去です。

　よって，時点としては「本社PCの切替え期間が終了した時点」，機器は「FW」と「プロキシサーバ」です。

解答例	時点：**本社PCの切替期間が終了した時点**（16字） 機器：**本社のFW，本社のプロキシサーバ**

　解答例の「本社の」という言葉ですが，下線⑤に「本社について」とあります。なくても正解になったでしょう。

　バスケットマンガ『スラムダンク』（集英社）にはいくつもの名シーン，名言がある。28巻には，三井寿が「オレは誰だ？」と相手選手に問うシーンがある。そして，「おう　オレは三井。あきらめの悪い男…」。そう言って，ボロボロになりながらも3ポイントシュートを決める。ミッチーファンにはたまらないシーンである。

　これは何を言っているかというと，その前に「河田は河田…赤木は赤木ってことだ…」という言葉がある。つまり，自分が誰かを知って，自分の良さを発揮し，自分らしいプレーをする（または自分らしく生きる）という意味である。

　本田健氏の不朽のロングセラー『ユダヤ人の大富豪の教え』（だいわ文庫）に，幸せになるための3つの鍵が書かれている。その内容は，「自分の好きなことを追いかけること」「自分と周りの人を愛して，愛されること」，そして「自分が誰かを知ること」である。補足として「何をするとワクワクするのか，何が好きで，何が嫌いかすらもわからないまま，人生の迷子になっているのです」とある。

　これを読んで，私のことを言われているようで，ドキッとした。

　私はずっと，手帳に目標を書き，コツコツと努力を続けてきた。だが，自分が誰なのか，という点に関しては明確にしてこなかった。そして，趣味も持たずに休む間もなく自己研鑽と仕事に力を注いできた。若いときならがむしゃらにやるのもありだが，人生も峠はすでに越している。体力も落ちているし，やれることも時間的な制限が出てくる（将来の夢は～，なんて悠長なことを言ってられない）。自分を見つめなおさなければと改めて思った次第である。

　でも，自分が誰かを知るのは意外に難しい。

　明確な答えは出ていないが，一つ言えることは，私にとって大事なのは，「自由をこよなく愛する人間」という点である。自由というのは，時間的，金銭的，精神的，肉体的，また，言論（好きなことを言える，書ける）など，いろいろな面での自由である。私の場合は，仮に社会的に高い地位があっても不自由なのは絶対に嫌だ。芸術家の岡本太郎氏の著書『自分の中に毒を持て』（青春出版社）に「芸術家でもタレントでも，有名になればなるほどほんとうに気の毒だ。自分の地位や世間の評価ばかり気にして，逆に意味のないマイナス面を背負っている」とある。

　今，私は自由なのか。他人から見るとあまり自由ではないと思われるかもしれない。だが，技術を身につけ，自分の裁量で仕事ができることによって，先に述べたような自由度は高くなったと思う。

　皆さんは「自分が誰か知っていますか？」

設問			IPA の解答例・解答の要点	予想配点
設問1	(1)	ア	**PC**	2
		イ	**FW**	2
		カ	**IP-PBX**	2
	(2)	ウ	**REGISTER**	3
		エ	**SIP UA**	3
		オ	**200 OK**	3
	(3)	①	・インターネット及び IP 電話機と IP-PBX 間の SIP 通信	4
		②	・インターネットと IP 電話機間の RTP 通信	4
設問2	(1)	キ	**MPLS（Multi-Protocol Label Switching）**	3
		ク	フルメッシュ	3
		ケ	**Y-BBR**	3
	(2)	a	支店〜 **Y-VPN** 〜本社	5
	(3)		**Y-GW** の設置の有無によって，異なる経路が使われるから	6
設問3	(1)	コ	本社のスマホ	2
	(2)	b	本社の IP 電話機の保留	4
	(3)		**(5)，(16)**	5
	(4)		本社の IP 電話機は，**(23)**中の SDP に従い保留音を出す。	6
設問4	(1)		**L3SW** の **PoE-SW** 収容ポートを新しいセグメントにして，**L2SW** 収容ポートとのルーティングを禁止する。	7
	(2)	c	公衆電話網の電話番号の移行	4
		d	本社と社外の電話との発着信	4
	(3)	設置場所	本社	3
		変更内容	**Web** サーバの A レコードの IP アドレスを，**X-DC** の **Web** サーバの IP アドレスに変える。	6
	(4)	サ	**b2**	（順不同）	3
		シ	**b3**		3
	(5)	時点	本社 PC の切替期間が終了した時点	5
		機器	本社の **FW**，本社のプロキシサーバ	5
			合計	**100**

※予想配点は著者による

otbc さんの解答	正誤	予想採点	まさやすさんの解答	正誤	予想採点
PC	○	2	支店の PC	○	2
FW	○	2	FW	○	2
IP-PBX	○	2	IP-PBX	○	2
REGISTER	○	3	INVITE	×	0
SIP UA	○	3	接続相手	×	0
200 OK	○	3	200 OK	○	3
①スマホと IP-PBX との SIP プロトコルに関する通信	△	3	① 外部 から IP-PBX 間 の TCP80 ポートの通信	×	0
②スマホと IP-PBX との RTP プロトコルに関する通信	△	3	②内部 LAN と SIP-AP 間の通信	×	0
MPLS	○	3	MPLS	○	3
ハブアンドスポーク	×	0	ハブ＆スポーク	×	0
Y-BBR	○	3	Y-BBR	○	3
支店～ Y-VPN ～本社	○	5	支店～ Y-VPN ～本社	○	5
Y-GW 設置の有無により、RTP の通信経路が異なるから。	○	6	支店より Y-GW を設置していない先があるから	○	6
本社のスマホ	○	2	本社のスマホ	○	2
本社の IP 電話機の保留	○	4	本社の IP 電話機の保留	○	4
(5)，(16)	○	5	(30) (36)	×	0
本社の IP 電話機が (23) 中の SDP の情報に従い保留音を出す動作。	○	6	(23) 中の SDP の情報に従って本社 IP 電話機に保留を出す	○	6
新環境で使用する VLAN を L3SW に定義し、X-VNW 及び Y-VNW 内のサーバ機器類へのルーティングに関する設定を行う。	△	5	L3SW に接続される現行環境と新環境を VLAN で分離し、L3SW でルーティングする設定	△	4
IP-PBX と本社の公衆電話網の電話番号	△	2	本社 IP-PBX	×	0
他の SIP UA との通信	×	0	支店のスマホの保留転送	×	0
X-DC	×	0	本社プロキシサーバ	○	3
DNS 機能をマスター DNS サーバにし、本社のプロキシサーバの DNS 機能を全て移行する。	×	0	DNS 機能の A レコードにある Web サーバの IP アドレスを X-DC の Web サーバのグローバル IP アドレスに変更する	○	6
b2	○	3	PBX の停止	○	3
b3	○	3	IP 電話機の導入	○	3
表 3 内の作業 a3 が完了した時点。	×	0	支店の IP 電話機の導入まで	×	0
FW，プロキシサーバ	○	5	IP-PBX	×	0
予想点合計		73	予想点合計		57

※実際には61点で合格

　自社内に設置された機器の老朽化対応として，クラウドサービスを利用する企業が増えている。サーバやPBXに関するクラウドサービスへの移行である。トータルコストの削減が主な目的となっている場合が多い。自社の機器を削減してクラウドサービスを利用することで，自社の運用業務は大幅に減少するが，システムの維持管理責任は依然としてユーザ企業側に残る。

　本問では，IaaSとクラウドPBXサービスを利用することによって，サーバ及びPBXを自社の拠点から一掃する事例を取り上げた。IPネットワークを使ったスマートフォンの活用についても触れている。

　設問では，クラウドサービス利用のためネットワーク，SIPプロトコルを用いた音声系通信，及び現行ネットワークからの切替作業について，ユーザ企業のネットワーク技術者の立場で必要となる実務能力について問うている。

IPA の採点講評

　問1では，IaaSとクラウドPBXサービスを利用することによって，サーバ及びPBXを自社の拠点から一掃する事例を取り上げた。IPネットワークを使ったスマートフォンの活用についても触れている。設問では，ユーザ企業のネットワーク技術者の立場で必要となる技術について出題した。

　前半のクラウドサービス利用のためのネットワーク，及びSIPプロトコルを用いた音声系通信に関する正答率は比較的高かったが，後半の現行ネットワークからの切替作業に関する正答率はやや低かった。

　設問1，2では，SIPの基本的知識とクラウド利用のためのネットワークとの関係性を問う問題で，誤った解答が散見された。再度，復習するようにしてほしい。

　設問3では通信シーケンスを扱った。正答率は総じて高く，よく理解されていることがうかがえた。

　設問4は切替作業に関する問題である。基本的技術の組合せだが，システム全体の理解を前提としている問題が多い。本文や会話文の中の情報を慎重に読み解き，限られた時間で解答できるようにしてほしい。

■出典
「令和元年度 秋期 ネットワークスペシャリスト試験 解答例」
https://www.jitec.ipa.go.jp/1_04hanni_sukiru/mondai_kaitou_2019h31_2/2019r01a_nw_pm2_ans.pdf
「令和元年度 秋期 ネットワークスペシャリスト試験 採点講評」
https://www.jitec.ipa.go.jp/1_04hanni_sukiru/mondai_kaitou_2019h31_2/2019r01a_nw_pm2_cmnt.pdf

人それぞれ

　私の知り合い二人が，ある研究・調査系の部署に配属された。ミッションはとてもあいまいで，売上目標があるわけでもない。メンバーは二人だけで，上司は遠方にいるので，日々の業務が管理されることもない。

　一人は，とても楽しく仕事に取り組んでいる。前の営業部門にいたときのように毎日数字に追われることがない。日々管理されずに，自分のやりたいやり方で仕事ができる。夢の部署だと大はしゃぎ。

　もう一人は，地獄の日々だという。こちらも営業部門から異動してきたところは同じである。前の部署では明確な数字目標に向かって邁進すればよかった。しかし，今の部署では，何をしていいのかわからないし，成果も出せない。週1回の上司へのTV会議での報告がしんどい，早く今の部署から脱出したいと嘆いている。

　ようは，人それぞれ，向き不向きがあるのである。

どちらも元営業部門

自分のやり方で
やりたいことができる！
まさに天職！

一体なにを目標に
どうすればいいのかも
分からない…つらい

　同じ部署にいて，二人が真逆の反応をしていることに，ちょっと驚いた。向き不向きというより，単に「考え方」なだけかもしれない。

nespeR1 **3.2**

令和元年度

午後II 問2

問　　題
問題解説
設問解説

問題

問2　ネットワークのセキュリティ対策に関する次の記述を読んで，設問1
　　　～6に答えよ。

　W社は，IT製品の卸売会社であり，国内外のベンダ50社の製品を，500
社の販売代理店に卸している。W社では，販売代理店向けに販売代理店
支援システム（以下，代理店システムという）を，自社営業員向けに営業
支援システム（以下，営業システムという）を稼働させている。W社の
本社LANの構成を図1に示す。

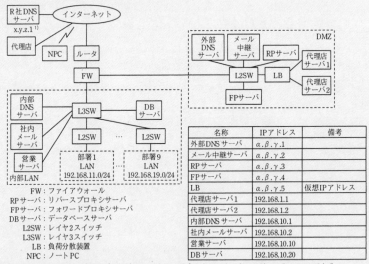

FW：ファイアウォール
RPサーバ：リバースプロキシサーバ
FPサーバ：フォワードプロキシサーバ
DBサーバ：データベースサーバ
L2SW：レイヤ2スイッチ
L3SW：レイヤ3スイッチ
LB：負荷分散装置
NPC：ノートPC

名称	IPアドレス	備考
外部DNSサーバ	$\alpha.\beta.\gamma.1$	
メール中継サーバ	$\alpha.\beta.\gamma.2$	
RPサーバ	$\alpha.\beta.\gamma.3$	
FPサーバ	$\alpha.\beta.\gamma.4$	
LB	$\alpha.\beta.\gamma.5$	仮想IPアドレス
代理店サーバ1	192.168.1.1	
代理店サーバ2	192.168.1.2	
内部DNSサーバ	192.168.10.1	
社内メールサーバ	192.168.10.2	
営業サーバ	192.168.10.10	
	192.168.10.20	

注記1　DMZの公開サーバ用のグローバルIPアドレスのネットワークアドレスは，$\alpha.\beta.\gamma.0/28$である。
注記2　W社のNPCは，部署1～9のLANに接続されている。
注1)　x.y.z.1は，ISP事業者であるR社のR社DNSサーバに付与されたグローバルIPアドレスを示す。R社DNS
　　　サーバは，スレーブDNSサーバとして利用されている。

図1　W社の本社LANの構成

本社LANの各システム又は各機器の構成，機能及び動作は，次のとおりである。

- 代理店システムは，DMZのLB，代理店サーバ及び内部LANのDBサーバから構成されている。代理店サーバは2台あり，LBで負荷分散されている。
- 営業システムは，DMZのRPサーバと内部LANの営業サーバから構成されている。外出先からの営業システムの利用は，RPサーバ経由で行われる。
- 内部LANの各部署のNPCから，インターネット上のWebサイトへのアクセス，及びDMZと内部LANのサーバから，マルウェア対策ソフトの定義ファイル更新のためのベンダのWebサイトへのアクセスは，FPサーバ経由で行われる。
- 外部DNSサーバは，DMZのゾーン情報を管理するだけでなく，再帰的な名前解決を行うフルリゾルバとしても機能している。外部DNSサーバはマスタDNSサーバであり，インターネット上のR社DNSサーバをスレーブDNSサーバとして利用している。
- メール中継サーバは，社外のメールサーバ及び社内メールサーバとの間で，電子メール（以下，メールという）の転送を行う。
- 内部DNSサーバは，内部LANのゾーン情報を管理し，当該ゾーンに存在しないホストの名前解決要求は，外部DNSサーバに転送する。
- 社内メールサーバは，社員のメールボックスを保持し，内部LANのNPCとの間でメールの送受信を行う。

　昨今，サイバー攻撃が増加しており，情報システムは，情報漏えい，Webサービスの妨害，サーバの不正利用などの脅威にさらされている。そこで，W社では，本社LANのセキュリティ対策を見直すことにした。情報システム部のM課長は，ネットワーク運用担当のN主任に，本社LANのセキュリティ対策の見直しを指示した。

　N主任は，部下のJさんへの指導を兼ねて，Jさんと一緒に本社LANのセキュリティ対策を見直すことにした。

〔本社LANのセキュリティ対策の状況〕

まず，N主任はJさんに，本社LANのセキュリティ対策の状況について確認した。その時の，2人の会話を次に示す。

N主任　：本社LANのセキュリティ対策の状況を説明してくれないか。
Jさん　：はい。本社LANは，FWでインターネットからのIPパケットをフィルタリングしています。また，FPサーバでは，フィルタリングソフトウェアを稼働させて，URLフィルタリングを行っています。DMZと内部LANのサーバではマルウェア対策ソフトが稼働しており，インターネット上のベンダのWebサイトにアクセスし，マルウェア定義ファイルが更新されているときは，自動でダウンロードするように設定されています。サーバOSやミドルウェアへのセキュリティパッチの適用は，サーバ運用担当が実施しているとのことです。
N主任　：分かった。それでは，FWのフィルタリングの詳細を調べてくれないか。

　Jさんは，FWの設定内容を調査し，通信を許可するFWのルールを表1にまとめた。

〔FWのフィルタリング内容の調査結果〕
　Jさんは，表1をN主任に説明した。その時の2人の会話を次に示す。

Jさん　：調べたところ，FWで許可している通信は，表1のとおりになっていました。
N主任　：現在の設定で，　　　a　　　スキャンとポートスキャンには対応できているようだ。DoS攻撃は，送信元IPアドレスを偽装して行われることがある。我が社が利用しているISPでは，①利用者のネットワークとの接続ルータで，uRPF（Unicast Reverse Path Forwarding）と呼ばれるフィルタリングを行っているので，偽装されたパケットが当社に到達することは少なくなっていると考えられる。しかし，DoS攻撃がなくなっているわけではない。DoS攻撃への対策状況について，Jさん

表1　通信を許可する FW のルール

項番	アクセス経路	送信元 IP アドレス	宛先 IP アドレス	プロトコル/ポート番号
1		any	$\alpha.\beta.\gamma.1$	UDP/53 [1]
2	インターネット→ DMZ	［ ア ］	$\alpha.\beta.\gamma.1$	TCP/53
3		any	$\alpha.\beta.\gamma.2$	TCP/25
4		any	$\alpha.\beta.\gamma.3$	TCP/80, TCP/443
5		any	$\alpha.\beta.\gamma.5$	TCP/80, TCP/443
6	DMZ→インターネット	$\alpha.\beta.\gamma.1$	any	TCP/53 [2], UDP/53
7		$\alpha.\beta.\gamma.2$	any	TCP/25
8		$\alpha.\beta.\gamma.4$	any	TCP/80, TCP/443
9		$\alpha.\beta.\gamma.2$	192.168.10.2	TCP/25
10	DMZ→内部 LAN [3]	$\alpha.\beta.\gamma.3$	192.168.10.10	TCP/80, TCP/443
11		192.168.1.1	192.168.10.20	TCP, UDP/アクセス用ポート番号
12		192.168.1.2	192.168.10.20	TCP, UDP/アクセス用ポート番号
13		192.168.10.1	$\alpha.\beta.\gamma.1$	UDP/53 [1]
14		192.168.10.2	$\alpha.\beta.\gamma.2$	TCP/25
15		192.168.10.1	$\alpha.\beta.\gamma.4$	TCP/8080 [4]
16	内部 LAN→DMZ	192.168.10.2	$\alpha.\beta.\gamma.4$	TCP/8080 [4]
17		192.168.10.10	$\alpha.\beta.\gamma.4$	TCP/8080 [4]
18		192.168.10.20	$\alpha.\beta.\gamma.4$	TCP/8080 [4]
19		部署 1~9 の LAN	$\alpha.\beta.\gamma.4$	TCP/8080 [4]
20		部署 1~9 の LAN	$\alpha.\beta.\gamma.5$	TCP/80, TCP/443

注記 1　内部 LAN から行われる，DMZ のサーバの運用管理用通信の許可ルールは省略している。
注記 2　FW は，ステートフルパケットインスペクション機能をもつ。
注 [1]　DNS の応答は，TCP フォールバックが発生しないので，UDP/53 だけを許可している。
　　[2]　古い DNS サーバの存在を考慮して，TCP/53 の通信を許可している。
　　[3]　DMZ から内部 LAN のサーバへの通信は，直接 IP アドレスを指定して行われる。
　　[4]　TCP/8080 は，代替 HTTP のポートである。

の考えを聞かせてくれないか。

Jさん　：②DMZ の全ての公開サーバを対象とするブロードキャストア
　　　　　ドレス宛てのスマーフ（smurf）攻撃のパケットは，FW でブロッ
　　　　　クされます。クローズのポート宛てに UDP パケットを送ると，
　　　　　RFC792 で規定された　　 b 　　パケットが送信元 IP アドレ
　　　　　ス宛てに返送されるのを悪用し，サーバのリソースを消費さ
　　　　　せる UDP フラッド（UDP flood）攻撃も，FW の設定で防げて
　　　　　いると思います。

N主任　：そのとおりだ。しかし，SYN フラッド（SYN flood）攻撃につ
　　　　　いては対策が必要だ。どのような対応が必要なのかを検討し
　　　　　てくれないか。

Jさん　：分かりました。SYN フラッド攻撃について調べてみます。

〔SYNフラッド攻撃手法と対策技術〕

　Jさんが，SYNフラッド攻撃手法と対策技術について調査した内容を次に示す。

　SYNフラッド攻撃は，SYNパケットを受信したサーバが，TCPコネクション確立のために数十バイトのメモリを確保しなければならない仕様を悪用し，攻撃者が大量のSYNパケットを標的のサーバに送りつけてサーバをダウンさせる攻撃である。

　例えば，インターネットから図1中のメール中継サーバ宛てに送信される，TCP/25のSYNパケットは，表1中の項番　　c　　のルールによってメール中継サーバに転送される。SYNパケットを受信したメール中継サーバは，コネクション確立のためにメモリを確保し，ACKパケットの返送がなくても，確保したメモリを一定時間解放しない。また，ACKパケットが返送されて不正なコネクションが確立された場合は，更に長い時間メモリが解放されない。そのため，メール中継サーバが大量のSYNパケットを受信すると，大量のメモリを消費して正常に稼働できなくなるおそれがある。

　SYNフラッド攻撃の防御技術には，ディレイドバインディングとSYNクッキーがある。ディレイドバインディング技術を図2に示す。

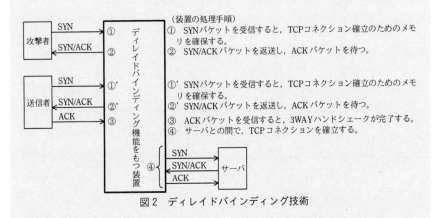

図2　ディレイドバインディング技術

　図2の方式によって，サーバでの不要なメモリ確保を抑止できる。しかし，図2の方式には，装置のメモリ容量によって同時接続数が制限される弱点がある。一方，SYNクッキーでは，この弱点が改善されている。

SYNクッキー技術を図3に示す。

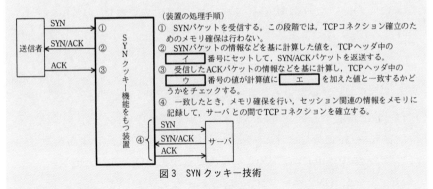

（装置の処理手順）
① SYNパケットを受信する。この段階では，TCPコネクション確立のためのメモリ確保は行わない。
② SYNパケットの情報などを基に計算した値を，TCPヘッダ中の　　イ　　番号にセットして，SYN/ACKパケットを返送する。
③ 受信したACKパケットの情報などを基に計算し，TCPヘッダ中の　　ウ　　番号の値が計算値に　　エ　　を加えた値と一致するかどうかをチェックする。
④ 一致したとき，メモリ確保を行い，セッション関連の情報をメモリに記録して，サーバとの間でTCPコネクションを確立する。

図3　SYNクッキー技術

　図3の方式は，パケット中の該当するコネクションに関連する情報などに，特別な演算によって計算した変換値をクッキーとして，TCPヘッダ中のシーケンス番号に埋め込んで，通信の状態を監視するものである。

　Jさんは，二つの防御技術を比較した結果，③SYNクッキーの方式では同時接続数の制限が緩和されることが分かったので，SYNクッキー技術をもつIPS（Intrusion Prevention System）の導入をN主任に提案した。その時の2人の会話を次に示す。

Jさん　　：SYNフラッド攻撃への対策が必要です。SYNクッキー技術をもつIPSの導入を提案します。

N主任　　：分かった。IPSを導入すれば，SYNフラッド攻撃だけでなく様々な不正な通信も遮断できるので，導入を検討しよう。そのほかに，DMZのサーバが送信元偽装の目的で踏み台にされる可能性について，考えを聞かせてくれないか。

Jさん　　：④FPサーバについては，FWの設定で防止できています。⑤メール中継サーバについては，サーバ自体の転送設定で防止しています。外部DNSサーバについても大丈夫だと思います。

N主任　　：外部DNSサーバは，DNSリフレクタ攻撃の踏み台にされる可能性がありそうだ。安全面を考慮すれば，構成変更が必要になるかもしれない。対応策を考えてくれないか。

　Jさんは，外部DNSサーバの構成上の問題点について考えた。外部DNS

サーバは，ゾーン情報管理サーバ（以下，コンテンツサーバという）の機能と，フルリゾルバの機能をもつので，表1中の項番1と項番6の通信が許可されている。フルリゾルバによるインターネット上のホストの名前解決は，⬚ d ⬚ と ⬚ e ⬚ からの要求に対応できればよいが，コンテンツサーバは，インターネット上の不特定のホストからの名前解決要求に応答する必要がある。そこで，外部DNSサーバを，コンテンツサーバとして機能するDNSサーバ1と，フルリゾルバサーバとして機能するDNSサーバ2に分離すれば，踏み台にされる可能性は低くなると考えた。その場合，表1中の項番6のルールの変更が必要になる。DNSサーバ1に$\alpha . \beta . \gamma .1$，DNSサーバ2に$\alpha . \beta . \gamma .6$を割り当てたときの表1の変更内容を表2に示す。

表2　表1の変更内容

項番	アクセス経路	送信元IPアドレス	宛先IPアドレス	プロトコル／ポート番号
6	（省略）	オ	カ	（省略）

　Jさんは，検討結果をN主任に説明した。Jさんの説明を受けたN主任は，外部DNSサーバの構成変更後の，DNSサーバへの攻撃についての調査を指示した。

〔DNSサーバへの攻撃と対策〕

　Jさんは，DNSサーバへの攻撃の中でリスクの大きい，DNSキャッシュポイズニング攻撃の手法について調査した。Jさんが理解した内容を次に示す。

　DNSキャッシュポイズニング攻撃は，次の手順で行われる。

(i)　攻撃者は，偽の情報を送り込みたいドメイン名について，標的のフルリゾルバサーバに問い合わせる。

(ii)　フルリゾルバサーバは，指定されたドメインのゾーン情報を管理するコンテンツサーバに問い合わせる。

(iii)　⑥攻撃者は，コンテンツサーバから正しい応答が返ってくる前に，大量の偽の応答パケットを標的のフルリゾルバサーバ宛てに送信する。

(iv)　フルリゾルバサーバは，受信した偽の応答パケットをチェックし，偽の応答パケットが正当なものであると判断してしまった場合，キャッ

シュの内容を偽の応答パケットを基に書き換える。

（ⅱ）の問合せパケットと，（ⅲ）の応答パケットの情報を表3に示す。

表3に示すように，（ⅱ）の問合せパケットの送信元ポート番号には特定の範囲の値が使用されるケースが多いので，攻撃者は，（ⅲ）の偽の応答パケットを正当なパケットに偽装しやすくなるという問題がある。調査の結果，この問題の対応策には，送信元ポート番号のランダム化があることが分かった。

表3　（ⅱ）の問合せパケットと，（ⅲ）の応答パケットの情報（抜粋）

項番	ヘッダ名	項目名	問合せパケットの情報	応答パケットの情報
1	IPヘッダ	送信元IPアドレス	フルリゾルバサーバのIPアドレス	キ
2		宛先IPアドレス	コンテンツサーバのIPアドレス	ク
3		プロトコル	UDP	UDP
4	UDPヘッダ	送信元ポート番号	n[1]	ケ
5		宛先ポート番号	53	コ
6	DNSヘッダ	識別子	m[2]	サ
7		フラグ中のQRビット	0（問合せ）	1（応答）

注[1]　nには特定の範囲の値が設定されるケースが多い。
注[2]　mには任意の値が設定される。

Jさんは，⑦外部DNSサーバの構成変更によって，インターネットからのDNSサーバ2へのキャッシュポイズニング攻撃は防げると判断した。さらに，万が一の場合に備え，DNSサーバ2には，送信元ポート番号のランダム化に対応した製品の導入を提案することにした。

Jさんは，調査結果と対応策をN主任に説明し，DNSサーバ2には送信元ポート番号のランダム化対応の製品の導入が了承された。

〔マルウェアの内部LANへの侵入時の対策〕

次に，2人は，マルウェアの内部LANへの侵入時の対策について検討した。

ネットワークのセキュリティ対策を行っても，ソーシャルエンジニアリングなどによってW社内の情報が漏えいすると，内部LANのNPCは，マルウェアに侵入されるおそれがある。NPCに侵入したマルウェアは，攻撃者が管理・運営するC&C（Command & Control）サーバとの間の通信路を設定した後，C&Cサーバ経由で攻撃者から伝達された命令を実行して，自身の拡散やC&Cサーバへの秘密情報の送信などを行うことがある。

このとき，C&CサーバのIPアドレスが特定できれば，FPサーバでC&Cサーバとの通信は遮断できる。しかし，Fast Fluxと呼ばれる手法を用いて，IPアドレスの特定を困難にすることによって，C&Cサーバなどを隠蔽する事例が報告されている。

　Fast Fluxは，特定のドメインに対するDNSレコードを短時間に変化させることによって，サーバの追跡を困難にさせる手法である。Fast Flux手法が用いられたときのマルウェアによるC&Cサーバとの通信例を，図4に示す。

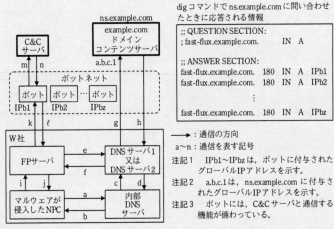

図4　Fast Flux手法が用いられたときのマルウェアによるC&Cサーバとの通信例（抜粋）

　攻撃者は，example.comドメインを取得してコンテンツサーバ（ns.example.com）を設置する。図4中のns.example.comには，fast-fluxのFQDNに対するAレコードとして大量のボットのIPアドレス，及びDNSラウンドロビンが設定される。

　図4には，W社の内部LANのNPCに侵入したマルウェアが，fast-flux.example.comにアクセスした後，ボットに備わる機能を利用して，C&Cサーバとの間で行われる通信を示している。⑧図4中のexample.comドメインのコンテンツサーバの設定の場合，マルウェアが，一定間隔でfast-flux.example.comへアクセスを行えば，毎回，異なるIPアドレスで，ボットを経由してC&Cサーバと通信することになる。

　このような方法を用いることによって，C&CサーバのIPアドレスを隠

蔽できる。しかし，マルウェアが同一のFQDNのホストにアクセスすることになるので，fast-flux.example.comへのアクセスによってC&Cサーバとの通信が行われることが判明すれば，FPサーバのURLフィルタリングでC&Cサーバとの通信は遮断できる。攻撃者は，これを避けるためにDomain Fluxと呼ばれる手法を用いることがある。

Domain Fluxは，ドメインワイルドカードを用いて，あらゆるホスト名に対して，同一のIPアドレスを応答する手法である。Fast FluxとDomain Fluxを組み合わせることによって，C&CサーバのFQDNとIPアドレスの両方を隠蔽できる。図4に示した構成のFast FluxとDomain Fluxを組み合わせたときの，ns.example.comに設定されるゾーンレコードの例を図5に示す。

```
$ ORIGIN   example.com.
                        IN     NS      ns.example.com.
ns          86400       IN     A       a.b.c.1
*           180         IN     A       IPb1
*           180         IN     A       IPb2
                         .
                         .
                         .
*           180         IN     A       IPbz
```

図5　ns.example.com に設定されるゾーンレコードの例（抜粋）

このような攻撃が行われた場合を想定し，2人は，現行のFPサーバをHTTPS通信の復号機能をもつ機種に交換し，プロキシ認証を併せて行うことにした。交換するFPサーバでのプロキシ認証のセキュリティを高めるために，社内のNPCのWebブラウザで，オートコンプリート機能を無効にし，ID，パスワードのキャッシュを残さないようにすることにした。また，内部LANに侵入したマルウェアの活動を早期に検知するために，⑨FPサーバとFWのログを定期的に検査することにした。

以上の検討を基に，N主任とJさんは，(1) IPSの導入，(2) 外部DNSサーバの構成変更と新機種の導入，(3) FPサーバの交換，(4) NPCの設定変更，及び (5) ログの定期的な検査から成る5項目の実施案をまとめ，M課長に提出した。

2人がまとめた実施案は，経営会議で承認され，実施に移されることになった。

設問1 本文中の ┌ a ┐ ～ ┌ e ┐ に入れる適切な字句又は数値を答えよ。

設問2 表1中の ┌ ア ┐ に入れる適切なIPアドレスを答えよ。また，項番2のルールによって行われる通信の名称を答えよ。

設問3 〔FWのフィルタリング内容の調査結果〕について，(1)，(2)に答えよ。
(1) 本文中の下線①について，フィルタリングの内容を，70字以内で述べよ。
(2) 本文中の下線②のIPアドレスを答えよ。

設問4 〔SYNフラッド攻撃手法と対策技術〕について，(1)～(5)に答えよ。
(1) 図3中の ┌ イ ┐ ～ ┌ エ ┐ に入れる適切な字句又は数値を答えよ。
(2) 本文中の下線③の，制限が緩和されるのは，ディレイドバインディング方式よりメモリ消費量が少なくて済むからである。その理由を，35字以内で述べよ。
(3) 本文中の下線④について，防止できていると判断した理由を，40字以内で述べよ。
(4) 本文中の下線⑤について，防止するためにメール中継サーバに設定されている処理方法を，50字以内で述べよ。
(5) 表2中の ┌ オ ┐，┌ カ ┐ に入れる適切な字句を答えよ。

設問5 〔DNSサーバへの攻撃と対策〕について，(1)～(3)に答えよ。
(1) 表3中の問合せパケットに対して，フルリゾルバサーバが正当な応答パケットと判断するパケットの内容について，表3中の ┌ キ ┐ ～ ┌ サ ┐ に入れる適切な字句又は数値を答えよ。
(2) 本文中の下線⑥では，大量の偽の応答パケットが送信される。当該パケット中で，パケットごとに異なる内容が設定される表3中の項目名を，全て答えよ。

(3) 本文中の下線⑦について，防げると判断した根拠を，60字以内
で述べよ。

設問6 〔マルウェアの内部LANへの侵入時の対策〕について，(1) ～ (5)
に答えよ。

(1) 図4中で，fast-flux.example.comの名前解決要求と応答の通信を
a～nの中から全て選び，通信が行われる順番に並べよ。

(2) 本文中の下線⑧について，DNSサーバ2がキャッシュしたDNS
レコードが消去されるまでの時間（分）を答えよ。

(3) 図5のようにゾーンレコードが設定された場合，C&Cサーバを効
果的に隠蔽するための，マルウェアによるC&Cサーバへのアク
セス方法について，25字以内で述べよ。

(4) 本文中の下線⑨について，FPサーバのログに，マルウェアの活
動が疑われる異常な通信が記録される場合がある。その通信の内
容を，35字以内で述べよ。

(5) 内部LANのNPCに侵入したマルウェアが，FPサーバを経由せず
にC&CサーバのFQDN宛てにアクセスを試みた場合は，マルウェ
アによるC&Cサーバとの通信は失敗する。通信が失敗する理由
を，40字以内で述べよ。

第3章

過去問解説
令和元年度　午後II

問2

問題

問題解説

設問解説

「ネットワークのセキュリティ対策を題材に，ネットワーク経由のサイバー攻撃手法とログ監視」（採点講評より）」に関する出題です。セキュリティ対策に必要なネットワークの知識（**TCP**の通信シーケンスや**DNS**の動作など）が求められましたが，表面的な知識で解くのは難しかったと思います。さらに，問題文の状況設定を正しく理解し，ちりばめられた情報の整理能力を求められる難易度の高い設問もありました。

なお，1章3節に**DNS**に関する解説をまとめました。事前知識の習得として参考にしてください。

問2　ネットワークのセキュリティ対策に関する次の記述を読んで，設問1～6に答えよ。

W社は，IT製品の卸売会社であり，国内外のベンダ50社の製品を，500社の販売代理店に卸している。W社では，販売代理店向けに販売代理店支援システム（以下，代理店システムという）を，自社営業員向けに営業支援システム（以下，営業システムという）を稼働させている。W社の本社LANの構成を図1に示す。

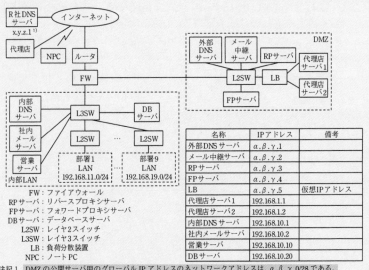

名称	IPアドレス	備考
外部DNSサーバ	$\alpha.\beta.\gamma.1$	
メール中継サーバ	$\alpha.\beta.\gamma.2$	
RPサーバ	$\alpha.\beta.\gamma.3$	
FPサーバ	$\alpha.\beta.\gamma.4$	
LB	$\alpha.\beta.\gamma.5$	仮想IPアドレス
代理店サーバ1	192.168.1.1	
代理店サーバ2	192.168.1.2	
内部DNSサーバ	192.168.10.1	
社内メールサーバ	192.168.10.2	
営業サーバ	192.168.10.10	
DBサーバ	192.168.10.20	

FW：ファイアウォール
RPサーバ：リバースプロキシサーバ
FPサーバ：フォワードプロキシサーバ
DBサーバ：データベースサーバ
L2SW：レイヤ2スイッチ
L3SW：レイヤ3スイッチ
LB：負荷分散装置
NPC：ノートPC

注記1　DMZの公開サーバ用のグローバルIPアドレスのネットワークアドレスは，$\alpha.\beta.\gamma.0/28$ である。
注記2　W社のNPCは，部署1～9のLANに接続されている。
注1)　x.y.z.1は，ISP事業者であるR社のR社DNSサーバに付与されたグローバルIPアドレスを示す。R社DNSサーバは，スレーブDNSサーバとして利用されている。

図1　W社の本社LANの構成

本社LANの構成です。ネットワーク構成図はとても大切なので，丁寧に確認しましょう。

まず，ネットワーク構成図は，FWを中心に，インターネット，DMZ，内部LANの三つに分けて考えます。

①インターネット

インターネットは世界中のサーバと接続されています。今回は，W社の代理店や，外出先からW社にアクセスするNPC，スレーブDNSサーバ（＝セカンダリDNSサーバ）であるR社DNSサーバの記載があります。

②DMZ

公開セグメントです。外部に公開すべきサーバが設置されています。今回は，RPサーバとFPサーバの二つのプロキシサーバがあります。RPサーバ（リバースプロキシサーバ）は，Webサーバの代理（プロキシ）としてクライアントに応答します。FPサーバ（フォワードプロキシサーバ）は，クライアントの代理（プロキシ）としてインターネット上のサーバにアクセスします。これは，我々が一般的によく使うプロキシサーバのことです。

また，DMZのサーバのIPアドレスはグローバルアドレスで，注記1にあるように，$\alpha . \beta . \gamma .0/28$のセグメントです。

③内部LAN

外部に公開すべきではない内部のサーバやLANで構成されています。図に記載されていませんが，注記2にあるとおり，内部LANにはNPC（ノートPC）が接続されています。

> 本社LANの各システム又は各機器の構成，機能及び動作は，次のとおりである。
> ・代理店システムは，DMZのLB（次ページ図❶），代理店サーバ（❷）及び内部LANのDBサーバ（❸）から構成されている。代理店サーバは2台あり，LBで負荷分散されている。

図1を見ながら確認をしましょう。色丸の数字は筆者が追記したものです。

代理店システムは，社外の代理店向けのシステムなので，外部に公開します。よって，代理店サーバはDMZに配置します。ですが，データを蓄積するDBサーバに関しては，機密データも含まれているでしょうから，内部

LANに配置します。通信の流れは以下のようになります。

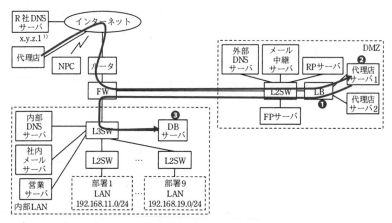

■代理店から代理店システムを利用する通信の流れ

- 営業システムは，DMZのRPサーバ（❹）と内部LANの営業サーバ（❺）から構成されている。外出先からの営業システムの利用は，RPサーバ経由で行われる。

続いて営業システムです。こちらは，自社の営業員向けのシステムです。営業員が外出先のNPCから営業サーバにアクセスできるように，DMZのRP（リバースプロキシ）サーバを経由します。

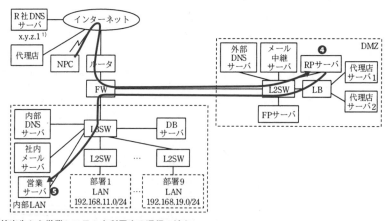

■外出先から営業システムを利用する通信の流れ

- 内部LANの各部署のNPC（**⑥**）から，インターネット（**⑦**）上の<mark>Webサイトへのアクセス</mark>，及びDMZと内部LANのサーバから，マルウェア対策ソフトの定義ファイル更新のためのベンダのWebサイトへのアクセスは，FPサーバ（**⑧**）経由で行われる。

　最後は，インターネット上のWebサイトへのアクセスです。前半のNPCからの流れだけを以下の図に記載しました。NPCは，FPサーバ（通常のプロキシサーバと考えましょう）経由でインターネットに接続します。

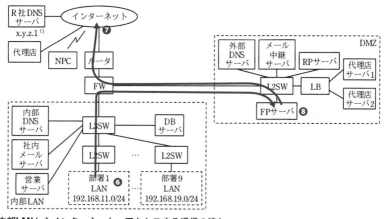

■**内部LANからインターネットへアクセスする通信の流れ**

　この通信の流れは，設問1の空欄d・空欄eに関連します。

- 外部DNSサーバは，<mark>DMZのゾーン情報を管理</mark>するだけでなく，<mark>再帰的な名前解決を行うフルリゾルバ</mark>としても機能している。

　DNS関連の用語は，1章3節「DNSサーバについて」でまとめて解説したので参考にしてください。ここでは簡単に補足をします。「DMZのゾーン情報の管理」とは，W社ドメインのゾーン情報を持ち，コンテンツサーバとして動作するということです。「再帰的な名前解決を行うフルリゾルバ」とは，キャッシュサーバのことです。つまり，外部DNSサーバは，コンテンツサーバとフルリゾルバの両方の役割を持っています。

　しかしセキュリティ対策としては，コンテンツサーバとフルリゾルバを1

第3章
令和元年度
過去問解説
午後II
問2
問題
問題解説
設問解説

台のDNSサーバにすることは望ましくありません。DNSリフレクタ攻撃の踏み台にされたり，キャッシュポイズニング攻撃の被害を受けやすくなるからです。この点は，設問5に関連します。

> 外部DNSサーバはマスタDNSサーバであり，インターネット上のR社DNSサーバをスレーブDNSサーバとして利用している。

マスタDNSサーバはプライマリDNSサーバ，スレーブDNSサーバは，セカンダリDNSサーバのことです。

なぜスレーブDNSサーバをR社にしているのですか？

耐障害性のためです。もちろん，W社にマスタとスレーブの両方のDNSサーバを設置する場合もあります。ですが，外部に設置しておけば，W社のネットワーク故障や電源断などで，2台のDNSサーバが同時に停止する確率が下がります。コスト的にも有利だったりします。RFC 2182にも，セカンダリDNSサーバは，トポロジー的にも地理的にもインターネット分散した位置に配置されるべきと記載されています。

- メール中継サーバは，社外のメールサーバ及び社内メールサーバとの間で，電子メール（以下，メールという）の転送を行う。

メール中継サーバに関してです。社外から社内へのメールは必ずメール中継サーバを経由します。社外から内部セグメントへの直接通信はFWで拒否されるからです。

メールの送信経路

社外からのメールはメール中継サーバを経由させました。では一方,社内から社外へのメールはどうでしょう。

経路としては,メール中継サーバを経由させてもさせなくてもどちらでも問題ありません。どちらもセキュリティが保たれているからです。

今回はどうなっていますか?

表1のFWルールを見ると,社内から社外のメールも,メール中継サーバを経由させています。社内から社外へのメール送信の経路を図にすると,以下のようになります。

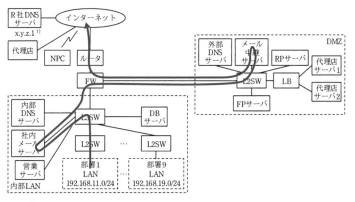

■ 社内から社外へのメール送信の経路

メール中継サーバを経由させる理由はありますか?

なぜ社内メールサーバから直接インターネットに出ないかということですよね。恐らく,深い意味はないと思います。表1を見ると,内部LANからインターネットへの通信は一つも許可していません。そういうFWの設計方針に基づいて,メール中継サーバを経由させたのでしょう。

- 内部DNSサーバは，内部LANのゾーン情報を管理し，当該ゾーンに存在しないホストの名前解決要求は，外部DNSサーバに転送する。

　内部DNSサーバは，内部のゾーンに関するコンテンツサーバです。また，名前解決は，フルリゾルバである外部DNSサーバに依頼します。この場合，外部DNSサーバは「フォワーダ」と呼ばれます。

　余談ですが，転送した場合でも，内部DNSサーバは問合せ情報をキャッシュとして持ちます。なので，今回の場合の内部DNSサーバは，コンテンツサーバであり，キャッシュサーバの機能も持ちます。ただし，反復問合せはしないので，フルリゾルバサーバとは呼ばないようです。（繰り返しですが，余談なので覚える必要はありません。）

- 社内メールサーバは，社員のメールボックスを保持し，内部LANのNPCとの間でメールの送受信を行う。

　外部メールサーバは，メールを転送するだけなのでSMTPのサービス（Linuxの場合のpostfixなど）だけが動作します。一方，内部メールサーバは，メールボックスを持っています。PCがメールボックスにメールを取りに行く通信であるPOP3（またはIMAP）のサービス（Linuxの場合のDovecotなど）も動作します。

　昨今，サイバー攻撃が増加しており，情報システムは，情報漏えい，Webサービスの妨害，サーバの不正利用などの脅威にさらされている。そこで，W社では，本社LANのセキュリティ対策を見直すことにした。情報システム部のM課長は，ネットワーク運用担当のN主任に，本社LANのセキュリティ対策の見直しを指示した。

　N主任は，部下のJさんへの指導を兼ねて，Jさんと一緒に本社LANのセキュリティ対策を見直すことにした。

　さて，以降の問題文と設問は，次のように対応しています。この単位で問題文を区切って設問を解くと，効率的ですし，心理的にも気楽です。

■問題文と設問の対応

問題文	設問
〔本社LANのセキュリティ対策の状況〕	設問2
〔FWのフィルタリング内容の調査結果〕	設問3
〔SYNフラッド攻撃手法と対策技術〕	設問4
〔DNSサーバへの攻撃と対策〕	設問5
〔マルウェアの内部LANへの侵入時の対策〕	設問6

〔本社LANのセキュリティ対策の状況〕

　まず，N主任はJさんに，本社LANのセキュリティ対策の状況について
確認した。その時の，2人の会話を次に示す。

N主任　：本社LANのセキュリティ対策の状況を説明してくれないか。
Jさん　：はい。本社LANは，FWでインターネットからのIPパケット
　　　　　をフィルタリングしています。また，FPサーバでは，フィル
　　　　　タリングソフトウェアを稼働させて，URLフィルタリングを
　　　　　行っています。

　多くの企業で実施されている，一般的なセキュリティ対策です。

フィルタリングは，FWとFPサーバ（プロキシサーバ）の
両方で実施するのですね。

　はい，ただし，フィルタリングの内容が違います。FWはIPアドレスやポー
ト番号など，レイヤ3とレイヤ4の情報でフィルタリングをします。
　FPサーバ（プロキシサーバ）では，レイヤ7（HTTP）のデータ部に格納
されたURLによるフィルタリングを行います。フィルタリングソフトウェ
アの具体的な製品例としては，プロキシサーバとして市場シェアが高い
Blue CoatのWebFilter機能や，デジタルアーツ社のi-FILTERなどがあります。
　HTTP要求のパケットは，次ページのようになります。IPヘッダ・TCPヘッ
ダはFWでフィルタリングし，データ部分はFPサーバでフィルタリングし
ます。

IP ヘッダ			TCP ヘッダ		データ部	
送信元 IP アドレス	宛先 IP アドレス	プロトコル (TCP)	送信元 ポート番号	宛先 ポート番号 (80または443)	閲覧 URL	その他の 要求ヘッダ 等

FW でフィルタリング ───────────── FP（プロキシ）でフィルタリング

■ **FWとFPサーバ（プロキシサーバ）でのフィルタリング**

　ちなみに，HTTPSで暗号化されると，データ部にあるURLも暗号化されます。そのため，問題文の後半では，FPサーバによってHTTPS通信を復号します。

> 　DMZと内部LANのサーバでは マルウェア対策ソフト が稼働しており，インターネット上のベンダのWebサイトにアクセスし，マルウェア定義ファイルが更新されているときは，自動でダウンロードするように設定されています。サーバOSやミドルウェアへの セキュリティパッチの適用 は，サーバ運用担当が実施しているとのことです。

　マルウェアの対策は，SymantecやMcAfeeなどのマルウェア対策ソフトを入れること，そして，OSを含むソフトウェアのパッチを適用することです。設問には関係ありません。

> N主任 　：分かった。それでは，FWのフィルタリングの詳細を調べてくれないか。

　Jさんは，FWの設定内容を調査し，通信を許可するFWのルールを表1にまとめた。

表1 通信を許可するFWのルール

項番	アクセス経路	送信元 IPアドレス	宛先 IPアドレス	プロトコル／ポート番号
1	インターネット→DMZ	any	$\alpha.\beta.\gamma.1$	UDP/53[1]
2		［ ア ］	$\alpha.\beta.\gamma.1$	TCP/53
3		any	$\alpha.\beta.\gamma.2$	TCP/25
4		any	$\alpha.\beta.\gamma.3$	TCP/80, TCP/443
5		any	$\alpha.\beta.\gamma.5$	TCP/80, TCP/443
6	DMZ→インターネット	$\alpha.\beta.\gamma.1$	any	TCP/53[2], UDP/53
7		$\alpha.\beta.\gamma.2$	any	TCP/25
8		$\alpha.\beta.\gamma.4$	any	TCP/80, TCP/443
9	DMZ→内部LAN[3]	$\alpha.\beta.\gamma.2$	192.168.10.2	TCP/25
10		$\alpha.\beta.\gamma.3$	192.168.10.10	TCP/80, TCP/443
11		192.168.1.1	192.168.10.20	TCP, UDP/アクセス用ポート番号
12		192.168.1.2	192.168.10.20	TCP, UDP/アクセス用ポート番号
13	内部LAN→DMZ	192.168.10.1	$\alpha.\beta.\gamma.1$	UDP/53[1]
14		192.168.10.2	$\alpha.\beta.\gamma.2$	TCP/25
15		192.168.10.1	$\alpha.\beta.\gamma.4$	TCP/8080[4]
16		192.168.10.2	$\alpha.\beta.\gamma.4$	TCP/8080[4]
17		192.168.10.10	$\alpha.\beta.\gamma.4$	TCP/8080[4]
18		192.168.10.20	$\alpha.\beta.\gamma.4$	TCP/8080[4]
19		部署1〜9のLAN	$\alpha.\beta.\gamma.4$	TCP/8080[4]
20		部署1〜9のLAN	$\alpha.\beta.\gamma.5$	TCP/80, TCP/443

注記1 内部LANから行われる,DMZのサーバの運用管理用通信の許可ルールは省略している。
注記2 FWは,ステートフルパケットインスペクション機能をもつ。
注[1] DNSの応答は,TCPフォールバックが発生しないので,UDP/53だけを許可している。
  [2] 古いDNSサーバの存在を考慮して,TCP/53の通信を許可している。
  [3] DMZから内部LANのサーバへの通信は,直接IPアドレスを指定して行われる。
  [4] TCP/8080は,代替HTTPのポートである。

FWのルールです。

読むのがつらいんですよねー

ですよね。本試験では,どんなことが書かれてあるのかさらりと内容を確認すれば十分です。設問を答えるときに該当部分をあらためてじっくり読みましょう。

注[1] DNSの応答は,TCPフォールバックが発生しないので,UDP/53だけを許可している。

注²⁾　古いDNSサーバの存在を考慮して，TCP/53の通信を許可している。

　　³⁾　DMZから内部LANのサーバへの通信は，直接IPアドレスを指定して行われる。

　設問には関係ありませんが，わからない言葉や仕組みは気になることでしょう。簡単に解説します。

- 注¹⁾, 注²⁾：TCPフォールバックとは，古いDNSサーバからの応答パケットのサイズが大きかった場合に，TCPに切り替えて問合せをする方式です。
　よって，古いDNSサーバは注²⁾の場合はUDPに加えてTCPも許可する必要があります。
- 注³⁾：直接IPアドレスを指定するので，名前解決が不要です。内部DNSサーバを参照しないということです。

⁴⁾　TCP/8080は，代替HTTPのポートである。

　「代替HTTPポート」とは，クライアントPCがFPサーバ（つまりプロキシサーバ）にアクセスするときのポート番号です。参考として，クライアントPC側（Windows10）の設定画面を紹介します。

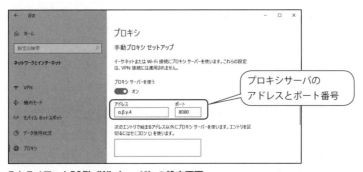

■ クライアントPC側（Windows10）の設定画面

　　※Internet Explorerの場合は，「ツール」＞「インターネットオプション」＞「接続」＞「LANの設定」から設定します。画面は異なります。

　この設定画面では，プロキシサーバのアドレス（$\alpha . \beta . \gamma .4$）とポート番号（8080）を設定しています。

〔FWのフィルタリング内容の調査結果〕

　Jさんは，表1をN主任に説明した。その時の2人の会話を次に示す。

　Jさん　　：調べたところ，FWで許可している通信は，表1のとおりになっていました。

　N主任　　：現在の設定で，　　　a　　　スキャンとポートスキャンには対応できているようだ。

　ポートスキャンとは，サーバが待ち受けしているTCPやUDPのポート番号を，外部から調査することです。待ち受けしているポート番号を調べた後，攻撃者はそのポート番号のサービス（たとえばTCP/25であればメール）を狙って攻撃を仕掛けたり，情報取得を試みることがあります。

　空欄aは設問1で解説します。

　　　　　　　DoS攻撃は，送信元IPアドレスを偽装して行われることがある。我が社が利用しているISPでは，①利用者のネットワークとの接続ルータで，uRPF（Unicast Reverse Path Forwarding）と呼ばれるフィルタリングを行っているので，偽装されたパケットが当社に到達することは少なくなっていると考えられる。しかし，DoS攻撃がなくなっているわけではない。DoS攻撃への対策状況について，Jさんの考えを聞かせてくれないか。

　送信元IPアドレスを偽装する理由は，攻撃者の身元を隠すためです。下線①について，フィルタリングの内容が設問3（1）で問われます。uRPFの内容を含め，設問にて詳しく解説します。

　　Jさん　　：②DMZの全ての公開サーバを対象とするブロードキャストアドレス宛てのスマーフ（smurf）攻撃のパケットは，FWでブロックされます。

　スマーフ攻撃に関しては，次ページの参考欄の解説を参考にしてください。

また, 設問3 (2) の答えを先に言ってしまいますが, 下線②のブロードキャストアドレスは,「$\alpha . \beta . \gamma .15$」です。簡単に解説します。DMZのネットワークアドレスは$\alpha . \beta . \gamma .0/28$です。このセグメントへのブロードキャストは, ホストアドレスである下4ビットをすべて1, つまり1111にします。1111を10進表記に変換すると15なので, $\alpha . \beta . \gamma .15$となります。なお, このアドレスは, ディレクテッドブロードキャストアドレスと呼ばれます。

> どうして, FWでこの攻撃パケットをブロックできるのですか?

　当たり前といわれそうですが, 表1のルールで, ディレクテッドブロードキャストアドレス($\alpha . \beta . \gamma .15$)宛ての通信を許可していないからです。まあ, 仮にルールを追加したとしても, この手のアドレス宛ての通信は基本的に拒否されます。

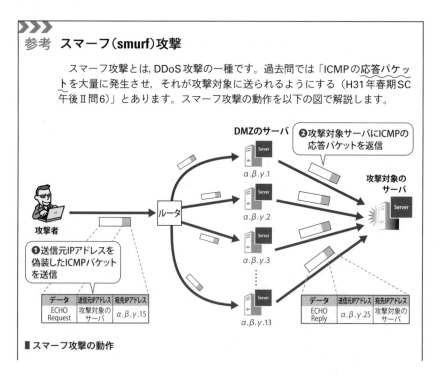

参考　スマーフ (smurf) 攻撃

　スマーフ攻撃とは, DDoS攻撃の一種です。過去問では「ICMPの応答パケットを大量に発生させ, それが攻撃対象に送られるようにする (H31年春期SC午後Ⅱ問6)」とあります。スマーフ攻撃の動作を以下の図で解説します。

DMZのサーバ

❷攻撃対象サーバにICMPの応答パケットを返信

$\alpha . \beta . \gamma .1$
$\alpha . \beta . \gamma .2$
$\alpha . \beta . \gamma .3$
$\alpha . \beta . \gamma .13$

ルータ

攻撃者

攻撃対象のサーバ

❶送信元IPアドレスを偽装したICMPパケットを送信

データ	送信元IPアドレス	宛先IPアドレス
ECHO Request	攻撃対象のサーバ	$\alpha . \beta . \gamma .15$

データ	送信元IPアドレス	宛先IPアドレス
ECHO Reply	$\alpha . \beta . \gamma .25$	攻撃対象のサーバ

■スマーフ攻撃の動作

❶送信元IPアドレスを偽装したICMPパケットを送信

　このとき，宛先IPアドレスをディレクテッドブロードキャスト（α.β.γ.15），送信元IPアドレスを偽装して攻撃対象のサーバにします。

❷攻撃対象サーバにICMPの応答パケットを返信

　ICMPパケットを受信したDMZのサーバは，ICMPの応答パケットを送ります。送信元IPアドレスが偽装されていたので，宛先は攻撃対象のサーバです。こうして，攻撃対象のサーバは，大量のICMPパケットを受信します。

　　　　　クローズのポート宛てにUDPパケットを送ると，RFC792で規定された　　b　　パケットが送信元IPアドレス宛てに返送されるのを悪用し，サーバのリソースを消費させるUDPフラッド（UDP flood）攻撃も，FWの設定で防げていると思います。

空欄bは，設問1で解説します。

N主任　：　そのとおりだ。しかし，SYNフラッド（SYN flood）攻撃については対策が必要だ。どのような対応が必要なのかを検討してくれないか。

Jさん　：　分かりました。SYNフラッド攻撃について調べてみます。

　SYNフラッドの前に，TCPコネクションを確立するための3ウェイハンドシェイクを簡単に復習しておきましょう。

　　※問題文の図2では「3WAYハンドシェーク」と表記されていますが，本ネスペシリーズではこれまでの過去問の表記にあわせて「3ウェイハンドシェイク」と表記します。

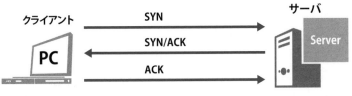

■3ウェイハンドシェイク

SYN, SYN/ACKなどとあるのは, TCPヘッダのSYNとACKビットをON
にしているということです。以下に, Wiresharkでキャプチャしたパケット
の例を紹介します。192.168.57.24から10.0.1.80にTCPの接続を開始するシー
ケンスです。

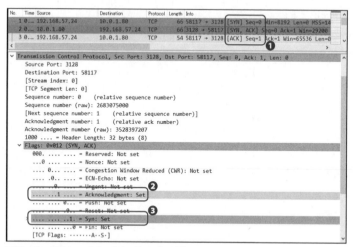

■Wiresharkでキャプチャしたパケットの例

❶では, SYN, SYN/ACK, ACKの三つのパケットが確認できます。下の詳
細画面は二つめのSYN/ACKのパケットです。ACK（Acknowledgment）フラ
グ（❷）とSYN（Syn）フラグ（❸）がそれぞれ1（＝ON）になっています。

〔SYNフラッド攻撃手法と対策技術〕
　Jさんが, SYNフラッド攻撃手法と対策技術について調査した内容を次
に示す。

SYNフラッドの攻撃手法が書かれています。この試験はセキュリティでは
なくネットワークの試験なので, これ以降に丁寧な解説があります。

　SYNフラッド攻撃は, SYNパケットを受信したサーバが, TCPコネク
ション確立のために数十バイトのメモリを確保しなければならない仕様を
悪用し, 攻撃者が大量のSYNパケットを標的のサーバに送りつけてサー
バをダウンさせる攻撃である。

ネスペ R1 ～本物のネットワークスペシャリストになるための最も詳しい過去問解説

一つの TCP コネクションで数十バイトの
メモリが必要なんですね。

　そうです。ですから，1台のPCから1000の通信を行えば数十Mバイトのメ
モリを消費させることができます。ツールを使ったり，クラウドから大量の通
信を送るなどすれば，サーバのメモリをパンクさせることも可能になります。

　例えば，インターネットから図1中のメール中継サーバ宛てに送信され
る，TCP/25のSYNパケットは，表1中の項番　　 c 　　のルールによっ
てメール中継サーバに転送される。

空欄cは設問1で解説します。

SYNパケットを受信したメール中継サーバは，コネクション確立のため
にメモリを確保し，ACKパケットの返送がなくても，確保したメモリを
一定時間解放しない。また，ACKパケットが返送されて不正なコネクショ
ンが確立された場合は，更に長い時間メモリが解放されない。そのため，
メール中継サーバが大量のSYNパケットを受信すると，大量のメモリを
消費して正常に稼働できなくなるおそれがある。

　SYNフラッドの解説が続きます。ここで解説された二つの場合を図にする
と，以下のようになります。

■SYNフラッドの攻撃手法

この攻撃がやっかいなのは，正規の通信と攻撃の通信の見分けができないことです。だから，メモリを確保せざるを得ません。

じゃあ，この攻撃は防げないですか？

完全には防げなくても，攻撃を和らげることはできます。これ以降にその方法が記載されています。

SYNフラッド攻撃の防御技術には，ディレイドバインディングとSYNクッキーがある。ディレイドバインディング技術を図2に示す。

まず，ディレイドバインディング技術の説明です。この技術は，ディレイドバインディング装置を入れることで，サーバのメモリ消費の負荷を軽減します。サーバから見るとSYNパケットが遅延（ディレイ）して届きます。遅延してクライアントとサーバが接続（バインディング，結合の意味です）されるので，ディレイドバインディング方式と呼びます。

なぜ遅延（ディレイド）させるのですか？

「させる」というより，ディレイドバインディング装置が3ウェイハンドシェイクを代行するので，遅延してしまいます。
では以下の図2を見ましょう。

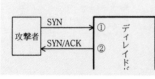

（装置の処理手順）
① SYNパケットを受信すると，TCPコネクション確立のためのメモリを確保する。
② SYN/ACKパケットを返送し，ACKパケットを待つ。

まずは攻撃者の場合です。図2の①と②が該当します。攻撃者がSYNフラッ

ド攻撃で大量のSYNを送ったとします（図①）。ディレイドバインディング装置がSYN/ACKを返します（図②）。サーバにはSYNパケットが届かないのでサーバのメモリが消費されません。

　ただし！ ここが注意点です。①に記載があるように，「TCPコネクション確立のためのメモリを確保」します。よって，ディレイドバインディング装置のメモリを消費します。

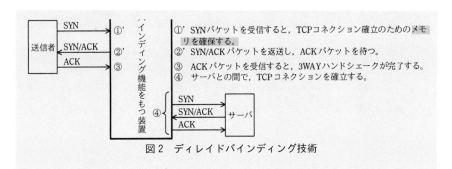

図2　ディレイドバインディング技術

　図2の方式によって，サーバでの不要なメモリ確保を抑止できる。

　次は正規の利用者（図2の送信者）です。図2の①'，②'，③，④が該当します。ディレイドバインディング装置は，サーバの代わりに3ウェイハンドシェイクを行います（図2の①'，②'，③）。正しく3ウェイハンドシェイクができると，サーバとの間で3ウェイハンドシェイク（図2の④）を行います。

ディレイドバインディング装置が大量の SYN パケットを受信しても，装置のメモリを消費しないのですか？

　いえ，そんなことはありません。その点が，これ以降に記載されています。

　しかし，図2の方式には，装置のメモリ容量によって同時接続数が制限される弱点がある。

　サーバの肩代わりをしたので，サーバのメモリ消費は減りました。しかし，

第3章
過去問解説
令和元年度
午後Ⅱ
問2
問題
問題解説
設問解説

ディレイドバインディング装置のメモリを消費してしまいます。そのため，装置のメモリ容量によって同時接続数が制限されてしまいます。

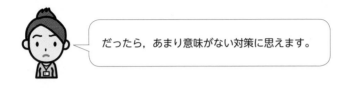

だったら，あまり意味がない対策に思えます。

　そう思いますよね。でも，高スペックのディレイドバインディング装置を1台設置すれば，複数台のサーバへのDDoS攻撃を防ぐことができます。各サーバを個別に高スペック化するよりも安価になる可能性もあります。
　また，ディレイドバインディング装置は，通信トラフィックの傾向を見て，該当通信をブロックするなど，独自のDDoS対策機能を持っていることもあります。DDoS対策として，一定の効果が見込めます。

　一方，SYNクッキーでは，この弱点が改善されている。SYNクッキー技術を図3に示す。

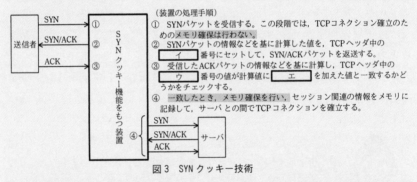

（装置の処理手順）
① SYNパケットを受信する。この段階では，TCPコネクション確立のためのメモリ確保は行わない。
② SYNパケットの情報などを基に計算した値を，TCPヘッダ中の　イ　番号にセットして，SYN/ACKパケットを返送する。
③ 受信したACKパケットの情報などを基に計算し，TCPヘッダ中の　ウ　番号の値が計算値に　エ　を加えた値と一致するかどうかをチェックする。
④ 一致したとき，メモリ確保を行い，セッション関連の情報をメモリに記録して，サーバとの間でTCPコネクションを確立する。

図3　SYNクッキー技術

　図3の方式は，パケット中の該当するコネクションに関連する情報などに，特別な演算によって計算した変換値をクッキーとして，TCPヘッダ中のシーケンス番号に埋め込んで，通信の状態を監視するものである。

　ディレイドバインディング技術の弱点を改善したのがSYNクッキー技術です。
　SYNクッキー技術では，図3の①にあるように，「TCPコネクション確立

のための**メモリを確保は行わない**」のです。よって，SYNフラッド攻撃があっても大量のメモリを消費しません。

> SYNクッキー技術と，どう関係あるのですか？ 単に，サーバでメモリ確保を行わないようにしたらいいと思います。

　いえ，サーバでのメモリの確保は，仕様として必要です。少し前の問題文に「TCPコネクション確立のために数十バイトの**メモリを確保しなければならない仕様**」とあります。受信したACKが正しいかを確認するためには，送信したSYN/ACKのシーケンス番号を覚えておく必要があります。

> じゃあ，SYNクッキーは，なぜ覚えなくていいのですか？

　受信したACKの情報だけで，正常なパケットかを判断できるからです。なので，シーケンス番号を覚えるためのメモリ確保は不要です。考えた人は天才ですね。
　このあたりの確認応答番号などの詳細は，設問4（1）で解説します。

第3章
令和元年度 過去問解説 午後Ⅱ
問2
問題
問題解説
設問解説

> 　Jさんは，二つの防御技術を比較した結果，③SYNクッキーの方式では同時接続数の制限が緩和されることが分かったので，SYNクッキー技術をもつIPS（Intrusion Prevention System）の導入をN主任に提案した。その時の2人の会話を次に示す。

下線③の理由が，設問4（2）で問われます。

Jさん　　：SYNフラッド攻撃への対策が必要です。SYNクッキー技術をもつIPSの導入を提案します。

N主任　　：分かった。IPSを導入すれば，SYNフラッド攻撃だけでなく様々な不正な通信も遮断できるので，導入を検討しよう。そのほ

かに，DMZのサーバが送信元偽装の目的で踏み台にされる可能性について，考えを聞かせてくれないか。

SYNフラッドの話題から，踏み台の防止の話題に変わりました。「送信元偽装」とは，送信元IPアドレスをW社と偽られることです。攻撃しているわけではないのに，W社が攻撃者に思われてしまいます。

> TCPの通信で，IPアドレスを偽装することはできましたっけ？

UDPなら可能ですが，TCPはできません。ですので，今回はIPアドレスは偽装できません。ですが，踏み台にすることで，W社が送信したように見せかけます。

Jさん　　：④FPサーバについては，FWの設定で防止できています。⑤メール中継サーバについては，サーバ自体の転送設定で防止しています。外部DNSサーバについても大丈夫だと思います。

下線④の理由が設問4（3）で，下線⑤の対処方法が設問4（4）でそれぞれ問われます。

N主任　　：外部DNSサーバは，DNSリフレクタ攻撃の踏み台にされる可能性がありそうだ。安全面を考慮すれば，構成変更が必要になるかもしれない。対応策を考えてくれないか。

DNSリフレクタ攻撃とは，DDoS攻撃の一種です。送信元IPアドレスを偽装した問合せをDNSサーバに送り，DNSサーバからの応答を攻撃対象のサーバに送信させる手法です。詳しくは1章3節「DNSサーバについて」の解説に記載しました。

Jさんは，外部DNSサーバの構成上の問題点について考えた。外部DNS

サーバは，ゾーン情報管理サーバ（以下，コンテンツサーバという）の機能と，フルリゾルバの機能をもつので，表1中の項番1と項番6の通信が許可されている

　外部DNSサーバは，コンテンツサーバであり，フルリゾルバ（＝キャッシュDNSサーバ）でもあります。「表1中の項番1と項番6の通信が許可されている」とあるので，表1のルールと照らし合わせて確認します。

(1) コンテンツサーバの機能　→表1中の項番1が該当します。

　コンテンツサーバなので，W社の外部DNSサーバ，メール中継サーバなどのゾーン情報を持ちます。問合せは世界中からきます。なので，表1の項番1（以下）を見ると，「インターネット→DMZ」のアクセス経路において，送信元IPアドレスがanyで，宛先IPアドレス外部DNSサーバ（$\alpha.\beta.\gamma.1$）へのUDP53番が許可されています。

項番	アクセス経路	送信元 IPアドレス	宛先 IPアドレス	プロトコル／ポート番号
1		any	$\alpha.\beta.\gamma.1$	UDP/53[1]
2	インターネット→ DMZ	ア	$\alpha.\beta.\gamma.1$	TCP/53
3		any	$\alpha.\beta.\gamma.2$	TCP/25

(2) フルリゾルバの機能　→表1中の項番6が該当します。

　フルリゾルバなので，PCやW社のサーバからの名前解決要求に答えます。しかし，外部DNSサーバは，すべてのドメイン情報を持っているわけではありません。そこで，外部DNSサーバから，各社のドメイン情報を持っているIPAやGoogleやトヨタ自動車などのDNSサーバに問い合わせます。その通信が表1の項番6です。DMZの外部DNSサーバ（$\alpha.\beta.\gamma.1$）から，インターネット上にある各社のコンテンツサーバに名前解決（UDP53番）の通信を行います。

項番	アクセス経路	送信元 IPアドレス	宛先 IPアドレス	プロトコル／ポート番号
6	DMZ→インターネット	$\alpha.\beta.\gamma.1$	any	TCP/53[2]，UDP/53
7		$\alpha.\beta.\gamma.2$	any	TCP/25

フルリゾルバによるインターネット上のホストの名前解決は，$\boxed{\qquad d \qquad}$ と $\boxed{\qquad e \qquad}$ からの要求に対応できればよいが，

フルリゾルバのDNSサーバへの名前解決要求は，すべての社内機器からの要求に応える必要はありません。実は，空欄dと空欄eの二つだけです。詳しくは設問1で解説します。

コンテンツサーバは，インターネット上の不特定のホストからの名前解決要求に応答する必要がある。そこで，外部DNSサーバを，コンテンツサーバとして機能するDNSサーバ1と，フルリゾルバサーバとして機能するDNSサーバ2に分離すれば，踏み台にされる可能性は低くなると考えた。

分離する目的は，DNSリフレクタ攻撃などによる「踏み台」対策だけではありません。DNSキャッシュポイズニングによる「キャッシュ汚染」の対策にもなります。この点は，設問5（3）に関連します。

その場合，表1中の項番6のルールの変更が必要になる。DNSサーバ1に $\alpha . \beta . \gamma .1$，DNSサーバ2に $\alpha . \beta . \gamma .6$ を割り当てたときの表1の変更内容を表2に示す。

表2　表1の変更内容

項番	アクセス経路	送信元IPアドレス	宛先IPアドレス	プロトコル／ポート番号
6	（省略）	オ	カ	（省略）

外部DNSサーバの分離に伴い，FWのルール変更が必要です。空欄オと空欄カは設問4（5）で解説します。

　Jさんは，検討結果をN主任に説明した。Jさんの説明を受けたN主任は，外部DNSサーバの構成変更後の，DNSサーバへの攻撃についての調査を指示した。

〔DNSサーバへの攻撃と対策〕
　Jさんは，DNSサーバへの攻撃の中でリスクの大きい，DNSキャッシュ

ポイズニング攻撃の手法について調査した。Jさんが理解した内容を次に示す。

DNSキャッシュポイズニング攻撃は，ポイズン（毒）の名前のとおり，DNSサーバに毒として偽の情報を送り込む攻撃手法です。偽のDNS情報によって，正規のサイトにアクセスしているつもりが，違うサイトにアクセスしてしまいます。詳しくは，1章3節の「DNSサーバについて」の解説に記載しています。

DNSキャッシュポイズニング攻撃は，次の手順で行われる。

(i) 攻撃者は，偽の情報を送り込みたいドメイン名について，標的のフルリゾルバサーバに問い合わせる。

(ii) フルリゾルバサーバは，指定されたドメインのゾーン情報を管理するコンテンツサーバに問い合わせる。

(iii) ⑥攻撃者は，コンテンツサーバから正しい応答が返ってくる前に，大量の偽の応答パケットを標的のフルリゾルバサーバ宛てに送信する。

(iv) フルリゾルバサーバは，受信した偽の応答パケットをチェックし，偽の応答パケットが正当なものであると判断してしまった場合，キャッシュの内容を偽の応答パケットを基に書き換える。

1章3節で記載しましたが，同じ図を再掲します。

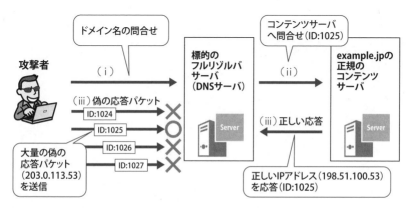

■DNSキャッシュポイズニング攻撃

第3章

過去問解説
令和元年度
午後II

問2

問題

問題解説

設問解説

この攻撃が成立した場合，NPCがwww.example.jpにアクセスすると，正規のサーバ（198.51.100.53）ではなく，偽のサーバ宛先（203.0.113.53）にアクセスしてしまいます。

　（ii）の問合せパケットと，（iii）の応答パケットの情報を表3に示す。
　表3に示すように，（ii）の問合せパケットの送信元ポート番号には特定の範囲の値が使用されるケースが多いので，攻撃者は，（iii）の偽の応答パケットを正当なパケットに偽装しやすくなるという問題がある。調査の結果，この問題の対応策には，送信元ポート番号のランダム化があることが分かった。

　ランダム化の効果についても，詳細は1章3節「DNSサーバについて」の解説に記載しました。簡単にいうと，ランダム化によって，攻撃者は正しい送信元ポート番号がわからなくなります。これにより，DNSキャッシュポイズニング攻撃の成功確率が下がるのです。

表3　（ii）の問合せパケットと，（iii）の応答パケットの情報（抜粋）

項番	ヘッダ名	項目名	問合せパケットの情報	応答パケットの情報
1	IPヘッダ	送信元IPアドレス	フルリゾルバサーバのIPアドレス	キ
2		宛先IPアドレス	コンテンツサーバのIPアドレス	ク
3		プロトコル	UDP	UDP
4	UDPヘッダ	送信元ポート番号	$n^{1)}$	ケ
5		宛先ポート番号	53	コ
6	DNSヘッダ	識別子	$m^{2)}$	サ
7		フラグ中のQRビット	0（問合せ）	1（応答）

注[1]　nには特定の範囲の値が設定されるケースが多い。
注[2]　mには任意の値が設定される。

　表3は，DNSのパケットの詳細です。何点か確認します。
・**項番4：送信元ポート番号**
　注[1]に「特定の範囲の値が設定されるケースが多い」とあります。よって，送信元ポート番号が特定の範囲に固定化されていることがわかります。そこで，DNSキャッシュポイズニング対策として，ランダム化します。

- **項番6：識別子**

識別子は，DNSの問合せを管理する問合せIDです。これはIPAやYahoo!など，複数のドメインの問合せをした場合に，どの要求に対する応答かを識別するためのものです。加えて，不正な応答かどうかの判断にも使えます。注2)に「mには任意の値が設定される」とあります。識別子は16ビットなので，65,536通りあります。

- **項番7：QRビット**

DNS要求は0，DNS応答は1と決められています。

空欄キ〜サは，設問5（1）で解説します。

> Jさんは，⑦外部DNSサーバの構成変更によって，インターネットからのDNSサーバ2へのキャッシュポイズニング攻撃は防げると判断した。さらに，万が一の場合に備え，DNSサーバ2には，送信元ポート番号のランダム化に対応した製品の導入を提案することにした。
>
> Jさんは，調査結果と対応策をN主任に説明し，DNSサーバ2には送信元ポート番号のランダム化対応の製品の導入が了承された。

DNSキャッシュポイズニングの対策として，すでに述べた外部DNSサーバの構成変更と，送信元ポート番号のランダム化の二つを実施します。下線⑦に関して，なぜキャッシュポイズニング攻撃を防げるかが設問5（3）で問われます。

> 〔マルウェアの内部LANへの侵入時の対策〕
> 次に，2人は，マルウェアの内部LANへの侵入時の対策について検討した。ネットワークのセキュリティ対策を行っても，ソーシャルエンジニアリングなどによってW社内の情報が漏えいすると，内部LANのNPCは，マルウェアに侵入されるおそれがある。

ソーシャルエンジニアリングとは，ログイン情報などの重要な情報をIT以外の方法で盗む方法です。たとえば緊急を装ってW社に電話をかけ，社員のメールアドレスを聞いたりします。そのメールアドレスに対し，標的型

第3章

過去問解説

令和元年度

午後Ⅱ

問2

問題

問題解説

設問解説

攻撃で使われるような巧妙なメールを送れば，マルウェアを感染させられることもあるでしょう。

> NPCに侵入したマルウェアは，攻撃者が管理・運営するC&C（Command & Control）サーバとの間の通信路を設定した後，C&Cサーバ経由で攻撃者から伝達された命令を実行して，自身の拡散やC&Cサーバへの秘密情報の送信などを行うことがある。

C&C（Command and Control）サーバとは，インターネットからPCのマルウェアに対してコマンド（Command）を送って，遠隔で操作（Control）するサーバです。マルウェアは，HTTPやHTTPSを使ってC&Cサーバと通信します。

> FWで守られているのに，遠隔で操作なんてできるのですか？

はい，FWがあっても遠隔操作はできます。まず，内部のNPCからC&Cサーバへの通信は通常のHTTPやHTTPSなので，FWを通過できます。そして，C&CサーバからNPCへの応答パケットも，FWのステートフルインスペクション機能で許可されます。この応答パケットに，攻撃者は命令（攻撃コード）を入れ込むのです。

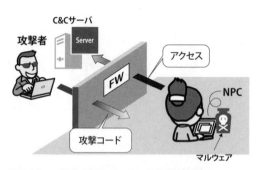

■C&Cサーバ経由でPCのマルウェアを遠隔操作

ネスペ R1 ～本物のネットワークスペシャリストになるための最も詳しい過去問解説

このとき，C&CサーバのIPアドレスが特定できれば，FPサーバでC&Cサーバとの通信は遮断できる。しかし，Fast Fluxと呼ばれる手法を用いて，IPアドレスの特定を困難にすることによって，C&Cサーバなどを隠蔽する事例が報告されている。

　Fast Fluxは，特定のドメインに対するDNSレコードを短時間に変化させることによって，サーバの追跡を困難にさせる手法である。

　Fast Flux（ファストフラックス）とは，攻撃者がボットネットやC&Cサーバのトアドレスを追跡しにくくする手法です。詳しくは1章3節に記載していますが，一つのFQDNに対して複数のIPアドレスを対応させます。さらに，短時間（たとえば3分）ごとにIPアドレスを変化させます。なので，不正なC&CサーバのFQDNがわかったとしても，IPアドレスがコロコロ変わります。IPアドレスを基に，不正な通信を防ぐのは簡単ではありません。

　Fast Flux手法が用いられたときのマルウェアによるC&Cサーバとの通信例を，図4に示す。

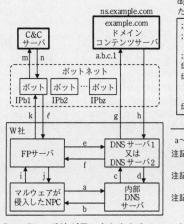

図4　Fast Flux 手法が用いられたときのマルウェアによる C&C サーバとの通信例（抜粋）

こういう図は嫌いなんですよね。

どこから見ていいのかわからないから，読みたくないですよね（笑）。

今回の図は，❶PC（マルウェアが侵入したNPC）が❷fast-flux.example.com（というC&Cサーバ）に通信する場合のパケットの流れと考えてください。PCは，❸プロキシサーバ（FPサーバ）を経由してC&Cサーバ（実際にはボット）と通信をします。

この部分に着目すると，下図のようになります。

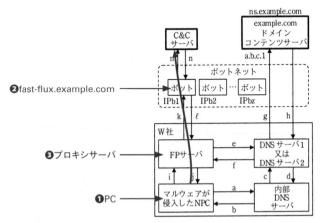

■PCがC&Cサーバに通信する場合のパケットの流れ

このとき，NPCはIPアドレスを用いて通信をします。でも，fast-flux.example.comのIPアドレスがわかりません。そこで，右側にある複数のDNSサーバに名前解決を依頼します。詳しくは設問6（2）で解説します。

攻撃者は，example.comドメインを取得してコンテンツサーバ（ns.example.com）を設置する。図4中のns.example.comには，fast-fluxのFQDNに対するAレコードとして大量のボットのIPアドレス，及びDNSラウンドロビンが設定される。

図4の真ん中の上にある「example.comドメインのコンテンツサーバ」に関する内容です。

図4には，W社の内部LANのNPCに侵入したマルウェアが，fast-flux.example.comにアクセスした後，ボットに備わる機能を利用して，C&Cサー

バとの間で行われる通信を示している。⑧図4中のexample.comドメインのコンテンツサーバの設定の場合，

　下線⑧の「コンテンツサーバの設定」は，図4の右上にある「digコマンドでns.example.comに問い合わせたときに応答される情報」の内容（以下）です。

digコマンドでns.example.comに問い合わせ
たときに応答される情報

```
;; QUESTION SECTION:
; fast-flux.example.com.        IN  A

;; ANSWER SECTION:
fast-flux.example.com.   180  IN  A  IPb1
fast-flux.example.com.   180  IN  A  IPb2
              ⋮
fast-flux.example.com.   180  IN  A  IPbz
```

■コンテンツサーバの設定

　マルウェアが，一定間隔でfast-flux.example.comへアクセスを行えば，毎回，異なるIPアドレスで，ボットを経由してC&Cサーバと通信することになる。
　このような方法を用いることによって，C&CサーバのIPアドレスを隠蔽できる。

　このあたりの内容も，1章3節で解説したとおりです。マルウェアの通信先のIPアドレスが多数あり，しかも早い周期で変動します。すると，FWでC&CサーバのIPアドレスを拒否するのも困難です。結果的に，C&CサーバのIPアドレスを隠蔽できていると言えます。

　IPアドレスがダメなら，fast-flux.example.comというFQDNでフィルタリングをすればいいと思います。

　そのとおりです。その点が次に記載されています。

しかし，マルウェアが同一のFQDNのホストにアクセスすることになるので，fast-flux.example.comへのアクセスによってC&Cサーバとの通信が行われることが判明すれば，FPサーバのURLフィルタリングでC&Cサーバとの通信は遮断できる。

IPアドレスでのフィルタリングは困難でした。ですが，FQDNがfast-flux.example.comに固定されていれば，対策は簡単です。FPサーバのURLフィルタリングでfast-flux.example.comへのアクセスを禁止すればいいだけです。

攻撃者は，これを避けるためにDomain Fluxと呼ばれる手法を用いることがある。

Domain Fluxは，ドメインワイルドカードを用いて，あらゆるホスト名に対して，同一のIPアドレスを応答する手法である。Fast Flux と Domain Fluxを組み合わせることによって，C&CサーバのFQDNとIPアドレスの両方を隠蔽できる。図4に示した構成のFast Flux と Domain Fluxを組み合わせたときの，ns.example.comに設定されるゾーンレコードの例を図5に示す。

```
$ ORIGIN   example.com.
                        IN    NS     ns.example.com.
ns          86400       IN    A      a.b.c.1
*           180         IN    A      IPb1
*           180         IN    A      IPb2
                           ⋮
*           180         IN    A      IPbz
```

図5　ns.example.com に設定されるゾーンレコードの例（抜粋）

URLフィルタリングを避けるためのDomain Flux（直訳するとドメインの変動）についての説明です。こちらも1章3節で解説しました。簡単に解説すると，DNSの記載にワイルドカード（＊）を使い，どんなホスト名でもIPアドレスを返します。たとえば，aaa.example.comやxyz.example.comのように，ゾーンファイルに設定していない文字列であっても，図5に記載されたIPb1〜IPbzのIPアドレスを返すのです。

防御する側は，URLフィルタリングに「aaa.example.com」への通信

を禁止に設定したとしても，マルウェアは次に別の文字列を使って「xyz.example.com」宛てに通信します。URLフィルタが効かないので，マルウェアの通信は成功してしまいます。

> ＊.example.com をフィルタリングすればいいのでは？

そうですね。たしかに，URLフィルタではワイルドカードや正規表現が使えます。なので，そういうフィルタリングが可能です。ただ，「C&Cサーバのの FQDN は隠蔽できているか？」と聞かれたら，「できている」といえるでしょう。

このような攻撃が行われた場合を想定し，2人は，現行のFPサーバをHTTPS通信の復号機能をもつ機種に交換し，

> 復号機能はどんな効果があるのですか？

HTTPS通信は，データ部分に含まれる接続先の URL も暗号化します。よって，HTTPS通信では URL フィルタリングが機能しません。なので，Domain Flux の対策というよりは，URL フィルタリングをするために復号機能は必須なのです。

それに，今回の内容とは直接がありませんが，通信を解読できるので，IPS機能によって攻撃パケットを遮断したり，送られてきたマルウェアをアンチウイルス機能で防げることもあります。

プロキシ認証を併せて行うことにした。

プロキシ認証をする場合，インターネット接続のためにブラウザを立ち上げると，認証画面が出ます。

■プロキシサーバで簡易な認証（Basic認証）を有効にした場合の認証画面

マルウェアはユーザIDとパスワードを知らないので，インターネット上のC&Cサーバと通信できなくなります。プロキシサーバのログには，マルウェアによる認証失敗のログが大量に記録されることでしょう。この点は設問6（4）に関連します。

> 交換するFPサーバでのプロキシ認証のセキュリティを高めるために，社内のNPCのWebブラウザで，オートコンプリート機能を無効にし，ID，パスワードのキャッシュを残さないようにすることにした。

オートコンプリート（自動補完）機能とは，ブラウザにユーザIDとパスワードを記録する機能です。毎回ユーザIDとパスワードを毎回入力しなくて済むので便利です。しかし，マルウェアがオートコンプリートの情報を使って，インターネットにアクセスできてしまいます。

> じゃあ，利用者は毎回IDとパスワードを入れるのですか？

そうなんです。セキュリティのためとはいえ，少し面倒ですよね。ただ，一度入力するとブラウザを閉じるまでは認証が有効です。

> また，内部LANに侵入したマルウェアの活動を早期に検知するために，⑨FPサーバとFWのログを定期的に検査することにした。

以上の検討を基に，N主任とJさんは，(1) IPSの導入，(2) 外部DNSサーバの構成変更と新機種の導入，(3) FPサーバの交換，(4) NPCの設定変更，及び (5) ログの定期的な検査から成る5項目の実施案をまとめ，M課長に提出した。

　2人がまとめた実施案は，経営会議で承認され，実施に移されることになった。

⑨に関しては，設問6（4）で解説します。

問題文はここまでです。お疲れさまでした。

第3章

過去問解説

令和元年度

午後Ⅱ

問2

問題

問題
解説

設問
解説

設問の解説

設問1

本文中の a ～ e に入れる適切な字句又は数値を答えよ。

問題文の該当部分は以下のとおりです。

> N主任 ： 現在の設定で， a スキャンとポートスキャンには対応できているようだ。

攻撃者は攻撃対象となるサーバを探し，攻撃をしかけます。空欄aの答えを言ってしまいますが，この調査に使用されるのが，空欄aのアドレススキャン（またはホストスキャン）およびポートスキャンです。スキャン（scan）は，「詳しく調べる」という意味です。

①アドレススキャン

どんなサーバが動作しているか，**IPアドレスを調査**します。多くの場合は，ICMPを使います。たとえば，pingを送信して応答があれば，そのIPアドレス（つまりサーバ）は動作しています。

②ポートスキャン

次は，サーバのどのポートが空いているか，**ポートを調査**します。たとえば，HTTPの80番ポートが空いているかを調査するには，そのIPアドレスとポートに対してSYNパケットを投げます。SYN/ACKパケットが返ってくれば，該当ポートが動作していることがわかります。UDPの場合も，UDPのパケットを投げて，その応答を確認します。UDPの場合は，3ウェイハンドシェイクをしません。ですが，ポートが閉じられていると，サーバが「port unreachable」を返すなどの動作をします（詳しくは空欄bで解説）。

解答	ホスト または アドレス

さて，以降は余談です。この攻撃の対策はどうするのでしょうか。まず，各サーバのファイアウォール機能で外部からの通信を拒否します。Linux でいう Firewalld や iptable の設定です。また，ネットワーク上のファイアウォールでも，公開するサーバの必要ポート以外の通信を拒否します。

それって，アドレススキャンやポートスキャンの対策というより，当たり前の設定では？

　まあ，そうともいえます。今回の場合でいうと，$\alpha.\beta.\gamma$.3（RPサーバ）や $\alpha.\beta.\gamma$.5（LB）の80番や443番が動作していることを，ポートスキャンによって攻撃者に知られてしまいます。でも，公開サーバですから，仕方がありません。

　しかし，実際によく起こる情報漏洩は，たとえば，FTP や Telnet，その他，攻撃の糸口になるポートが動作していて，そこから侵入されることです。ファイアウォールでアドレスやポートを閉じておくことが大事です。そうしておけば，意図せずサーバのポートを公開してしまったような場合でも，ポートスキャンによる調査を防げます。もちろん，ポートスキャンだけでなく，本当の攻撃や侵入も防げます。

空欄b

問題文の該当部分は以下のとおりです。

クローズのポート宛てに UDP パケットを送ると，RFC 792 で規定された
　　　　b　　　　パケットが送信元 IP アドレス宛てに返送される

　クローズのポート宛てに TCP や UDP のパケットを送信すると，「Port unreachable」の ICMP パケットが通信相手から返送されます。

UDP に対して ICMP を返すんですか。

第 3 章
過去問解説
令和元年度 午後Ⅱ
問2
問題
問題解説
設問解説

はい。ICMP（Internet Control Message Protocol）は，その名のとおり，インターネット制御の通知のプロトコルです。到達および不達などの通信に関する情報を通知してくれます。

　UDPはTCPと違って3ウェイハンドシェイクを行いません。なので，相手が間違ったポート番号にパケットを送っても気が付かない可能性があります。そこで，「そのポートは使っていません」と教えてあげます。RFCで決められた仕様です。

解答例	ICMP　または　ICMP Unreachable

　解答としては，RFC 792で規定している名称として「ICMP」を答えます。また，RFCのICMPの規定は「Destination unreachable」または「port unreachable」です。このどちらかを書いてももちろん正解です。なぜ，「ICMP Unreachable」というRFCに記載がない表現が解答例にあげられているのか……。その理由はよくわかりません。

　では，実際のパケットを見てみましょう。以下は，PC（10.0.1.150）からWebサーバ（10.0.1.151）のポート1000番（適当に決めた番号です）に対してUDPパケットを送信した様子です（Linuxのhpingコマンドを使ってUDPを送信）。WebサーバではUDPの1000番ポートのサービスが起動していません。よって，Webサーバは「Port unreachable」のICMPパケットを返します。

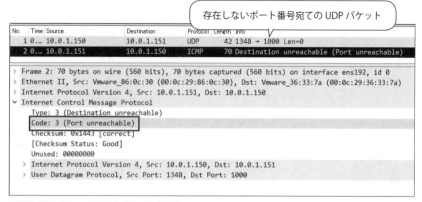

■ PCからWebサーバへUDPパケットを送信

問題文の該当部分は以下のとおりです。

　例えば，インターネットから図1中のメール中継サーバ宛てに送信される，TCP/25のSYNパケットは，表1中の項番　　　c　　　のルールによってメール中継サーバに転送される。

「SYNパケット」とありますが，単なるTCPのパケットと考えてください。インターネットからメール中継サーバへのパケットが，FWのどのルールで許可されているかを探します。簡単な問題です。

　メール中継サーバはDMZにあります。表1のルールのうち，アクセス経路が「インターネット→DMZ」の中から探します。宛先はメール中継サーバ（$\alpha.\beta.\gamma.2$），プロトコルはTCP，ポート番号25です。この条件を満たすルールは項番3です。

項番	アクセス経路	送信元 IPアドレス	宛先 IPアドレス	プロトコル／ポート番号
1		any	$\alpha.\beta.\gamma.1$	UDP/53 [1]
2		ア	$\alpha.\beta.\gamma.1$	TCP/53
3	インターネット→ DMZ	any	$\alpha.\beta.\gamma.2$	TCP/25
4		any	$\alpha.\beta.\gamma.3$	TCP/80　TCP/443
5				T
6		$.\gamma.1$		T
7	ト	$.\beta.\gamma.2$	any	TCP/25

「インターネット→DMZ」を探す

メール中継サーバのIPアドレスを探す

TCP/25を許可している

解答　3

問題文の該当部分は以下のとおりです。

フルリゾルバによるインターネット上のホストの名前解決は，　　　d　　　と　　　e　　　からの要求に対応できればよい

フルリゾルバ（＝キャッシュDNSサーバ）は，W社内（のPCやサーバ）

第3章
過去問解説
令和元年度
午後II
問2
問題
問題解説
設問解説

からの名前解決要求に応えます。では，| d |と| e |には図1
中のどの機器が入るでしょうか。

> 二つだけですか？ W社内のPCやサーバはいくつもありますよ。

以下の問題文を見てください。

> ・内部LANの各部署のNPCから，インターネット上のWebサイトへのアクセス，及びDMZと内部LANのサーバから，マルウェア対策ソフトの定義ファイル更新のためのベンダのWebサイトへのアクセスは，FPサーバ経由で行われる。

ここにあるように，社内のPCやサーバからWebサイトへの通信は，**FPサーバ（＝プロキシサーバ）経由**で行われます。なので，FPサーバからの名前解決要求に対応すれば，ほぼすべての名前解決が行えます。空欄の一つは「FPサーバ」です。

> 表1の項番13に，内部DNSサーバ（192.168.10.1）から外部DNSサーバ（α.β.γ.1）へのUDP/53が許可されています。正解は「内部DNSサーバ」でしょうか？

たしかに許可されています。ですが，これは不必要に許可されたルールです。しかも問題文にはご丁寧に「内部DNSサーバは（略）名前解決要求は，外部DNSサーバに転送する」とまで書かれています。これは，ネスペ試験ではめずらしい，巧妙な引っかけ問題でした。深入りすると説明が長くなりすぎるのでやめますが，社内のPCはFPサーバ（＝プロキシサーバ）経由でインターネットに接続します。なので，内部DNSサーバがインターネット上のホストの名前解決をしなくていいのです。

では，もう一つの正解は何ですか？

　ヒントは，先の問題文の「Webサイトへのアクセス」という記述です。FPサーバ（＝プロキシサーバ）はWebサイトへの**HTTP**や**HTTPS**の通信を中継します。ですが，**SMTP**は対象外です。

　ですから，正解は，「メール中継サーバ」です。メール中継サーバは，メールを送るために名前解決が必要です。たとえば，user1@seeeko.com宛てのメールを送るには，seeeko.comドメインのメールサーバ（MXレコード）を問い合わせる必要があるからです。

> **解答**　空欄d：FPサーバ　　空欄e：メール中継サーバ　（順不同）

第3章

令和元年度

過去問解説

午後Ⅱ

問2

問題

問題解説

設問解説

設問2　表1中の　　ア　　に入れる適切なIPアドレスを答えよ。また，項番2のルールによって行われる通信の名称を答えよ。

　問題文の該当部分は以下のとおりです。

表1　通信を許可するFWのルール

項番	アクセス経路	送信元 IPアドレス	宛先 IPアドレス	プロトコル／ポート番号
1	インターネット→ DMZ	any	$\alpha.\beta.\gamma.1$	UDP/53[1]
2		ア	$\alpha.\beta.\gamma.1$	TCP/53
3		any	$\alpha.\beta.\gamma.2$	TCP/25
4		any	$\alpha.\beta.\gamma.3$	TCP/80，TCP/443

　インターネット側から$\alpha.\beta.\gamma.1$（外部DNSサーバ）宛ての，TCP/53の通信について問われています。

外部 DNS サーバ宛ての通信ですし，ポート番号も 53 なので DNS に関する通信でしょうか？

　はい，そのとおりです。ヒントはプロトコルが「TCP」であることです。DNSでTCPを使うのは，「ゾーン転送」の場合です。これが設問で問われてる「通信の名称」の答えです。

なぜ名前解決要求は UDP で，ゾーン転送は TCP なのですか？

　名前解決は応答速度，ゾーン転送は信頼性が求められるからです。応答速度が速いのはUDPで，信頼性が高いのがTCPプロトコルです。ゾーン転送に関しては，RFC 1034に「Because accuracy is essential, TCP or some other reliable protocol must be used for AXFR requests.」とあります。つまり，正確に送るという「精度」が求められるために，信頼性の高いTCPなどを使うのです。

　では設問に戻ります。どのサーバでゾーン転送をするのでしょうか。今回におけるスレーブDNSサーバは，R社DNSサーバです。問題文の注1)にも「R社DNSサーバは，スレーブDNSサーバとして利用」とあります。したがって，空欄アには，R社DNSサーバのIPアドレスであるx.y.z.1が入ります。

解答	空欄ア：x.y.z.1　　通信の名称：ゾーン転送

ゾーン転送は，マスタ DNS サーバからスレーブ DNS サーバへなので，FW のルールは逆では？

　いえ，あってます。セカンダリDNSサーバからプライマリDNSサーバへゾーン転送の要求をし，ゾーン転送が行われるからです。（※要求を行う間隔は，プライマリDNSサーバのnamed.confに記載されている「リフレッシュ」の値です）

〔FWのフィルタリング内容の調査結果〕について，(1)，(2)に答えよ。
(1) 本文中の下線①について，フィルタリングの内容を，70字以内で述べよ。

問題文の該当部分は以下のとおりです。

我が社が利用している ISP では，①利用者のネットワークとの接続ルータ
で，uRPF（Unicast Reverse Path Forwarding）と呼ばれるフィルタリン
グを行っているので，偽装されたパケットが当社に到達することは少なく
なっていると考えられる。

uRPF は，過去問にも出たことがない初めてのキーワードです。ISP のルー
タでのフィルタリング技術なので，実際に設定したことがある人はほとんど
いないと思います（著者も知りませんでした）。採点講評にも，「設問3（1）
は正答率が低かった。uRPF（Unicast Reverse Path Forwarding）は，なじ
みの薄い技術だったようであるが，送信元を偽装した通信の防御方法の一つ
であり，是非，知っておいてほしい」とあります。ほとんどの人が解けなかっ
たことでしょう。

問題文のヒントから解くことはほぼ不可能で，知識問題といえます。先に
答えを見てみましょう。

解答例	ルータが受信したパケットの送信元IPアドレスが，ルーティング テーブルに存在しない場合，受信したパケットを廃棄する。（57字）

ルータは通常，宛先IPアドレスしか見ませんが，uRPF では送信元IPアド
レスも見ます。そして，送信元IPアドレスが偽装されていないかを判断します。
次ページの図で解説します。右側にあるW社は，プロバイダPを経由し
てインターネットに接続しています（次ページの図❶）。左側の顧客Aも同
様で，プロバイダPに接続しています（図❷）。プロバイダPのルータR1のルー
ティングテーブルを見てみましょう。顧客A宛て（1.1.a.0/24）のパケットは，
ポートP1から出力します（図❸）。

ここで，顧客Aのネットワークから，送信元IPアドレスが3.3.b.xに偽装
されたパケットがプロバイダPに届いたとします（下図❹）。

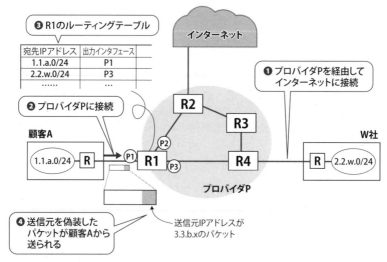

❸ R1のルーティングテーブル

宛先IPアドレス	出力インタフェース
1.1.a.0/24	P1
2.2.w.0/24	P3
……	…

❷ プロバイダPに接続

❶ プロバイダPを経由して
インターネットに接続

顧客A

1.1.a.0/24 R

W社

2.2.w.0/24

プロバイダP

❹ 送信元を偽装した
パケットが顧客Aから
送られる

送信元IPアドレスが
3.3.b.xのパケット

■ uRPFによるフィルタリングでは送信元IPアドレスを確認する

　ISPのルータR1は，受信したパケットの送信元IPアドレスが，ルーティ
ングテーブルに存在するかを確認します。今回は，3.3.b.xのIPアドレスが
R1のルーティングテーブルに存在しないので，不正なパケットとして破棄
します。

でも，プロバイダはインターネットという世界中のネットワークに
つながっています。デフォルトゲートウェイを含めて，どこかの
経路情報に記載されているはずです。

　なるほど，3.3.b.xのIPアドレスは，インターネットのどこかに存在する
から，R1のルーティングテーブルにあるということですね。しかし，その
場合，3.3.b.xの出力インタフェースはP1ではなくP2になるはずです。P1
から届くということは，不正なパケットです。このように，uRPFでは，経
路情報と出力インタフェースが一致しない場合にも，不正なパケットと判断
して破棄します。

(2) 本文中の下線②のIPアドレスを答えよ。

　問題文には，「②DMZの全ての公開サーバを対象とするブロードキャスト
アドレス宛て」とあります。問題文の解説でも述べましたが，あらためて解
説します。

　DMZのIPアドレスは，図1の注記1より $\alpha . \beta . \gamma$ .0/28です。ブロードキャ
ストアドレスを計算するには，ホスト部（最後の4ビット）を全て1，つま
り1111にします。1111を10進表記に変換すると15なので，$\alpha . \beta . \gamma$ .15です。

> **解答**　$\alpha . \beta . \gamma$ .15

設問4

　〔SYNフラッド攻撃手法と対策技術〕について，(1) ～ (5) に答えよ。

(1) 図3中の ┃　イ　┃ ～ ┃　エ　┃ に入れる適切な字句又は数値を答
えよ。

　問題文の該当部分は以下のとおりです。

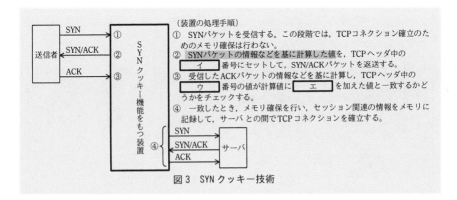

（装置の処理手順）
① SYNパケットを受信する。この段階では，TCPコネクション確立のた
めのメモリ確保は行わない。
② SYNパケットの情報などを基に計算した値を，TCPヘッダ中の
┃　イ　┃ 番号にセットして，SYN/ACKパケットを返送する。
③ 受信したACKパケットの情報などを基に計算し，TCPヘッダ中の
┃　ウ　┃ 番号の値が計算値に ┃　エ　┃ を加えた値と一致するかど
うかをチェックする。
④ 一致したとき，メモリ確保を行い，セッション関連の情報をメモリに
記録して，サーバとの間でTCPコネクションを確立する。

図3　SYNクッキー技術

SYN クッキーなんて初めて聞きました。
ですから，さっぱりわかりません。

　この問題は，SYN クッキーは関係ありません。TCP の仕組みを理解していれば答えられます。まず，SYN クッキーを無視して，単純に SYN/ACK と ACK が，どうやってパケットに矛盾がないかを確認しているのかを思い出してください。（念のため，「復習」欄として記載します）

>>> **復習** **TCP ヘッダのシーケンス番号と確認応答番号**

　TCP ヘッダにある番号は四つで，「宛先ポート番号」「送信元ポート番号」，そして「シーケンス番号」と「確認応答番号」です。後ろの二つの番号により，パケットに矛盾がないかや，不正なパケットではないかを確認します。

・シーケンス番号

　各端末（PC やサーバ）が，自分で管理しているパケットの通番です。送信側と受信側で異なる番号を使います。なお，シーケンス番号は 0 からではなく，ランダムな値から開始されることがあります。

・確認応答番号

　次のシーケンス番号を，相手に伝えるためのものです。3 ウェイハンドシェイクの場合，「受信したシーケンス番号＋1」が確認応答番号です。

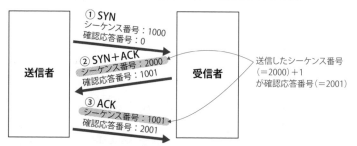

■TCP ヘッダのシーケンス番号と確認応答番号

　受信者は，③の確認応答番号が，②で送ったシーケンス番号＋1 であれば，正しい 3 ウェイハンドシェイクとしてコネクションを接続します。

不正な第三者はシーケンス番号を知らないから，
正しい③の ACK を返せないのですね。

　そうです。実は，この知識があれば空欄イ～エは答えられます。

---

②SYNパケットの情報などを基に計算した値を，TCPヘッダ中の
　　イ　　番号にセットして，SYN/ACKパケットを返送する。

確認応答番号は，受信したシーケンス番号＋1と決められています。自ら
決めることはできません。今回は，自分で計算した値を入れているので，シー
ケンス番号です。

> **解答**　シーケンス

③受信したACKパケットの情報などを基に計算し，TCPヘッダ中の
　　ウ　　番号の値が計算値に　　エ　　を加えた値と一致するかど
うかをチェックする。

ACKの確認応答番号は，②のシーケンス番号（＝今回は「計算値」）＋1
となるはずです。よって，空欄ウには「確認応答」，空欄エには「1」が入
ります。

> **解答**　空欄ウ：**確認応答**　　空欄エ：**1**

このように，3ウェイハンドシェイクの仕組みだけで正解することはでき
たと思います。念のため，SYNクッキーの場合はどうなるか，解説します。
同時に，SYNクッキーの場合はメモリを確保しなくてもいいという点も確認
します。

たしか，受信者が②で送信したシーケンス番号を覚えておかなく
ていいことが，メモリを確保しなくてもいい理由ですよね。

そうです。計算すれば求められるからです。以下の図で解説します。

　問題文には，②SYN/ACKに関して，「SYNパケットの情報などを基に計算した値を，TCPヘッダ中の　イ：シーケンス　番号にセット」とあります。「SYNパケットの情報など」というのは，送信元IPアドレスや宛先IPアドレスなどです。これらの情報を基に計算して求めた値が「クッキー」です。今回はその値を5555としています。

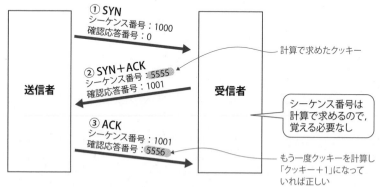

① SYN
シーケンス番号：1000
確認応答番号：0

② SYN＋ACK
シーケンス番号：5555
確認応答番号：1001

③ ACK
シーケンス番号：1001
確認応答番号：5556

送信者　　受信者

計算で求めたクッキー

シーケンス番号は計算で求めるので，覚える必要なし

もう一度クッキーを計算し「クッキー＋1」になっていれば正しい

■クッキーの値の計算でシーケンス番号や確認応答番号を求める

　③のACKを受信した際は，もう一度クッキーを計算します。この値に1を足したものが，受信した確認応答番号と一致すれば，正常なパケットと判断できます。

じゃあ，クッキーは全部同じ値になってしまいますね。攻撃者にバレると思います。

　いえ，クッキーを計算するときには，サーバの概ねの時刻（分単位）の値も加えます。なので，クッキーの値は時間によって変化します。また，計算式は受信者しか知らないので，クッキーの値の予測も困難です。

設問4

(2) 本文中の下線③の，制限が緩和されるのは，ディレイドバインディング方式よりメモリ消費量が少なくて済むからである。その理由を，35

字以内で述べよ。

問題文の該当部分は以下のとおりです。

> Jさんは，二つの防御技術を比較した結果，<u>③SYNクッキーの方式では同時接続数の制限が緩和される</u>ことが分かった

なぜSYNクッキー方式のほうがメモリ消費が少ないのかを答えます。これは簡単だったと思います。問題文にヒントがあるので，以下の表に整理します。

■二つの方式でのメモリの確保

方式	装置の処理手順
ディレイド バインディング技術	①SYNパケットを受信すると，TCPコネクション確立のための<mark>メモリを確保する</mark>。（図2より）
SYNクッキー技術	①SYNパケットを受信する。この段階では，TCPコネクション確立のための<mark>メモリ確保は行わない</mark>。（図3より）

SYNクッキー方式では，どれだけSYNパケットを受信してもメモリを確保しません。よって，装置のメモリ容量が同じであれば，SYNクッキー方式のほうが同時接続数を多くすることができます。

答案の書き方ですが，問題文の言葉を流用して組み立てましょう。「SYNパケットを受信した段階では，TCPコネクション確立のためのメモリ確保は行わないから」などとなります。指定文字数の35字以内にまとめると，解答例のようになります。理由が問われているので，文末は「〜から」で終えるようにしましょう。

> **解答例** コネクション確立の準備段階では，メモリの確保が不要だから（28字）

設問4

(3) 本文中の下線④について，防止できていると判断した理由を，40字以内で述べよ。

問題文の該当部分は以下のとおりです。

> N主任 ： （略）DMZのサーバが<u>送信元偽装の目的で踏み台</u>にされる可
> 能性について，考えを聞かせてくれないか。
> Jさん ： <u>④FPサーバについては，FWの設定で防止できています。</u>

まず，ここに記載されている踏み台は，どのような攻撃でしょうか。

Q. 踏み台による攻撃を，パケットの送信元IPアドレスや宛先IPアドレス情報も含めて具体的に記載せよ。

A. IPアドレスはこちらで勝手に割り当てました。以下のようになります。

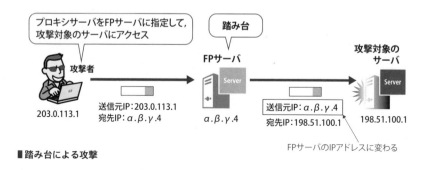

プロキシサーバをFPサーバに指定して，攻撃対象のサーバにアクセス

踏み台

攻撃者
203.0.113.1

送信元IP：203.0.113.1
宛先IP：$\alpha.\beta.\gamma.4$

FPサーバ
$\alpha.\beta.\gamma.4$

攻撃対象の
サーバ
198.51.100.1

送信元IP：$\alpha.\beta.\gamma.4$
宛先IP：198.51.100.1

FPサーバのIPアドレスに変わる

■踏み台による攻撃

送信元IPアドレスがFPサーバになるのですね。

　そうです。単にルーティングされたパケットであれば，送信元のIPアドレスは攻撃者のIPアドレスのままです。ですが，FPサーバ（プロキシサーバ）の場合は，通信を終端し，通信相手（今回は攻撃対象）と新しい通信を行い

ます。よって，送信元IPアドレスがFPサーバになります。

> 攻撃者は，自分の送信元 IP アドレスを隠蔽できる
> ということですね。

そのとおり。では，このような攻撃の通信を，FWでどのように防止しているのでしょうか。これも簡単ですね。インターネットからFPサーバへの通信を拒否すればいいのです。

表1を見てみましょう。インターネットからDMZへの通信は，以下のようになっています。

表1　通信を許可するFWのルール

項番	アクセス経路	送信元 IPアドレス	宛先 IPアドレス	プロトコル/ポート番号
1	インターネット→ DMZ	any	$\alpha.\beta.\gamma.1$	UDP/53
2		ア	$\alpha.\beta.\gamma.1$	TCP/53
3		any	$\alpha.\beta.\gamma.2$	TCP/25
4		any	$\alpha.\beta.\gamma.3$	TCP/80，TCP/
5		any	$\alpha.\beta.\gamma.5$	TCP/80，TCP/443

外部DNSサーバ
メール中継サーバ
RPサーバ
LB

■インターネットからDMZへの通信

ここにあるように，インターネットからFPサーバへの通信は許可されていません。これが，踏み台にならないように「防止できている」と判断した理由です。

理由を問われているので，「～から」で終わるように解答としてまとめます。

解答例　FPサーバには，インターネットからのコネクションが確立できないから（33字）

ルールに着目して「インターネット側からFPサーバへのアクセスの許可ルールがないから」のように解答しても正解になったことでしょう。

（4）本文中の下線⑤について，防止するためにメール中継サーバに設定されている処理方法を，50字以内で述べよ。

問題文の該当部分は以下のとおりです。

N主任　：（略）DMZのサーバが送信元偽装の目的で踏み台にされる可能性について，考えを聞かせてくれないか。

Jさん　：（略）⑤メール中継サーバについては，サーバ自体の転送設定で防止しています

　メール中継サーバを送信元偽装の目的に使うと何が起きるのでしょうか。それは，メール中継サーバを踏み台にして，攻撃者がインターネットへ不正メールを送信できてしまうことです。イメージ図を示します。

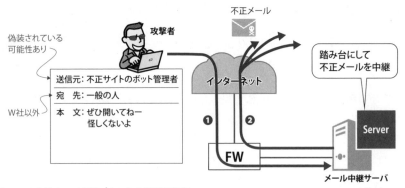

■メール中継サーバを踏み台にした送信元偽装

　攻撃者は，W社を経由して，W社以外の宛先にメールを送ります。送信元メールアドレスは，偽装が簡単なので，偽装されている可能性があります。
　さて，このような送信元偽装の通信ですが，FWで拒否することはできません。インターネットからメール中継サーバへのTCP/25のアクセス（表1の項番3，上図の❶）も，メール中継サーバからインターネットへのTCP/25のアクセス（表1の項番7，上図の❷）も，W社がメールを利用するのに必要なルールだからです。

対策は，メールサーバで行います。具体的には，W社のメールアドレス宛て以外のメールを中継処理しないようにします。

解答例 インターネットから受信した，W社のメールアドレス宛て以外のメールは中継処理しない。（41字）

　「インターネットから受信した」の言葉は必須ですか？

　はい，必須です。W社宛て以外のメールであっても，社内メールサーバから来たメールは中継する必要があるからです。

> **参考　中継処理をしない設定**
>
> 　解答例の設定ですが，メールサーバソフトウェアであるPostfixでの設定例を紹介します。W社のドメインは「w-sha.example.com」とします。
> mynetworksで，メールを中継するセグメントを指定します。
>
> ```
> mydomain = w-sha.example.com　←メールのドメイン名
> mynetworks = 192.168.10.0/24, α.β.γ.0/28
>                               ↑
> このネットワークアドレスからインターネット宛てのメールを送信できる（＝このネットワークアドレス以外からは，インターネット宛てのメールを拒否する）
> ```
>
> ■main.cfの設定（一部）

　（5）表2中の　オ　，　カ　に入れる適切な字句を答えよ。

問題文の該当部分は以下のとおりです。

外部DNSサーバを，コンテンツサーバとして機能するDNSサーバ1と，フルリゾルバサーバとして機能するDNSサーバ2に分離すれば，踏み台にされる可能性は低くなると考えた。その場合，表1中の項番6のルールの変更が必要になる。DNSサーバ1にα.β.γ.1，DNSサーバ2にα.β.γ.6

を割り当てたときの表1の変更内容を表2に示す。

表2 表1の変更内容

項番	アクセス経路	送信元IPアドレス	宛先IPアドレス	プロトコル／ポート番号
6	（省略）	オ	カ	（省略）

現状の項番6は以下のとおりです。

項番	アクセス経路	送信元IPアドレス	宛先IPアドレス	プロトコル／ポート番号
6	DMZ→インターネッ	$\alpha.\beta.\gamma.1$	any	TCP/53[2)], UDP/53

■ 現状の項番6

外部DNSサーバを分離したときに，このルールをどう変更するかを答え
ます。

まず，外部DNSサーバを分離する前と分離した後の構成図を描いてみま
しょう。

Q. 外部DNSサーバを分離する前と分離した後の構成図を描け。関
連するFWのルールもあわせて記載せよ。

A. 外部DNSサーバへの通信およびFWルールも含めると，以下のよ
うになります。

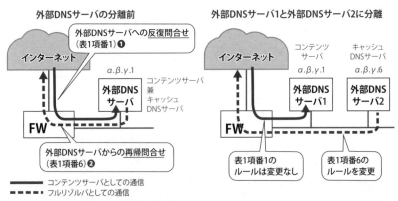

■ 外部DNSサーバの分離前と分離後の構成図

DNSサーバの分離前は、外部DNSサーバがコンテンツサーバとして、インターネット側からの名前解決要求（＝反復問合せ）に応答します。この通信を許可するルールは表1の項番1です（前ページ図❶）。また、外部DNSサーバが、フルリゾルバとしてインターネット側に名前解決を要求（＝再帰問合せ）します。これを許可するルールが、表1の項番6です（❷）。

DNSサーバを分離後は、外部DNSサーバ2がフルリゾルバサーバ（＝キャッシュDNSサーバ）として動作します。外部DNSサーバ2には新しいIPアドレスを割り当てているので、FWのルール変更が必要です。

こうやって図を描けば正答は簡単ですね。項番6の送信元IPアドレスを、$\alpha.\beta.\gamma.1$から$\alpha.\beta.\gamma.6$（外部DNSサーバ2）に変更します。

これを表1のFWのルールにあてはめると、下表のようになります。

■分離後の表1の変更内容

項番	アクセス経路	送信元 IPアドレス	宛先 IPアドレス	プロトコル/ ポート番号
6	DMZ→インターネット	オ：$\alpha.\beta.\gamma.6$	カ：any	TCP/53、UDP/53

よって、空欄オの送信元IPアドレスには「$\alpha.\beta.\gamma.6$」が、空欄カの宛先IPアドレスは変更しないので「any」が入ります。

> **解答**　空欄オ：$\alpha.\beta.\gamma.6$　　空欄カ：any

さて、これ以降は余力がある方だけが読んでください。設問には関係ありませんし、問題文をかなり深く読まないと理解できません。

内部DNSサーバからDNSサーバ2への
ルール追加は不要ですか？

はい、不要です。内部DNSサーバはインターネット上の名前解決をする必要はありません。なぜならば、内部LANのサーバやPCは、インターネットと直接通信しないからです。たとえば、メールを送信するときには、社内メールサーバからDMZのメール中継サーバに転送するだけです。また、

NPCからのWebサイトへのアクセスと，内部LANにあるサーバのマルウェア定義ファイルの更新はFPサーバを経由します。メール中継サーバとFPサーバの名前解決については，空欄d，空欄eで解説したとおりです。

〜これ以降は，さらに読む必要がありません。〜

> では，項番13の「内部DNSサーバ」の
> ルールは不要では？

　いえ，必要なんです。それは，インターネットのホストの名前解決のためではありません。外部DNSサーバで保持している，公開セグメントの名前解決をするためです。たとえば，NPCからLBを経由した代理店サーバへアクセスします。このとき，DMZにある代理店サーバの名前解決が必要なのです。なぜなら，この通信はFPサーバを経由しないからです。表1の問題文の注3) に，「DMZから内部LANのサーバへの通信は，直接IPアドレスを指定して行われる。」とあります。このことからも，内部LANからDMZのサーバへは，直接IPアドレスを指定していません。つまり名前解決が必要であることがわかります。

設問5　〔DNSサーバへの攻撃と対策〕について，（1）〜（3）に答えよ。

（1）表3中の問合せパケットに対して，フルリゾルバサーバが正当な応答パケットと判断するパケットの内容について，表3中の ⬚ キ ⬚ 〜 ⬚ サ ⬚ に入れる適切な字句又は数値を答えよ。

　問題文でも解説しましたが，DNSキャッシュポイズニングの流れを再度紹介します。
　www.example.jpの正しいIPアドレスは198.51.100.53，偽のIPアドレスは192.0.2.53とします。

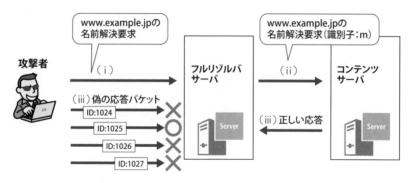

■ DNSキャッシュポイズニング攻撃

　また，問題文の該当部分は以下のとおりです。

表3　（ii）の問合せパケットと，（iii）の応答パケットの情報（抜粋）

項番	ヘッダ名	項目名	問合せパケットの情報	応答パケットの情報
1	IPヘッダ	送信元 IP アドレス	フルリゾルバサーバの IP アドレス	キ
2		宛先 IP アドレス	コンテンツサーバの IP アドレス	ク
3		プロトコル	UDP	UDP
4	UDPヘッダ	送信元ポート番号	n[1]	ケ
5		宛先ポート番号	53	コ
6	DNSヘッダ	識別子	m[2]	サ
7		フラグ中の QR ビット	0（問合せ）	1（応答）

注[1]　n には特定の範囲の値が設定されるケースが多い。
注[2]　m には任意の値が設定される。

（ii）のパケット　　　　（iii）のパケット

（ii）のパケットをもとに，（iii）のパケットを考えます。

空欄キ，空欄ク

　（iii）のパケットは，（ii）のパケットの**応答を装った**偽造パケットです。なので，単純に，（ii）の応答パケットを考えれば答えがわかります。

　じゃあ，送信元と宛先を入れ替えればいいですね。

基本的な考え方はそうです。ただし，識別子だけは，同じ値にしないといけないので，そのままです。

表3　(ⅱ)の問合せパケットと，(ⅲ)の応答パケットの情報（抜粋）

項番	ヘッダ名	項目名	問合せパケットの情報	応答パケットの情報
1	IPヘッダ	送信元IPアドレス	フルリゾルバサーバのIPアドレス	キ
2		宛先IPアドレス	コンテンツサーバのIPアドレス	ク
3		プロトコル	UDP	UDP
4	UDPヘッダ	送信元ポート番号	n[1]	ケ
5		宛先ポート番号	53	コ
6	DNSヘッダ	識別子	m[2]	サ
7		フラグ中のQRビット	0（問合せ）	1（応答）

注[1]　nには特定の範囲の値が設定されるケースが多い。
注[2]　mには任意の値が設定される。

（ⅱ）のパケット　　（ⅲ）のパケット

■応答パケットの情報

　よって，空欄キには（ⅱ）の宛先IPアドレスである「コンテンツサーバのIPアドレス」，空欄クには（ⅱ）の送信元IPアドレスである「フルリゾルバサーバのIPアドレス」が入ります。

　また，空欄ケには（ⅱ）の宛先ポート番号である「53」，空欄コには，（ⅱ）の送信元ポート番号である「n」が入ります。

空欄サ

　DNSサーバは，受信した問合せのパケット中の識別子を，応答パケット中に入れて返信します。設問文には「フルリゾルバサーバが正当な応答パケットと判断する」とあります。なので，識別子は同じ値，つまりmであるべきです。

解答例
空欄キ：コンテンツサーバのIPアドレス
空欄ク：フルリゾルバサーバのIPアドレス
空欄ケ：53　　　空欄コ：n　　　空欄サ：m

---

(2) 本文中の下線⑥では，大量の偽の応答パケットが送信される。当該パ
ケット中で，パケットごとに異なる内容が設定される表3中の項目名
を，全て答えよ。

問題文の該当部分は以下のとおりです。

（ⅲ）⑥攻撃者は，コンテンツサーバから正しい応答が返ってくる前に，
大量の偽の応答パケットを標的のフルリゾルバサーバ宛てに送信する。

表3 （ⅱ）の問合せパケットと，（ⅲ）の応答パケットの情報（抜粋）

項番	ヘッダ名	項目名	問合せパケットの情報	応答パケットの情報
1	IPヘッダ	送信元IPアドレス	フルリゾルバサーバのIPアドレス	キ
2		宛先IPアドレス	コンテンツサーバのIPアドレス	ク
3		プロトコル	UDP	UDP
4	UDPヘッダ	送信元ポート番号	n[1]	ケ
5		宛先ポート番号	53	コ
6	DNSヘッダ	識別子	m[2]	サ
7		フラグ中のQRビット	0（問合せ）	1（応答）

注[1] nには特定の範囲の値が設定されるケースが多い。
注[2] mには任意の値が設定される。

（ⅲ）で大量にパケットを送信するのは，攻撃者が「宛先ポート番号」と「識
別子」の二つを知らないからです。それ以外の情報に関しては，攻撃者は知
ることができます。
以下，攻撃者がどうやって情報を知るのかを整理します。

【攻撃者による調査方法】

- 項番1：送信元IPアドレス－nslookupコマンドなどで，example.comの
NSレコードを調べる
- 項番2：宛先IPアドレス－標的のフルリゾルバサーバのIPアドレス ←攻
撃者はもちろんわかる
- 項番3：プロトコル－UDP ←決まっている
- 項番4：送信元ポート番号－53 ←決まっている（53番ポートへのDNS
要求に対する応答パケットだから）

解説の冒頭の繰り返しになりますが，攻撃者が知りえない項番5の「宛先ポート番号」と項番6の「識別子」の二つは，総当たりでパケットを作ります。よって，パケットごとに異なる内容が設定されます。

解答	宛先ポート番号，識別子

> 宛先ポート番号は n に固定化されているのではないでしょうか？
> だから，対策としてランダム化するんですよね。

　表3の注[1] に「特定の範囲の値」とあり，ある程度は固定化されています。ですが，一つではありません。なので，「特定の範囲」が仮に1001〜1010だとすると，宛先ポートを1001〜1010に変化させながらパケットを送る必要があります。

設問5

　(3) 本文中の下線⑦について，防げると判断した根拠を，60字以内で述べよ。

　問題文の該当部分は以下のとおりです。

> 　Jさんは，⑦外部DNSサーバの構成変更によって，インターネットからのDNSサーバ2へのキャッシュポイズニング攻撃は防げると判断した。

　外部DNSサーバの構成変更とは，「外部DNSサーバを，コンテンツサーバとして機能するDNSサーバ1と，フルリゾルバサーバとして機能するDNSサーバ2に分離」することです。
　分離する前と分離した後の図を，あらためて見てみましょう。FWでは，項番1でDNSへの問合せが許可されています。

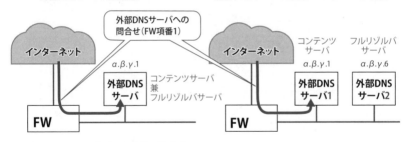

外部DNSサーバの分離前　　　　　外部DNSサーバ1と外部DNSサーバ2に分離

外部DNSサーバへの
問合せ（FW項番1）

インターネット

α.β.γ.1

外部DNS
サーバ

コンテンツサーバ
兼
フルリゾルバサーバ

FW

インターネット

コンテンツ
サーバ

フルリゾルバ
サーバ

α.β.γ.1

外部DNS
サーバ1

α.β.γ.6

外部DNS
サーバ2

FW

■外部DNSサーバの分離前と分離後の構成図

　では，問題文で，DNSキャッシュポイズニング攻撃の手順を確認しましょう。

> 　DNSキャッシュポイズニング攻撃は，次の手順で行われる。
> （ⅰ）攻撃者は，偽の情報を送り込みたいドメイン名について，標的のフルリゾルバサーバに問い合わせる。

　W社のフルリゾルバサーバは，外部DNSサーバ2です。さて，（ⅰ）の問合せパケットは，外部DNSサーバ2に届くでしょうか。

なるほど，FWの許可ルールがないから届かないのですね。

　そうです。表1の「インターネット→DMZ」のルールに，外部DNSサーバ2への許可ルールはありません。よって，キャッシュポイズニング攻撃は失敗します。

　答案の書き方ですが，60字という長い文章で書きます。「名前解決要求パケットがFWで破棄されるから」という内容を軸にして，指定された文字数の8割（＝48文字）以上を目安に書くようにしましょう。

第3章

令和元年度

午後Ⅱ

問2

問題

問題解説

設問解説

過去問解説

解答例 **攻撃者が送信する，キャッシュポイズニングのための名前解決要求パケットは，FWで廃棄されるから**（46字）

　なお，DNSサーバ1へキャッシュポイズニングを仕掛けた場合，パケットそのものは届きます。FWの項番1で許可されているからです。ですが，DNSサーバ1は再帰問合せをしないので，こちらもキャッシュポイズニング攻撃は成功しません。

設問6

　〔マルウェアの内部LANへの侵入時の対策〕について，（1）〜（5）に答えよ。

（1）図4中で，fast-flux.example.comの名前解決要求と応答の通信をa〜nの中から全て選び，通信が行われる順番に並べよ。

　この設問は，ボットやC&Cサーバのなどのセキュリティ用語は忘れてください。NPCがWebサイトを見るときに，名前解決はどの経路で行われるかを答えます。

　問題文でも解説しましたが，図4において，名前解決の通信と，NPCがC&Cサーバに接続する通信を分けて考えるといいでしょう。

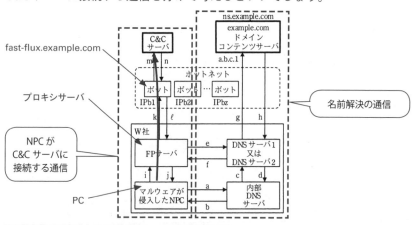

■**名前解決の通信と，NPCがC&Cサーバに接続する通信**

では，名前解決はどうなるでしょうか。迷うのは以下のところだと思います。

（1）DNSサーバに名前解決を問い合わせるのは誰か。NPCなのか，FPサーバ（プロキシサーバ）なのか。

（2）名前解決を問い合わせるDNSサーバはどれか。内部DNSサーバなのか，DNSサーバ1や2なのか。

順に解説します。

（1）DNSサーバに名前解決を問い合わせるのは誰か

fast-flux.example.comのサーバと通信する場合，名前解決をするのはNPCでしょうか，それともFPサーバ（プロキシサーバ）でしょうか。

正解はFPサーバ（プロキシサーバ）です。これは，今回の問題文に限ったことではなく，一般的な話です。

NPCが名前解決してはダメなのですか？

NPCが行ってはダメというより，FPサーバ（プロキシサーバ）が名前解決をする必要があります。FPサーバは，名前解決をして知り得たIPアドレスに対して通話をします。

さらに今回の場合，仮にNPCがfast-flux.example.comの名前解決の要求を送信（図4中のa）したとしても，名前解決は失敗します。内部DNSサーバはDNSサーバ1に要求を送信（図4中のc）しますが，DNSサーバ1はコンテンツサーバになったので要求を拒否するからです。

NPCはプロキシサーバ（仮にproxy.example.com）の
IPアドレスを問い合わせるために，内部DNSサーバに
問い合わせる必要はないのですか？

明確な記載はないですが，恐らく問い合わせていることでしょう。ですが，設問で問われているのは「fast-flux.example.comの名前解決要求と応答の通信」です。プロキシサーバの名前解決の通信を答える必要はありません。

(2) 名前解決を問い合わせるDNSサーバはどれか

　次は，名前解決を問い合わせるDNSサーバです。example.comドメインのコンテンツサーバに名前解決の問合せをするのは，内部DNSサーバなのか，外部DNSサーバ1や2なのか。どれでしょうか。

　正解はフルリゾルバサーバである「外部DNSサーバ2」です。問題文にも「フルリゾルバサーバとして機能するDNSサーバ2」とあります。

　参考までに，内部DNSサーバは，問題文に「内部LANのゾーン情報を管理」とあります。また，外部DNSサーバ1は，分離してDMZのゾーン情報しか持っていません。このように，どちらに問い合わせても，example.comのドメインの情報は回答してくれません。

解答	e, g, h, f

　念のため，NPCからC&Cサーバにアクセスする経路を整理しましょう。

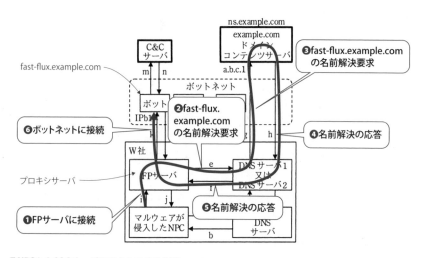

■ **NPCからC&Cサーバにアクセスする経路**

設問6

（2）本文中の下線⑧について，DNSサーバ2がキャッシュしたDNSレコードが消去されるまでの時間（分）を答えよ。

「キャッシュしたDNSレコードが消去されるまでの時間」は，DNSのTTL（Time To Live）で記載されます。たとえば，以下のような「example.co.jp」のゾーンファイルがあったとします。1行目に記載されているのがTTLで，キャッシュ情報の生存時間です。以下の場合は86,400秒（＝1日）です。

```
$TTL 86400
@ IN SOA ns.y-sya.example.co.jp. hostmaster.y-sya.example.co.jp.(
    2011090101 ; serial番号
    43200 ; refresh 時間（12時間）
    ...
```

■「example.co.jp」のゾーンファイルに記載されたTTL

問題文には，「⑧図4中のexample.comドメインのコンテンツサーバの設定の場合」とあります。素直に図4を見ましょう。「応答される情報」とありますが，これがコンテンツサーバに登録された，fast-flux.example.jpのレコードの設定情報です。

digコマンドでns.example.comに問い合わせたときに応答される情報

```
;; QUESTION SECTION:
; fast-flux.example.com.        IN   A

;; ANSWER SECTION:
fast-flux.example.com.   180  IN  A  IPb1
fast-flux.example.com.   180  IN  A  IPb2
             ⋮
fast-flux.example.com.   180  IN  A  IPbz
```

■コンテンツサーバに登録された
fast-flux.example.jpのレコードの設定情報

なんとなく180という数字が怪しいですね。

はい，そうです。数字は1箇所しかありませんし，180は60の倍数です。なんとなく「180秒＝3分なのでは？」と正解を書けた方も多かったことでしょう。

解答 3（分）

少し補足します。ゾーンファイルを省略せずにすべて記載すると，図4の
とおりになります（以下はその抜粋）。

```
fast-flux.example.com.  180  IN  A   IPb1
fast-flux.example.com.  180  IN  A   IPb2
```
■ゾーンファイルをすべて記載

TTLやドメインを省略すると，以下のようになります。皆さんがよく見る
Aレコードになったのではないでしょうか。

```
fast-flux                       IN  A   IPb1
fast-flux                       IN  A   IPb2
```
■TTLやドメインを省略

設問6

(3) 図5のようにゾーンレコードが設定された場合，C&Cサーバを効果的
に隠蔽するための，マルウェアによるC&Cサーバへのアクセス方法に
ついて，25字以内で述べよ。

問題文の該当部分は次のとおりです。

```
$ ORIGIN   example.com.
                        IN   NS    ns.example.com.
ns         86400        IN   A     a.b.c.1
*          180          IN   A     IPb1
*          180          IN   A     IPb2
                        :
*          180          IN   A     IPbz
```
図5 ns.example.com に設定されるゾーンレコードの例（抜粋）

「アクセス方法」って……
とても答えにくいです。

そうなんです。採点講評にも「正答率が低かった」とあります。難しかっ
たと思います。ですが，ここでも，問題文のヒントを使って答えます。

ネスペ R1 ～本物のネットワークスペシャリストになるための最も詳しい過去問解説

まず，ここまでの攻撃者の手法をあらためて整理しましょう。以下は問題文の記述を引用しました。

■攻撃手法を整理

攻撃手法	アクセス方法	効果	欠点
Fast Flux	「毎回，異なるIPアドレスで，（中略）C&Cサーバと通信」	「C&CサーバのIPアドレスを隠蔽できる」	「URLフィルタリングでC&Cサーバとの通信は遮断できる」
Domain Flux	★設問で問われた内容★	「FQDNを（中略）隠蔽できる」	（記載なし）

　設問で問われているのは，★で囲んだ部分だと考えてください。Fast Fluxでは，「毎回，異なるIPアドレスで，（中略）C&Cサーバと通信」しました。では，Domain Fluxはどうでしょう。

「毎回，異なるFQDNでC&Cサーバと通信」するということですね

　そうです。aaa.example.comにアクセスしたり，次はbbb.example.comにアクセスしたり，ホスト名部分をランダムに変化させてアクセスします。なぜこのようなアクセスが可能かというと，図5のレコードにて，ワイルドカードを使っているからです。ホスト名にどんな文字列を使っても，DNSサーバがIPアドレスを応答してくれるのです。

　であれば，URLフィルタでC&Cサーバへの通信を拒否したくても，どのFQDNを設定していいのかわかりません。この状態は，「C&Cサーバが隠蔽」された状態といえるでしょう。

> **解答例** アクセス先のホスト名をランダムに変更する。（21字）

　「ホスト名を毎回変更してアクセスする」「毎回，異なるFQDNにアクセスする」などでも正解になったことでしょう。

(4) 本文中の下線⑨について，FPサーバのログに，マルウェアの活動が疑われる異常な通信が記録される場合がある。その通信の内容を，35字以内で述べよ。

問題文の該当部分は以下のとおりです。

また，内部LANに侵入したマルウェアの活動を早期に検知するために，⑨FPサーバとFWのログを定期的に検査することにした。

さて，この問題も，ヒントを問題文から探しましょう。

なんとなくですが，⑨の直前に記載された
プロキシ認証が関連すると思います。

　そうです。設問文に「FPサーバのログに」とありますから，FPサーバに関連する記述を探すべきです。実際，マルウェアは認証情報を知らないのでFPサーバ（プロキシサーバ）で拒否されます。FPサーバに認証エラーのログが残ることでしょう。これが，マルウェアが侵入したという証拠になり，マルウェアの早期検知につながります。今回は，問題文にあるように「ブラウザのオートコンプリート機能を無効」にしていることもポイントです。ブラウザのオートコンプリート機能を有効にしていると，PCが認証情報を覚えてしまい，マルウェアも通信できてしまいます。
　では，35字以内の内容にまとめましょう。

「通信」が問われているので，「認証に失敗する通信」
という答えでどうでしょう。

　考え方はあっています。ただ，設問にあるように，「異常な」通信を書く必要があります。利用者であっても，パスワードを間違えて認証に失敗する

こともあります。マルウェアだからこそ発生する**異常な**通信を考えてください。

さて，正解ですが，マルウェアは決められた手順で何度もC&Cサーバに通信しようとします。しかし，認証に毎回失敗するので，「短時間」で「大量」のエラーが出力されることでしょう。人間がやったら，エラーは数回で終わることがほとんどです。この点を答案に加えると，「FPサーバに対して，短時間に大量の認証に失敗した通信」となります。解答例とは書きっぷりが違いますが，「FPサーバ」に対する「**異常な**認証エラー」である点を書けば，正解になったことでしょう。

> **解答例** FPサーバでの認証エラーが短時間に繰り返されている。（26字）

設問6

(5) 内部LANのNPCに侵入したマルウェアが，FPサーバを経由せずにC&CサーバのFQDN宛てにアクセスを試みた場合は，マルウェアによるC&Cサーバとの通信は失敗する。通信が失敗する理由を，40字以内で述べよ。

では，FPサーバを経由しない場合の通信の流れを考えましょう。

> まず C&C サーバの名前解決をする必要があると思います。

そのとおりです。以下の図で確認しましょう。

マルウェアに感染したNPCは，まず内部DNSサーバに，C&CサーバのFQDNの名前解決要求を行います（次ページの図❶）。内部DNSサーバは，転送先（フォワーダ）である（外部）DNSサーバ1に名前解決要求を行います（図❷）。その根拠となるのは以下の問題文の記述です。

- 内部DNSサーバは，内部LANのゾーン情報を管理し，当該ゾーンに存在しないホストの名前解決要求は，外部DNSサーバに転送する。

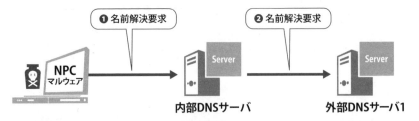

❶ 名前解決要求　　　　❷ 名前解決要求

NPC
マルウェア

Server
内部DNSサーバ

Server
外部DNSサーバ1

■ 内部DNSサーバ，外部DNSサーバ1への名前解決要求

　ところが，外部DNSサーバ1はコンテンツサーバになったので，インターネットに対して再帰問合せを行いません。また，フルリゾルバサーバとして機能する外部DNSサーバ2への通信は，FWで許可されていません（表1を確認してください）。その結果，ボットのIPアドレスを取得できず，HTTPやHTTPSパケットの宛先を知ることができません。これでは通信ができませんよね。

　答案の書き方ですが，「マルウェアはC&CサーバのFQDNの名前解決ができないから」などと書ければ正解でしょう。

解答例	C&CサーバのIPアドレスが取得できないので，宛先が設定できないから（34字）

「FWで拒否されるから」ではダメですか？
NPCからインターネットへの通信は許可されていませんよ。

　ダメです。たしかにFWでは，内部LANからインターネットへの通信は拒否されています。しかし，名前解決が成功してはじめて，そのIPアドレスに通信します。よって，C&CサーバのIPアドレス宛てにHTTPのパケットが送られることがないのです。パケットがそもそもFWを通過しないので，拒否されることもありません。

解答例の「宛先が設定できない」ってどういう意味ですか？

たしかに不思議な表現ですね。まあ，無視してください。

参考までに補足すると，この解答例は，マルウェアのプログラムコードの観点で書かれていると思います。たとえば，プログラミングにおいて名前解決するための関数としてgethostbynameという関数が使われます。この関数によりFQDNからIPアドレスを取得し，C&Cサーバとの通信を試みます。しかし，DNSからの応答がなく，関数の返り値としてはエラーになります。すると，続くプログラムコードにおいて，**宛先を設定することができません。**ただし，採点講評などにも書かれていないので，この内容は筆者の想像であることをご理解ください。

より高得点を取るためには，「宛先が設定できないから」という表現も覚えておいたほうがいいですね。

いえ，それはやめましょう。小手先のテクニックは逆効果になる可能性があります。中途半端な知識でこの表現を使い，逆に減点になる可能性もあるからです。

大事なのは，答案作成のスタンスを変えないことです。答案作成のスタンスとは，「基礎知識」と「問題文」を使って素直に答案を組み立てることです。これは，私が「ネスペ」シリーズで一貫してお伝えしてきたことです。(『ネスペ29』掲載のショートストーリーでも詳しく記載しています)

そもそも，解答例とまったく同じ答案なんて書けるわけがありません。また，その必要もないのです。合格ラインはたったの60点です。「基礎知識」と「問題文」を使って素直に答案を組み立てる方法が，大外れをせず，部分点も含めて確実に高得点を取る方法です。一発満点狙いで答案を書くようなことは，あまり意味がないのです。

設問			IPA の解答例・解答の要点	予想配点
設問1		a	ホスト 又は アドレス	2
		b	ICMP 又は ICMP Unreachable	2
		c	3	2
		d	FP サーバ	2
		e	メール中継サーバ	2
設問2		ア	x.y.z.1	2
		通信の名称	ゾーン転送	3
設問3	(1)		ルータが受信したパケットの送信元 IP アドレスが，ルーティングテーブルに存在しない場合，受信したパケットを廃棄する。	7
	(2)		$\alpha . \beta . \gamma$.15	3
設問4	(1)	イ	シーケンス	2
		ウ	確認応答	2
		エ	1	2
	(2)		コネクション確立の準備段階では，メモリの確保が不要だから	5
	(3)		FP サーバには，インターネットからのコネクションが確立できないから	6
	(4)		インターネットから受信した，W 社のメールアドレス宛て以外のメールは中継処理しない。	7
	(5)	オ	$\alpha . \beta . \gamma$.6	2
		カ	any	2
設問5	(1)	キ	コンテンツサーバの IP アドレス	2
		ク	フルリゾルバサーバの IP アドレス	2
		ケ	53	2
		コ	n	2
		サ	m	2
	(2)		宛先ポート番号，識別子	5
	(3)		攻撃者が送信する，キャッシュポイズニングのための名前解決要求パケットは，FW で廃棄されるから	6
設問6	(1)		e, g, h, f	6
	(2)		3	4
	(3)		アクセス先のホスト名をランダムに変更する。	5
	(4)		FP サーバでの認証エラーが短時間に繰り返されている。	5
	(5)		C&C サーバの IP アドレスが取得できないので，宛先が設定できないから	6
			合計	100

（順不同）

※予想配点は著者による

杉山さんの解答	正誤	予想採点	そーださんの解答	正誤	予想採点
ステルス	×	0	ICMP	×	0
ICMP	○	2	port unreachable	○	2
3	○	2	3	○	2
内部 DNS サーバ	×	0	内部 DNS サーバ	×	0
R 社 DNS サーバ	×	0	メール中継サーバ	×	0
x.y.z.1	○	2	x.y.z.1	○	2
ゾーン転送	○	3	ゾーン転送	○	3
接続ルータに届いたパケットの送信元を宛先 IP アドレスとしてユニキャストを行い、到達応答があった場合のみ実在する IP アドレスとして通信を許可する。	×	0	行きのパケットと戻りのパケットの宛先 IP アドレスと送信元 IP アドレスを比較し、不一致の場合は通信を遮断する。	×	0
$\alpha . \beta . \gamma .15$	○	3	$\alpha . \beta . \gamma .15$	○	3
シーケンス	○	2	シーケンス	○	2
確認応答	○	2	確認応答	○	2
1	○	2	1	○	2
SYN クッキーでは SYN パケット受信時にメモリを確保しないから。	○	5	TCP コネクション確立のためのメモリ確保を行わないから	○	5
FW ルールでインターネットから FP サーバへの直接通信を許可していないから。	○	6	FW ルールにて、インターネットから FP サーバへの通信を許可していないから	○	6
SPF により送信元ドメインのメール送信 IP アドレスが偽装されていないか確認する。	×	0	送信元が W 社以外のドメインかつ宛先が W 社以外のドメインの中継を禁止する。	○	7
$\alpha . \beta . \gamma .6$	○	2	$\alpha . \beta . \gamma .6$	○	2
x.y.z.1	×	0	any	○	2
コンテンツサーバの IP アドレス	○	2	コンテンツサーバの IP アドレス	○	2
フルリゾルバサーバの IP アドレス	○	2	フルリゾルバサーバの IP アドレス	○	2
53	○	2	53	○	2
n	○	2	n	○	2
m	○	2	m	○	2
送信元ポート番号、識別子	△	2	宛先ポート番号、識別子、送信元 IP アドレス	△	4
FW によって攻撃者からフルリゾルバサーバへの不正なパケットを破棄することができるから。	○	6	FW にて、インターネットからの問い合わせパケットを禁止し、内部 DNS サーバからの問い合わせパケットのみ許可するから	○	6
a → c → g → h → d → b	×	0	a, c, g, h, d, b	×	0
3	○	4	3	○	4
毎回特定ドメインのホスト名を変えてアクセスする。	○	5	サブドメインをランダムに設定してアクセスする。	△	3
ID/ パスワードによるプロキシ認証に繰返し失敗する通信	○	5	プロキシ認証の試行と失敗の通信が短期間に大量に行われる。	○	5
FW において内部からインターネットへの通信は許可されていないから。	△	4	FW ルールにて、内部 LAN からインターネットへの直接通信を許可していないから	△	4
	予想点合計	67		予想点合計	78

※成績照会結果は72点

第3章
過去問解説
令和元年度
午後 II
問2
問題
問題解説
設問解説

昨今, サイバー攻撃が増加しており, 情報システムは, 情報漏えい, サービスの妨害, サーバの不正利用などの脅威にさらされている。サイバー攻撃は, ネットワーク経由で行われることが多いので, ネットワークのセキュリティ対策は不可欠である。しかし, ネットワークのセキュリティ対策を行っていても, 社内の情報が漏えいしたり, サーバの脆弱性が突かれたりすると, 社内のシステムへのマルウェアの侵入を防ぐことができない。そこで, マルウェアの侵入を想定した対策も必要である。

本問では, ネットワークのセキュリティ対策を題材として, ネットワーク経由のサイバー攻撃手法とログ監視について取り上げた。本文中に記述された各種サイバー攻撃に対する防御策や, マルウェアの活動の発見方法を考えることで, 受験者が, ネットワークの設計・構築・運用などの業務を通して修得した能力が, 安全なネットワークの設計や運用に活用できる水準かどうかを問う。

問2では, ネットワークのセキュリティ対策を題材に, ネットワーク経由のサイバー攻撃手法とログ監視について取り上げた。

設問1のaは, ポートスキャンの前に実施されることが多い, ホストの存在を探索する基本的な攻撃であるので, 是非, 知っておいてほしい。

設問3 (1) は, 正答率が低かった。uRPF (Unicast Reverse Path Forwarding) は, なじみの薄い技術だったようであるが, 送信元を偽装した通信の防御方法の一つであり, 是非, 知っておいてほしい。

設問4は, (1)のウ及び(4)の正答率が低かった。3WAYハンドシェークの仕組みと, メールサーバが踏み台にされる不正中継の防止策は, 是非, 理解しておいてほしい。

設問5は, 正答率が高かった。DNSキャッシュポイズニング攻撃手法と応答パケットを受信したときのDNSサーバの動作については, よく理解されていたことがうかがえた。

設問6は, (1), (3), (4) の正答率が低かった。(1) は, インターネット上のWebサーバへのアクセスは, FP (フォワードプロキシ) サーバ経由だけが許可されていることと, fast-flux.example.comの名前解決は, FPサーバが行うことを理解すれば, 正答を導き出せたはずである。(3) は, FPサーバでプロキシ認証を行うことと, オートコンプリート機能を無効にすることから, 正答を導き出してほしかった。(4) は, 図5のDNSゾーンレコードとラウンドロビンが設定されたDNSサーバの動作から, 正答を導き出してほしかった。

■出典
「令和元年度 秋期 ネットワークスペシャリスト試験 解答例」
https://www.jitec.ipa.go.jp/1_04hanni_sukiru/mondai_kaitou_2019h31_2/2019r01a_nw_pm2_ans.pdf
「令和元年度 秋期 ネットワークスペシャリスト試験 採点講評」
https://www.jitec.ipa.go.jp/1_04hanni_sukiru/mondai_kaitou_2019h31_2/2019r01a_nw_pm2_cmnt.pdf

　サラリーマンにとって，上司は絶対的なもの。仕事では，ときに自分の考えと真逆のことや，理不尽なことまで押し付けられ，やらされることがある。そうなれば，仕事に創意工夫もなくなり，単にこなすだけになってしまう。p.182のコラム「やりたいことって何？」にも書いたが，無駄な会議に出て，無駄な資料を作って，いったい，何なんだろうと思う。

　そう考えると，自分自身が全力で本気で取り組める仕事ができるというのは，楽しいことだと思う。

　私の話で恐縮だが，本を書く仕事はどうか。サラリーマンの月給制ではないので，どれだけがんばっても企画が通らなければ本にならない。仮に本が書店に並んだとしても，売れなければお金は（少ししか）入ってこない（取材費や機材などの先行投資で赤字のときもある）。だが，必死にがんばって価値ある本を書くことができれば，読者に喜んでもらえる。そういう，本気で取り組める仕事ができるのは，幸せなことだと思う。

　資格試験も同じだ。上司へのゴマスリやら付き合いゴルフや飲み会は一切要らない。というか，合否に関係がない。そして，惰性で嫌々やっていても合格できない。本気でやらなければいけないのだ。でも，本気で取り組んで合格ラインを超えれば，必ず合格証がもらえる。

　本気で取り組むと，頭を使って必死で考えるようになる。限られた時間でいかに勉強するかも大事になる。だから時間を捻出する工夫をするし，さらに，効率的な勉強方法を必死で探す。ゲラゲラと笑うような楽しさとは違うが，創意工夫によって「よりよい方法」を見つけることができれば，「ウキウキ感」や「充実感」といった楽しさを味わえる。

　こうやって，資格試験に本気で取り組むことで得られたスケジューリング能力や，段取り力などは，仕事でも生かせること間違いなしである。

アナログ

　p.100のコラムで手帳の良さを伝えたが，仕事でもアナログなところも残していきたいと思う。アナログならではの良さがあるからだ。

　たとえば，文章を書く場合は，手書きよりもパソコンを使ったほうが圧倒的に便利だ。修正も速い。しかし，議論をするときにネットワーク構成図やフロー図を描くとなると，真逆になる。つまり，手描きでホワイトボードに描いたほうが速い。PowerPointで作ると恐ろしく時間がかかる。

　修正だって，ホワイトボード上で直せば速い。最終形は，スマホのカメラで撮影して保存しておけばいい。もちろん，お客様に提出する際の最終形はデータできれいに作成すべきだが，社内業務はすべてこれでいいと思う。

　デジタル化が急激に進み，年賀状も激減。会話も電話からメールやメッセージへ。手書きがなくなり，ペーパレス化が進行した。本に関しても，紙と電子書籍の交差点に立っていて，どちらへ進むかは，答えが明らかな気がする。

　ITによるデジタル化が進んでいる今の世の中ではあるが，アナログが勝っているところは今後も残してほしいと思う。紙の本もそうだし，できれば，ガラケーも残してほしい（電話はしやすいし，ボタンが押しやすいんですよねー）。

第4章

基礎知識を確認！

一問一答
300問にチャレンジ

基礎知識を確認!
一問一答 300問にチャレンジ

　この章では，一問一答形式で300問の問題を用意しました。ネットワークスペシャリストに必要となる基礎知識の確認のために，活用してください。わからなかった問題は何度でも解いて，知識の定着を図ることが大事です。ここで取り上げたネットワークに関する問題は，ネットワークスペシャリスト試験にかぎらず，さまざまな試験（旧区分も含む）での過去問からも選出しています。

　※注：問題によっては出題そのままではなく，一問一答形式になるよう筆者による改変を加えています。なお，問題末尾に，出典元の過去問の情報を記載しています。記載がないものは，筆者独自の設問です。
　　（NW：ネットワークスペシャリスト，SC：情報セキュリティスペシャリスト，AP：応用情報技術者，FE：基本情報技術者，SW：ソフトウェア開発技術者（旧区分），SV：情報セキュリティ（旧区分），SU：情報セキュリティアドミニストレータ（旧区分），AD：初級システムアドミニストレータ（旧区分））

1. LAN

□1	情報を収集するためにトラフィックモニタを利用して調査しようと考えた。しかし，サーバを接続するL2SWには，□□□□□□機能がなかったので，サーバのソフトを利用して調査した。（H21年NW午後Ⅱ問2）	ミラーリング
□2	VLANを用いることで，複雑な形態のネットワークを容易に構築できるとともに，□□□□□□にも柔軟に対応できるようになる。（H17SW秋午後問1）	サブネット構成の変更
□3	VLANにはタグVLANと□□□□□□VLANがある。	ポートベース（ポート）
□4	タグVLANが設定されたポートを何ポートと呼ぶか。	トランクポート
□5	タグVLANは□□□□□□として標準化されているので，異なるスイッチベンダの製品を使ったマルチベンダ環境でも利用が可能である。（H17年SW秋午後問1）	IEEE802.1Q
□6	イーサネットフレームのVLANタグの中で，VLAN IDに利用されるのは何ビットか。	12ビット（⇒VLAN IDの取り得る値は4094個になる）
□7	ネットワークを分割し，ブロードキャストドメインを分割するもの（装置または機能）は何か。	VLAN

☐8	コリジョンドメインを分割するもの（装置または機能）は何か？	スイッチングハブ
☐9	イーサネットのフレーム構造において先頭に位置するのは◻️である。	宛先MACアドレス
☐10	1000BASE-Tは，4対のUTPケーブルを使用し，最大距離は◻️mである。（H19年NW午前問45）	100
☐11	DSUとFWの接続には，一般的に◻️と呼ばれるモジュラジャックが付いているケーブルを用いる。（H23年NW午後Ⅰ問3）	RJ-45
☐12	MACアドレスの上位◻️ビットには，OUI（organi-zationally unique identifier）がある。（H25年NW午後Ⅰ問2）	24
☐13	MACアドレスの上位24ビットはOUIが入る。OUIとは，◻️に割り当てられた固有の値で，IEEEが管理している。（H25年NW午後Ⅰ問2）	製造者
☐14	MACアドレスは何ビットか。	48
☐15	全二重・半二重や接続先ポートの速度を自動判別して，それを基に自装置の設定を変更する機能を何というか。	オートネゴシエーション
☐16	接続先ポートのピン割当てを自動判別して，ストレートケーブル又はクロスケーブルのいずれでも接続できる機能を何というか。（H28年NW午前Ⅱ問1）	Automatic MDI/MDI-X（Auto MDI/MDI-X, Auto MDI-X）
☐17	ブロードキャストフレームの宛先MACアドレスは何か。	FF:FF:FF:FF:FF:FF
☐18	イーサネットフレームの宛先は，ブロードキャスト以外にあと2つ，何があるか。	ユニキャスト，マルチキャスト
☐19	イーサネットで利用されている衝突回避の仕組みは何か。	CSMA/CD
☐20	TCPヘッダの中で，受信側からの確認応答を待たずに，データを続けて送信できるかどうかの判断に使用されるものは何か。（H28年NW午前Ⅱ問12）	ウィンドウサイズ
☐21	送信側では，生成多項式を用いて検査対象のデータから検査用のデータを作り，これを検査対象のデータに付けて送信する。この誤り制御方式を何というか。（H16年NW午前問31）	CRC
☐22	一本の光ファイバで，波長が異なる複数の光信号を多重化することによって，広帯域伝送システムを実現する技術を何というか。（H20年NW午前問23）	WDM（Wavelength Division Multiplexing）

☐23	社内LANなどの比較的大規模なLANを構築する場合，最近ではルータではなく，IPの処理も可能なレイヤ3スイッチングハブ（以下，スイッチという）を用いる例が多い。フィルタリングなどの多機能性に重点を置いたルータに対して，スイッチでは□□□□□に重点を置いている。大容量のファイルを扱うファイルサーバへのアクセスや，映像コンテンツの利用には，スイッチが適している。（H17SW午後問1）	通信の高速化	
☐24	PPTPとL2Fが統合された仕様で，PPPをトンネリングするプロトコルは何か。（H22年SC春午前II問16）	L2TP（Layer2 Tunneling Protocol）	
☐25	最初に，現在使用しているPCのOSが標準でサポートしているVPNプロトコルのPPTPについて調べてみた。このプロトコルは，PPPパケットにGRE（Generic Routing Encapsulation）ヘッダと呼ばれるヘッダを付けてカプセル化する方式である。GREを使うことによって，□□□□□を転送できるので，各種のアプリケーションに対応できる柔軟性をもつ。（H20年NW午後II問1）	イーサネットフレーム	
☐26	イーサネットフレームをキャプチャするときに，自分宛てではないフレームを受け取るためのNICの動作モードを何というか。	プロミスキャスモード（promiscuous mode）	
☐27	イーサネットフレームをキャプチャするときに，スイッチングハブには何を設定するか。	ミラーポート	
☐28	スイッチングハブにおけるMACアドレステーブルで管理している情報は何か。	MACアドレスとポートの対応	
☐29	インターネットのサイト（例：Yahoo! JAPAN）にアクセスする際，PCから発出されたイーサネットフレームの宛先はどこか。	デフォルトゲートウェイ	
☐30	IPアドレスからMACアドレスを得るプロトコルを何というか。（H16年NW午前問22）	ARP	
☐31	ARPテーブルで管理しているのは，何の情報か。	IPアドレスとMACアドレスの対応	
☐32	ARPリクエストの宛先MACアドレスは何か。	FF:FF:FF:FF:FF:FF（つまり，ブロードキャスト）	
☐33	IPv4におけるARPのMACアドレス解決機能をIPv6で実現するプロトコルはどれか。（H26年NW午前II問9）	ICMPv6	
☐34	ターゲットIPアドレスフィールドに自端末が使用するIPアドレスを入れて，MACアドレスを問い合わせるプロトコルを何というか。（H28年NW午前II問6）	GARP	

☐35	電源オフ時にIPアドレスを保持することができない装置が，電源オン時に自装置のＭＡＣアドレスから自装置に割り当てられているIPアドレスを知るために用いるデータリンク層のプロトコルであり，ブロードキャストを利用するものは何か。（H25年NW午前Ⅱ問12）	RARP
☐36	スイッチングハブにおいて，通信のループを回避するプロトコルは何か。	STP
☐37	STPにおいて，ツリー構造の元（根）にあたるスイッチをなんというか。	ルートブリッジ
☐38	STPにおいて，ループの検知などを行う制御フレームを何というか。	BPDU
☐39	L2SWとL3SWでは，STP（Spanning Tree Protocol）が動作している。L3SW1をルートブリッジとするために，L3SW1のブリッジIDは□□□□の値となっている。（H25年NW午後Ⅱ問1）	最小
☐40	ルートブリッジの決め方として，ブリッジの優先度と□□□□が使用される。	MACアドレス
☐41	STPを調査したところ，今回設定したSTPは，ツリーをVLANごとに構成できないことが分かった。詳しく調べると，VLANごとにツリーを構成するためには，IEEE802.1sで規定されている□□□□を使うことが必要であった。（H24年NW午後Ⅱ問2）	MSTP （Multiple spanning Tree Protocol）
☐42	コンピュータとスイッチングハブ，又は2台のスイッチングハブの間を接続する複数の物理回線を論理的に1本の回線に束ねる技術を何というか。（H20年NW午前Ⅱ問24）	リンクアグリゲーション
☐43	サーバにおいて，NICを論理的に束ねて一つに見せる技術を何というか。（H22年NW午後Ⅱ問2）	チーミング
☐44	サーバ，NAS間の接続には，リンクアグリゲーションを設定する。サーバとNASのNICには，チーミング機能を設定して2本の回線に負荷を分散させ，□□□□と冗長化を図る。（H23年NW午後Ⅱ問2）	帯域増大
☐45	カプセル化によってオーバレイネットワークを実現する技術で，ネットワーク識別子である24ビットのVNI（VXLAN Network Identifier）などのヘッダを付与する技術を何というか。	VXLAN
☐46	2台以上のスイッチングハブを主に専用ケーブルで接続し，1台として動作させる技術を何というか。	スタック
☐47	一時的に大量の帯域を使用するトラフィックを何というか。（H29年NW午後Ⅰ問2）	バーストトラフィック

2. 無線LAN

☐ **48**	広帯域無線アクセス技術の一つで，最大半径50kmの広範囲において最大75Mビット/秒の通信が可能であり，周波数帯域幅を1.25〜20MHz使用するという特徴をもつものは何か。（H21年春期AP午前問35）	WiMAX
☐ **49**	無線LANのアクセスポイントを集中管理する装置を何というか。	無線LANコントローラ
☐ **50**	APからクライアントに対して自分の存在を通知する信号を何というか。	ビーコン（beacon）
☐ **51**	高速無線通信で使われている多重化方式であり，データ通信を複数のサブキャリアに分割し，各サブキャリアが互いに干渉しないように配置する方式は何か。（H24年NW午前II問2）	OFDM（Orthogonal Frequency-Division Multiplexing）
☐ **52**	最大32文字の英数字で表されるネットワーク識別子であり，接続するアクセスポイントの選択に用いられるものは何か。（H18年NW午前問38）	ESS-ID
☐ **53**	無線LANでは，イーサネットと異なる☐☐☐☐☐方式と呼ばれるアクセス方式が使われている。通信を開始する無線端末が，ほかの端末が電波を出していないかを，事前に確認する方式である。（H21年NW午後II問1）	CSMA/CA
☐ **54**	無線LANの最初の標準規格はIEEE☐☐☐☐☐である。（H25年NW午後II問1）	802.11
☐ **55**	IEEE802.11gで利用される周波数帯と，IEEE802.11aで利用される周波数帯をそれぞれ答えよ。	2.4GHz, 5GHz
☐ **56**	WEPは，☐☐☐☐☐と呼ばれる暗号アルゴリズムを基にした共通鍵暗号を採用している。暗号化には，WEPキーと呼ばれる共通鍵が使用される。（H25年NW午後II問1）	RC4
☐ **57**	上記の暗号方式は，1バイト単位の☐☐☐☐☐暗号である。	ストリーム
☐ **58**	無線LANのAPには☐☐☐☐☐規格のPoEと呼ばれる技術によって，UTPの4対のより対線のうち2対を使って電源が供給されている。（H21年NW午後I問1）	IEEE 802.3af
☐ **59**	PoEに関して，導入予定のL2SWは，各イーサネットポートに対して最大15.4W，装置全体では56Wの給電能力をもち，データ伝送において通常使用されるLANケーブルの1，2，3，6番以外の☐☐☐☐☐番のピンを給電に使用するAlternative B方式なので，結線には注意が必要である。	4, 5, 7, 8
☐ **60**	PoEに関して，各ポートに30Wの電力を供給できる☐☐☐☐☐という規格もある。	IEEE 802.3at（PoE+）

☐ 61	無線LANに関して，異なるアクセスポイントのエリアに端末が移動しても，そのまま通信を継続できるようにする機能を何というか。(H16年NW午前問40)		ローミング機能
☐ 62	WPA2の機能には，無線LAN端末がAP間を移動するタイミングで認証する☐☐☐認証の機能がある。		事前
☐ 63	無線LANの速度をこれまでの54Mbpsから最大600Mbpsまで拡張させた規格は何か。		IEEE 802.11n
☐ 64	上記の規格で使用する周波数帯は何か。		2.4GHz，5GHz
☐ 65	無線LANにおいて，最大6.93Gビット／秒の伝送速度を実現する規格は何か。		IEEE 802.11ac
☐ 66	上記の規格で使用する周波数帯は何か。		5GHz
☐ 67	IEEE 802.11gでは帯域幅20MHzであったのに対し，IEEE 802.11nでは40MHzも利用可能となっている。これは隣り合う帯域幅20MHzのチャネルを二つ束ねることによって，送信データ量を2倍以上に増やす☐☐☐☐という技術を使ったものである。(H24年NW午後I問3)		チャネルボンディング
☐ 68	IEEE 802.11nでは，☐☐☐☐を使って，フレームの送信待ち時間と確認応答の回数を減らすことで遅延時間を短縮し，データの高速なやり取りが可能になる。(H24午後I問3参照)		フレームアグリゲーション
☐ 69	IEEE 802.11nの技術の中で，アンテナを複数に束ねて高速化する技術は何か。		MIMO（Multiple Input Multiple Output）
☐ 70	無線LANのアクセス制御方式で，SSIDが空白または☐☐☐での接続要求を拒否する機能がある。		any
☐ 71	利用者認証の面からいうと，知識のある人ならMACアドレスは☐☐☐☐することができるから十分な対策とはいえない。さらに，各校のAPに利用者のノートPCのMACアドレスをすべて登録する必要があるから，管理上の手間もかかる。(H20SV午後II問2)		偽装
☐ 72	無線通信技術の一つで，消費電力が小さく，2.4GHz帯の周波数を使用し，1Mビット/秒の速度で10m程度の距離の通信を行うことができる特徴をもつものは何か。(H16年NW午前問21)		Bluetooth
☐ 73	レイヤ2スイッチや無線LANアクセスポイントで接続を許可する仕組みを何というか。(H21年NW午前問21)		認証VLAN
☐ 74	無線LANの相互通信性を確保するために，業界団体によって決められた基準を満たすものを☐☐☐☐アライアンスとして認定する。		Wi-Fi

☐75	無線LANを構築するモードには，インフラストラクチャモードと＿＿＿＿モードの2つがある。		アドホック
☐76	IEEE 802.1Xの規格に沿って機器認証を行い，動的に更新される暗号化鍵を用いて暗号化通信を実現できる無線LANの仕組みは何か。（H22年SC秋午前II問14）		WPA2
☐77	WPA2は，WAPよりも堅牢なIEEE＿＿＿＿準拠の方式である。		802.11i
☐78	WPA2では，暗号化アルゴリズムにAESを採用した＿＿＿＿というプロトコルを使用する。（H25年SC秋午前II問4）		CCMP（Counter-mode with CBC-MAC Protocol）
☐79	WPA（WPA2）のパーソナルモードでは，＿＿＿＿を使って認証をする。		PSK（Pre Shared Key：事前共有鍵）
☐80	WPA（WPA2）のエンタープライズモードでは，認証サーバを使った＿＿＿＿認証をする。		IEEE802.1X
☐81	無線LANの暗号化通信で使われる鍵は，第三者に盗聴されるリスクがあるため，乱数を組み合わせるなどして毎回変更する。そのもとになる鍵を何というか。		PMK（Pairwise Master Key）
☐82	同じ無線LANのアクセスポイントに接続している機器（PCやスマホ）同士の直接通信を禁止する機能を何というか。		プライバシセパレータ機能（アクセスポイントアイソレーション）
☐83	LETなどのモバイル接続において，契約者の識別に使うカードを何というか。		SIM（Subscriber Identity Module）カード
☐84	モバイルWi-Fiルータには，利用者IDやパスワードといった認証情報に加えて，LTE回線からインターネットのようなネットワークへのゲートウェイの指定を意味する，＿＿＿＿の情報を設定する。（H28年NW午後I問2）		APN
☐85	SSIDの＿＿＿＿機能により，APにて「定期的に送信するビーコン信号を停止する。		ステルス
☐86	TKIPでは，フェーズ1で，一時鍵，IV及び無線LAN端末の＿＿＿＿の三つを混合してキーストリーム1を生成する。（H29年NW午後II問2）		MACアドレス
☐87	APが切り替わるタイミングで認証するのではなく，同じネットワークに接続されている他のAPとは，接続しているAP経由で事前に認証を終えておくことを何というか。		事前認証

3. IP

☐88	ループバックアドレスの利用は，社内で使用中のプライベートアドレスを利用するよりも利点があり，127.0.0.1～□□□□の範囲内で利用可能である。(H25年NW午後Ⅰ問1)	127.255.255.254
☐89	IPアドレスは何バイトか。	4バイト(32ビット)
☐90	IPアドレス/サブネットマスクの表記で10.1.1.105/255. 255.254.0のアドレスを，プレフィックス表記（CIDR表記）にするとどうなるか。	10.1.1.105/23
☐91	クラスBのIPアドレスはビット表記で10から始まり，IPアドレスの範囲は128.0.0.0～191.255.255.255である。では，クラスCのIPアドレスの先頭は何で始まるか。	110
☐92	クラスA，クラスB，クラスCなどのクラスの概念を持たず，サブネットマスクによって自由にネットワークアドレスの範囲を指定することを何というか。	クラスレス
☐93	プライベートIPアドレスをグローバルIPアドレスに変換するなど，IPアドレスを変換する仕組みを何というか。	NAT（Network Address Translation）
☐94	グローバルIPアドレス数の不足を解消するとともに，社内LAN上にある機器のアドレス情報を隠ぺいするという効果を実現するのは何か。(H21年春期AP問9)	NAPT
☐95	PCがブロードバンドルータを経由してインターネットに接続する際，ブロードバンドルータのNAPT機能により，□□□□アドレスを変換する。	送信元IP
☐96	NAPTでは，IPアドレス以外に何を変換するか。	ポート番号
☐97	NAT444に代表される，ISPなどの通信キャリアで行われる大規模なNATを何というか。	CGN（Carrier Grade NAT）
☐98	TCP/IP環境において，pingによってホストの接続確認をするときに使用されるプロトコルを何というか。(H20年NW午前問31)	ICMP
☐99	転送されてきたデータグラムを受信したルータが，そのネットワークの最適なルータを送信元に通知して経路の変更を要請するメッセージを何というか。	ICMPリダイレクト
☐100	ICMPで，pingによるエコー要求（Echo Request）に対し，その応答パケットは何というか。	エコー応答（Echo Reply）
☐101	IPv6では，IPヘッダのアドレス空間が，32ビットから□□□□ビットに拡張されている。	128

☐ **102**	IPv6では，ネットワークの部分が何ビットで表されるかを示すのに[＿＿＿＿]が用いられる。[＿＿＿＿]は，先頭からのビット数を10進数で表したものである。 (H25年秋期FE午後問3)	プレフィックス長
☐ **103**	以下のIPv6アドレスを，省略形で表すと，どうなるか。 012：0000：0000：0000：ABCD:0000:0000:1200	12::ABCD:0:0:1200
☐ **104**	IPv6において，200で始まり，IPv4でいうグローバルアドレスを何というか。	グローバル ユニキャストアドレス
☐ **105**	IPv4ヘッダとIPv6ヘッダは，それぞれ20バイト，[＿＿＿＿]バイトと長さが異なる。(H24年NW午後Ⅱ問2)	40
☐ **106**	IPv6には，標準ヘッダの他に，フラグメントヘッダやルーティングヘッダといった，IPv4にはない[＿＿＿＿]ヘッダが導入されている。(H24年NW午後Ⅱ問2)	拡張
☐ **107**	10.8.64.0/20，10.8.80.0/20，10.8.96.0/20，10.8.112.0/20の四つのサブネットを使用する拠点を，ほかの拠点と接続する。経路制御に使用できる集約したネットワークアドレスのうち，最も集約範囲が狭いものはどれか。(H18年NW午前問26)	10.8.64.0/18
☐ **108**	TCP/IPのクラスBのIPアドレスをもつ一つのネットワークに，割り当てることができるホストアドレス数は幾つか。(H20年SU午前問15)	65534
☐ **109**	IPパケットの最大サイズを何というか。	MTU：Maximum Transmission Unit
☐ **110**	上記のサイズはいくつか。	1500バイト
☐ **111**	IPヘッダとTCPヘッダを除いたデータ部分の最大サイズを何というか。	MSS (Maximum 　Segment Size)
☐ **112**	OSPFでのブロードキャスト可能なネットワークにおける経路制御用の通信はIPマルチキャストであり，IPアドレスの先頭バイトの値が[＿＿＿＿]であるクラスDのIPアドレスが使われている。(H20年NW午後Ⅰ問4)	224
☐ **113**	マルチキャストグループに所属したり，離脱したりするのに使われるプロトコルを何というか。	IGMP (Internet Group Management Protocol)
☐ **114**	L2スイッチに実装される機能で，不要なPCにはマルチキャストフレームを送信しないIGMPの仕組みを何というか。	IGMPスヌーピング
☐ **115**	同一のLANに接続された複数のルータを，仮想的に1台のルータとして見えるようにして冗長構成を実現するプロトコルは何か。(H21年NW午前問16)	VRRP (Virtual Router Redundancy Protocol)

☐ **116**	VRRPにおいて，予備機は，VRRPにおける死活監視情報（ハートビート）である＿＿＿＿によって，現用機が稼働していることを認識する。	VRRP Advertisement（VRRP広告）
☐ **117**	VRRPでは，VRRPメッセージ（VRRP advertisement）がマスタルータから＿＿＿＿ルータへ送信され，マスタルータの稼働状態が報告される。（H23年NW午後II問2）	バックアップ
☐ **118**	VRRPにおいて，Priority値は，大小関係で優先順位が決まり，最も＿＿＿＿値をもつルータが，マスタルータになる。	大きい
☐ **119**	L3SWには，VRF（Virtual Routing and Fowarding）機能をもたせる。これは，一つのルータやL3SWに，複数の独立した仮想＿＿＿＿を稼働させる機能である。この機能によって，個別に構築されてきたL3SWを統合することができる。（H25年NW午後I問3）	ルータ

4. TCPとUDP

☐ **120**	HTTP通信のIPパケット構造にて，プロトコル番号には何がセットされるか。	6（TCP）※6という数字を覚える必要はない
☐ **121**	通信テストのためにpingを送信した場合，IPパケット構造において，プロトコル番号には何がセットされるか。	1（ICMP）※1という数字を覚える必要はない
☐ **122**	パケットがMTUやMSSで決められたサイズより大きくなると，パケットが複数に分割される。このことを何というか。	フラグメント（断片化）
☐ **123**	UDPはOSI基本参照モデルの何層に位置するか？（H21年秋期AP午前問36）	トランスポート層
☐ **124**	一般に，TCPの接続開始処理は，＿＿＿＿と呼ばれる手順を経ることで行われる。（H20年SV午後I問2）	3way（3ウェイ）ハンドシェイク
☐ **125**	3wayハンドシェイクと呼ばれる手順では，ホストAからホストBへの接続開始処理を例に挙げると，まず，ホストAからSYNパケットがホストBに送られる。次に，SYNパケットを受け取ったホストBから＿＿＿＿パケットが返される。（H20年SV午後I問2）	SYN/ACK
☐ **126**	TCPヘッダにあってUDPヘッダに無いものとして＿＿＿＿番号と確認応答番号がある。	シーケンス

5. アプリケーション

☐ **127**	DNSサーバにおいて，IPv6アドレス情報を登録するレコードを何というか。	AAAA レコード
☐ **128**	IPアドレスからホスト名（ドメイン名）を得るためのプロトコルは何か。（H21年NW午前II問7）	DNS
☐ **129**	従来のアルファベットや数字によるドメイン以外に，「ネスペ30.com」のような日本語などの各国の言葉を使ったドメインのことを何というか。	国際化ドメイン名 (IDN：Internationalized Domain Name)
☐ **130**	店舗側のL2SWの設定情報は，構成管理SVに保存しておき，簡易型ファイル転送用プロトコルである□□□を用いてデータを転送する。その作業は，店舗の担当者がL2SWにログインし，構成管理SVのIPアドレスとファイル名を指定したコマンドを投入して行う。（H23年NW午後I問3）	TFTP
☐ **131**	FTPのモードのなかで，制御用コネクション（21番）だけでなく，データ転送用コネクション（20番ポート）もクライアントから送るモードは何か。	パッシブモード
☐ **132**	HTTPのメソッドには合計8つある。その中で，Webを閲覧するためのメソッドは何か。	GET
☐ **133**	Webメールで利用するHTTPSでは，PCは□□□□メソッドを利用してプロキシサーバへ接続先を指定し，SSLセッションをASPサーバとの間で確立する。（H21年NW午後I問2）	CONNECT
☐ **134**	FTPサービスで，制御用コネクションのポート番号21とは別にデータ転送用に使用するのは何番ポートか。（H25年秋期SC午前II問20）	20
☐ **135**	コマンド操作の遠隔ログインで，通信内容を暗号化するためにTELNETのポート番号23の代わりに使用するのは何か。（H25年秋期SC午前II問20）	SSH (ポート番号22)
☐ **136**	電子メールサービスで，迷惑メール対策としてSMTPのポート番号25の代わりに使用するのは何か。（H25年秋期SC午前II問20）	サブミッション ポート (ポート番号587)
☐ **137**	IPアドレスの割当て方針の決定，DNSルートサーバの運用監視，DNS管理に関する調整などを世界規模で行う組織は何か。（H25年春期SC午前II問8）	ICANN (Internet Corporation for Assigned Names and Numbers)
☐ **138**	インターネットに関する技術文書を作成し，標準化のための検討を行う組織は何か。（H25年春期SC午前II問8）	IETF (Internet Engineering Task Force)

☐**139**	会員情報の登録処理や注文処理のような重要な処理を実行するページには◻◻◻◻メソッドでアクセスするようにし，そのhiddenパラメタに秘密情報（ページトークン）が挿入されるようにする。（H23年秋期AP午後問9）		POST
☐**140**	HTTPのステータスコードで，正常終了を表すのは「◻◻◻◻OK」である。		200
☐**141**	Webページの見出しや要約などのデータについて，XMLを使って更新を通知するためのフォーマットは何か。（H26年春期AP午前問35）		RSS
☐**142**	Webサーバに対するアクセスがどのPCからのものであるかを識別するために，Webサーバの指示によってブラウザにユーザ情報などを保存する仕組みは何か。（H19年秋期FE午前問36）		cookie
☐**143**	チャットアプリケーションのようなWebブラウザとWebサーバ間でのリアルタイム性の高い双方向通信に利用されているプロトコルは何か。（H28年NW午前Ⅱ問15）		WebSocket
☐**144**	Cookieによるセッション管理では，PCからWebサーバのログイン画面にアクセスすると，Webサーバが◻◻◻◻ヘッダフィールドにセッションIDを追加する。		Set-Cookie
☐**145**	HTTPを拡張したプロトコルを使って，サーバ上のファイルの参照や作成，削除及びバージョン管理が行える仕組みは何か。（H28年NW午前Ⅱ問14）		WebDAV
☐**146**	DHCPメッセージのやり取り手順の中で，最初にクライアントがDHCPサーバに送るメッセージは何か。		DHCP DISCOVER
☐**147**	DHCPクライアントは，ネットワーク設定情報の使用要求をネットワーク上のDHCPサーバに伝えるために，DHCPリクエストを送信する。このメッセージは◻◻◻◻キャストで送られる。（H21年春期AP午後問5）		ブロード
☐**148**	ルータは，DHCPクライアントからネットワーク接続に必要な情報などの取得要求を受け取ると，◻◻◻◻機能によって，DHCPサーバにその要求を転送する。（H21年春期AP午後問5）		DHCPリレーエージェント
☐**149**	L2SW及びSWがもつ◻◻◻◻機能を使用する。この機能によって，L2SW及びSWは，正規のDHCPサーバと端末間で通信されるDHCPメッセージを，通過するポートの場所を含めて監視する。さらに，正規のDHCPサーバからIPアドレスを割り当てられた端末だけが通信できるように，ポートのフィルタを自動制御する。（H25年NW午後Ⅰ問2）		DHCPスヌーピング

第4章
基礎知識を確認！

☐150	インターネットでは，負荷分散と＿＿＿＿を考慮して，13のルートDNSサーバが配置されている。(H18年秋期SW午後Ⅰ問1)	可用性
☐151	ドメイン名の中で，www.example.co.jpのように特定のホストを表現したドメイン名を＿＿＿＿と呼ぶ。(H18年秋期SW午後Ⅰ問1)	FQDN
☐152	一つのドメインを管理するDNSサーバは，通常は可用性を考慮して2台のサーバで構成される。一方をプライマリサーバ，もう一方を＿＿＿＿と呼ぶ。(H18年秋期SW午後Ⅰ問1)	セカンダリサーバ
☐153	DNSにおいて，電子メールの送信に利用されるリソースレコードはどれか？(H20年NW午前問42)	MXレコード
☐154	以下の2つのMXレコードのうち，優先度が高いのはどちらか？ 　IN MX 10 mx1.network-exam.com. 　IN MX 20 mx2.network-exam.com.	10
☐155	プライマリDNSサーバからセカンダリDNSサーバへ＿＿＿＿転送を行い，2台のDNSサーバ間でリソースレコードの同期を取っている。(H24年NW午後Ⅰ問1)	ゾーン
☐156	E社では現在，4台の同性能のWebサーバを利用し，＿＿＿＿方式によって，Webアクセスを分散している。この方式ではDNSの仕組みを利用して，インターネットに公開するWebサーバのホスト名に，複数のWebサーバのIPアドレスを対応させる。(H19年NW午後Ⅰ問4)	DNSラウンドロビン
☐157	DNSにおいて，別名をつけるレコードを何というか。	CNAME（Canonical NAME）レコード
☐158	DNSに関して，ホスト名とIPアドレスを，リソースレコードから構成される＿＿＿＿と呼ばれる設定情報に，Aレコードとして登録する。(H19年NW午後Ⅰ問4)	ゾーン
☐159	ディジタル署名を用いることで，DNSキャッシュサーバからの応答が正しいもの，つまり，改ざんされていない情報であることを確認する仕組みは何か。	DNSSEC
☐160	A/D変換とは，アナログ信号をディジタル信号に変換することであり，＿＿＿＿，量子化，符号化の3段階で処理する。(H23年秋期FE午後問1)	標本化
☐161	電話の通信には，「もしもし」「こんにちは」などの話す音声データ以外に，電話をかけたり相手を呼び出したり切断したりなどの＿＿＿＿といわれるデータがある。	呼制御

☐ **162**	IETF（Internet Engineering Task Force）は, IP ネットワーク上で電話の呼制御を実現するプロトコルとして, ☐☐☐☐の標準化を進めている。	SIP（Session Initiation Protocol）
☐ **163**	呼制御のプロトコルには, 上記のもの以外に, ☐☐☐☐がある。	H.323
☐ **164**	SIP は通信相手とのセッション確立開始時に, ☐☐☐☐ リクエストのセッション記述で, 確立を希望するセションの種類を通知する。(H17年NW午後Ⅰ問3)	INVITE
☐ **165**	音声通信で使用されるプロトコルで, UDP でありながらヘッダにシーケンス番号が含まれているものは何か。	RTP
☐ **166**	音声, 映像などのメディアの種類, データ通信のためのプロトコル, 使用するポート番号などを記述するプロトコルは何か。	SDP（Session Description Protocol）
☐ **167**	異なる SIP ネットワーク間の境界に配置され, 両者の仲介役を担うものは何か。	B2BUA（Back to Back User Agent）
☐ **168**	Web サーバを使ったシステムにおいて, インターネットから受け取ったリクエストを Web サーバに中継する仕組みは何か。(H21年NW午前問17)	リバースプロキシ
☐ **169**	プロキシサーバは, 社内ネットワークからインターネット接続を行うときに, インターネットへのアクセスを中継し, Web コンテンツをキャッシュすることによってアクセスを高速にする仕組みで, ☐☐☐☐確保にも利用される。(H19年秋期FE午前問37)	セキュリティ
☐ **170**	リモートログインやリモートファイルコピーのセキュリティを強化したツール及びプロトコルは何か。(H20年秋期AP午前問76)	SSH
☐ **171**	メールヘッダの Received は, 中継したメールサーバの情報が記載される。最も新しい情報は, 一番上か, 一番下か。	一番上
☐ **172**	S/MIME を使用した場合, 添付されるバイナリデータは, ASCII で表現される64種類の文字と特殊用途の "=" を使って表現する☐☐☐☐方式に従って, テキストデータに変換される。(H18年SV午後Ⅱ問2)	BASE64
☐ **173**	通常の SMTP とは独立したサブミッションポートを使用して, メールサーバ接続時の認証を行う仕組みは何か。(H22年春期SC午前Ⅱ問15)	SMTP AUTH
☐ **174**	メールの受信プロトコルにおいて, メール本文の暗号化はできないが, パスワードを暗号化するものは何か。	APOP

第**4**章

基礎知識を確認！

☐ **175**	電子メールシステムにおいて，利用者端末がサーバ〜電子メールを受信するために使用するプロトコルで，選択したメールだけを利用者端末へ送信する機能，サーバ上のメールを検索する機能，メールのヘッダだけを取り出す機能などをもつものは何か。（H18年SV午前問16）	IMAP4
☐ **176**	POP3をSSLで通信するPOP3Sのポート番号は何か。（H21年NW午後 I 問2）	995
☐ **177**	SMTPプロトコルにて，メール本文を送信する前に，送信元のメールアドレスを通知するコマンドは何か。	MAIL FROMコマンド
☐ **178**	MAIL FROMとRCPT TOに入れられた送信元メールアドレスと宛先メールアドレスの情報は何と呼ばれるか。	エンベロープ情報
☐ **179**	接続元（クライアント）のIPアドレス情報を追記できるHTTPのヘッダのフィールドは何か。	XFF (X-Forwarded-For)
☐ **180**	SMTPのセッションの開始を表すコマンドは，HELO（Helloの意）または☐である。	EHLO

6. セキュリティ

☐ **181**	S/MIMEは，メールの送信者と受信者の間で公開鍵基盤を利用して，送信者が付与した☐を受信者が検証することによって，メールとして転送されるデータの完全性の確保と送信者の確認ができる。	ディジタル署名
☐ **182**	公開鍵暗号方式で利用する2種類の鍵は何か。	秘密鍵と公開鍵
☐ **183**	メッセージダイジェストとも呼ばれ，データを固定の長さに要約をする仕組みを何というか。	ハッシュ関数
☐ **184**	DMZ上のコンピュータがインターネットからのpingに応答しないようにファイアウォールのセキュリティルールを定めるとき，"通過禁止"に設定するものはどれか。（H22年春期SC午前 II 問11）	ICMP
☐ **185**	FWが通信の中継のために管理している情報（以下，管理情報という）を自動的に引き継ぐ☐フェールオーバ機能を動作させている。（H26年NW午後 I 問2）	ステートフル
☐ **186**	IDSの検知方法には，シグネチャ型と☐型があり，☐型は，RFCのプロトコル仕様などと比較して異常なパケットや，トラフィックを分析して統計的に異常なパケットを攻撃として検知する。（H19年SV午後 I 問2）	アノマリ

☐187	IDSやIPSには，正常な通信を誤って異常と検知してしまうエラーがある。これを何というか。	フォールスポジティブ（誤検知）
☐188	クライアントとWebサーバの間において，クライアントがWebサーバに送信するデータを検査して，SQLインジェクションなどの攻撃を遮断するためのものは何か。（H23年秋期AP午前問40）	WAF（Web Application Firewall）
☐189	コンテンツファイル転送時に使用するサービスをSSHに変更した際に使用するコマンドを5文字以内で答えよ。（H23年春期SC午後I問4）	SFTP（SSH File Transfer Protocol）
☐190	インターネットVPNを実現するために用いられる技術であり，ESP（Encapsulating Security Payload）やAH（Authentication Header）などのプロトコルを含むものは何か。（H23年春期SC午前II問18）	IPsec
☐191	ゲートウェイ間の通信経路上だけではなく，送信ホストと受信ホストとの間の全経路上でメッセージが暗号化されるIPsecの通信モードは何か。（H23年春期SC午前II問11）	トランスポートモード
☐192	IPsecトンネルの接続方式には，ハブアンドスポーク構成とすべての拠点をつなぐ□□□□構成がある。	フルメッシュ
☐193	IKEには，接続相手が固定IPアドレスか動的IPアドレスかによって，メインモードと□□□□がある。	アグレッシブモード
☐194	IPsec通信をするときはどのSAを使うか，通信を破棄するかなどのポリシを選択するルールを何というか。	セレクタ
☐195	IPsecにおいて，ESPパケットにUDPヘッダを付与し，NAT機器を通過させる技術を何というか。	NATトラバーサル
☐196	IPsecのプロトコルで，データの暗号化は行わず，SPI，シーケンス番号，認証データを用い，完全性の確保と認証を行うものは何か。	AH
☐197	IPsecにおいて，IPsec SAの生存時間であるライフタイムが終了すると，SAが消滅してしまう。SAが消滅するとIPsec通信ができなくなるので，SAを再作成する。この処理を何というか。	リキー（ReKey）
☐198	インターネットはオープンなネットワークなので，多くの脅威が存在する。これらの脅威に対応するためにSSLが利用される。SSLでは，□□□□，なりすまし及び改ざんに対する対応策が提供される。（H26年春期AP午後問1）	盗聴

☐**199**	SSL通信において，SSL通信の開始を知らされたWebサーバは，利用者のブラウザに，今回使用する暗号方式と□□□□証明書を送信する。(H19年春期AD午後問4)	Webサーバの公開鍵
☐**200**	利用者のブラウザは，あらかじめ登録されている□□□□証明書を用いて，送信されたWebサーバの公開鍵証明書が有効であることを確認する。(H19年春期AD午後問4)	ルート認証局の公開鍵
☐**201**	CRL（Certificate Revocation List）は，有効期限内に失効したディジタル証明書の□□□□のリストである。	シリアル番号
☐**202**	SSLには，PCとSSL-VPN装置間において，SSLセッションを確立させるためのハンドシェイクプロトコルが規定されている。ハンドシェイクプロトコルでは，□□□□メッセージによって暗号化アルゴリズムを決定し，公開鍵による電子証明書の確認後，共通鍵での暗号化と，メッセージ認証コードのチェックを行い，SSLセッションを確立する。(H25年NW午後Ⅰ問1)	HELLO
☐**203**	SSLはWebサーバだけで使用されるセキュリティ対策用のプロトコルで，□□□□層に位置するものである。(H18年秋期FE午前問67)	トランスポート
☐**204**	SSLの通信では，まず，クライアントからサーバに対して，利用可能な暗号化アルゴリズムの一覧を伝える□□□□を送信する。	Client Hello
☐**205**	SSL-VPNの方式には，「□□□□」「ポートフォワーディング」「L2フォワーディング」の3つがある。	リバースプロキシ
☐**206**	インターネットで電子メールを送信するとき，メッセージの本文の暗号化に共通鍵暗号方式を用い，共通鍵の受渡しには公開鍵暗号方式を用いるものは何か。(H22年春期SC午前Ⅱ)	S/MIME
☐**207**	利用者が電子メールを受信する際の認証情報を秘匿できるように，パスワードからハッシュ値を計算して，その値で利用者認証を行う仕組みは何か。(H23年春期SC午前Ⅱ問5)	APOP (Authenticated Post Office Protocol)
☐**208**	PCのMUA（Mail User Agent）は，SMTPで25番ポートを使用し，社内メールサーバの□□□□にメールを送信する。	MTA (Mail Transfer Agent)

☐**209**	SMTPサーバに電子メールを送信する前に，電子メールを受信し，その際にパスワード認証が行われたクライアントのIPアドレスに対して，一定時間だけ電子メールの送信を許可する仕組みは何か。(H23年春期SC午前Ⅱ問5)	POP before SMTP
☐**210**	クライアントがSMTPサーバにアクセスしたときに利用者認証を行い，許可された利用者だけから電子メールを受け付ける仕組みは何か。(H23年春期SC午前Ⅱ問5)	SMTP-AUTH
☐**211**	ISP管理下の動的IPアドレスからの電子メール送信について，管理外ネットワークのメールサーバへのSMTPを禁止するメールセキュリティ対策とは何か。(H22年春期SC午前Ⅱ問15)	OP25B (Outbound Port 25 Blocking)
☐**212**	送信側メールサーバでディジタル署名を電子メールのヘッダに付与して，受信側メールサーバで検証する仕組みは何か。(H22春SC午前Ⅱ問14)	DKIM (DomainKeys Identified Mail)
☐**213**	SMTP over SSL(465)やPOP3 over SSL(995)と違って，ポート番号を従来のSMTP(25)やPOP3(110)をそのまま利用できるTLS(SSL)による暗号化の技術は何か。	STARTTLS
☐**214**	IEEE 802.1Xでは，利用者の認証情報はAPではなく認証サーバと呼ばれる別のサーバに格納されており，APはこの認証サーバにアクセスの可否を問い合わせる。そのプロトコルとしては☐☐☐☐☐を利用する実装が多い。(H20年春期SV午後Ⅱ問2)	RADIUS
☐**215**	IEEE 802.1X認証方式は，IETF(Internet Engineering Task Force)が規定した☐☐☐☐☐という，認証や暗号鍵配送用のフレームワークを利用している。(H21年NW午後Ⅱ問1)	EAP (Extensible Authentication Protocol)
☐**216**	IEEE 802.1X認証を実現するのに必要なものは，①サプリカント(クライアントPCにインストールされるソフト)，②☐☐☐☐☐(認証Switch，無線APなど)，③認証サーバ，の3つである。	オーセンティケータ
☐**217**	認証情報に加え，属性情報とアクセス制御情報を異なるドメインに伝達するためのWebサービスプロトコルを何というか。	SAML (Security Assertion Markup Language)
☐**218**	EAPの認証の枠組みの中で，クライアント証明書を利用する認証方式を何というか。	EAP-TLS
☐**219**	メッセージ認証にて，メッセージが改ざんされていないかを確認するためのメッセージ認証符号を何というか。	MAC (Message Authentication Code)

☐	**220**	3wayハンドシェイクにおいて，何らかの方法で，最後のACKパケットがホストに届かないようにすることで，ホストに未完了の接続開始処理（以下，ハーフオープンという）を大量に発生させる攻撃を何というか。（H20年SV午後Ⅰ問2）	SYN Flood 攻撃
☐	**221**	コンピュータウイルス，スパイウェア，ボットなどの不正プログラムの総称のことを何というか。	マルウェア
☐	**222**	どこかのWebサイトから流出した利用者IDとパスワードのリストを用いてログインを試行する攻撃を何というか。	パスワードリスト攻撃
☐	**223**	マルウェアの検知方法の一つで，検査対象プログラムを動作させてその挙動を観察し，もしウイルスによく見られる行動を起こせばウイルスとして検知する手法は何か。	ビヘイビア法
☐	**224**	攻撃者は特定の目的をもち，特定組織を標的に複数の手法を組み合わせて気付かれないよう執拗に攻撃を繰り返すものは何か。（H26年秋期AP午前問35）	APT（Advanced Persistent Threats）または標的型攻撃
☐	**225**	緊急事態を装う不正な手段によって組織内部の人間からパスワードや機密情報を入手する行為を何というか。（H19年秋期FE午前問68）	ソーシャルエンジニアリング
☐	**226**	企業内ネットワークやサーバにおいて，侵入者が通常のアクセス経路以外で侵入するために組み込むものは何か。（H22年秋期FE午前問44）	バックドア
☐	**227**	インターネットからPCのマルウェアに対してCommandを送って，遠隔でControlするサーバは何か。	C&Cサーバ
☐	**228**	セキュリティパッチが提供される前にパッチが対象とする脆弱性を狙う攻撃は何か。（H24年秋期SC午前Ⅱ問13）	ゼロデイ攻撃（zero-day attack）
☐	**229**	電子メールを発信して受信者を誘導し，実在する会社などを装った偽のWebサイトにアクセスさせ，個人情報をだまし取る手口を何というか。（H18年秋期AD午前問52）	フィッシング（phishing）
☐	**230**	PCが参照するDNSサーバに誤ったドメイン管理情報を注入して，偽装されたWebサーバにPCの利用者を誘導する攻撃は，どんな攻撃として分類されるか。（H27年春期AP午前問37）	DNSキャッシュポイズニング
☐	**231**	クッキーなどに関連づけられたセッションIDを盗聴し，セッションIDを使って正規の利用者になりすますことでセッションを乗っ取る攻撃手法を何というか。	セッションハイジャック

☐**232**	DoS攻撃には，TCPのパケットを大量に送信し，応答待ちにして新たな接続を妨害するSYN□□□□攻撃や，コネクションレスのUDPパケットを使ったUDP□□□□攻撃などがある。(H26年NW午後Ⅰ問3)	フラッド
☐**233**	PCなどから問合せを受けたDNSサーバが，他のDNSサーバにも問合せを行い，最終的な結果を返信する再帰的な問合せにおいて，発信元のIPアドレスを詐称して，その問合せの結果を標的サーバ宛てに送信させるDNS□□□□攻撃と呼ばれるものがある。(H26年NW午後Ⅰ問3)	リフレクタ またはアンプ またはリフレクション
☐**234**	ボットを放置しておくと，ほかのPCへの感染活動や□□□□攻撃を行うボットネットに加担し続けることになり，他者に迷惑をかけてしまう。(H20年春期SV午前1問1)	DDoS
☐**235**	入力パラメタのパラメタなどへの不正な文字列挿入によってOSのコマンドが不正に実行される脆弱性を何と呼ぶか。(H23年春期SC午後Ⅱ問2)	OSコマンドインジェクション
☐**236**	データベースを利用するWebサイトに入力パラメタとしてSQL文の断片を与えることによって，データベースを改ざんする攻撃手法を何というか。(H25年春期SC午前Ⅱ問5)	SQLインジェクション
☐**237**	攻撃者が，ファイル名の入力を伴うアプリケーションに対して，上位のディレクトリを意味する文字列を使って，非公開のファイルにアクセスする攻撃は何か。(H25年秋期SC午前Ⅱ問16)	ディレクトリトラバーサル攻撃 または パストラバーサル攻撃
☐**238**	PCのパターンファイルやパッチファイルの更新状況などを自動的に検査し，検査結果に応じて，サーバやPCへの接続の制限及びパターンファイルやパッチの強制的な更新を行う仕組みを何というか。(H20年秋期SU午後Ⅰ問2)	検疫システム
☐**239**	不正アクセスなどコンピュータに関する犯罪の法的な証拠性を確保できるように，原因究明に必要な情報を保全，収集して分析することを何というか。(H21年秋期SC午前Ⅱ問9)	コンピュータフォレンジクス（ディジタルフォレンジックス）
☐**240**	コンピュータやネットワークのセキュリティ上の脆弱性を発見するために，システムを実際に攻撃して侵入を試みる調査手法を何というか。(H27年春期FE午前問46)	ペネトレーションテスト
☐**241**	企業・組織内や政府機関に設置され，コンピュータセキュリティインシデントに関する報告を受け取り，調査し，対応活動を行う組織の総称を何というか。	CSIRT

第4章
基礎知識を確認！

☐ **242**	管理下のネットワーク内への不正侵入の試みを検知し，管理者に通知する機器は何か。（H21年秋期SC午前Ⅱ問6）	IDS または NIDS
☐ **243**	管理下のネットワーク内への不正侵入の試みを検知し，検知した通信を遮断する機器を何というか。	IPS
☐ **244**	セキュリティ対策において，「検知すべき攻撃を検知できないエラー」を何というか。（H19年春期SV午後Ⅰ問3）	フォールスネガティブ
☐ **245**	Webアプリケーションがクライアントに入力データを表示する場合，データ内の特殊文字を無効にする処理を行うことで防御できる攻撃は何か。（H21年秋期SC午前Ⅱ問7）	クロスサイトスクリプティング（XSS）
☐ **246**	従来のファイアウォール機能に加え，アンチウイルス機能やURLフィルタリング機能などのセキュリティ機能を兼ね備え，統合的に脅威を管理する装置を何というか。	UTM（Unified Threat Management）
☐ **247**	会社や団体が，自組織の従業員に貸与するスマートフォンに対して，セキュリティポリシに従った一元的な設定をしたり，業務アプリケーションを配信したりして，スマートフォンの利用状況などを一元管理する仕組みは何か。（H26年春期FE午前問40）	MDM（Mobile Device Management）
☐ **248**	マルウェアの活動傾向などを把握するための観測用センサが配備されるインターネット上で到達可能，かつ，未使用のIPアドレス空間を何というか。（H27年春期SC午前Ⅱ問11）	ダークネット
☐ **249**	マルウェアはC＆Cサーバにアクセスするが，PCからC＆Cサーバへの方向だけでHTTPリクエストが発生する。このとき，マルウェアに対する指令が　　　　　に含まれているので，攻撃者はPCを操作できる。（H25年秋期SC午後Ⅱ問1）	HTTPレスポンス

7. 関連技術

☐ **250**	ネットワークにおけるQoSは，帯域を確保して安定した通信をするために，　　a　　制御と　　b　　制御を行う。	a：優先 b：帯域
☐ **251**	帯域制御に関して，ネットワークのQoSで使用されるトラフィック制御方式に関する説明のうち，入力されたトラフィックが規定された最大速度を超過しないか監視し，超過分のパケットを破棄するか優先度を下げる制御を何というか。（H21年NW午前Ⅱ問5）	ポリシング

□	問	解答
□	**252** 帯域制御に関して、ネットワークのQoSで使用されるトラフィック制御方式に関する説明のうち、パケットの送出間隔を調整することによって、規定された最大速度を超過しないようにトラフィックを平準化する制御を何というか。（H21年NW午前Ⅱ問5）	シェーピング
□	**253** ネットワーク資源の予約を行い、ノード間でのマルチメディア情報のリアルタイム通信を実現するプロトコルは何か。（H17年NW午前問30）	RSVP (Resource reSerVation Protocol)
□	**254** SANには、FC-SANと□□□□□がある。□□□□□を構成する代表的な技術がiSCSI（internet SCSI）である。（H22年NW午後Ⅱ問1）	IP-SAN
□	**255** iSCSIは、信頼性のあるデータ通信を行うために□□□□□プロトコルを使用する。（H22年NW午後Ⅱ問1）	TCP
□	**256** 物理サーバ上に、仮想化機構を動作させるためのOSを必要としない、□□□□□方式と呼ばれる方式は、仮想サーバの動作の安定性、仮想化を支援するハードウェアによる性能向上などを背景に普及しつつある。（H22年NW午後Ⅱ問2）	ハイパーバイザ
□	**257** 画面転送型シンクライアントには、サーバベース方式（SBC）と□□□□□方式の2つがある。	VDI (Virtual Desktop Infrastructure： 仮想デスクトップ基盤)
□	**258** データセンタでは、サーバの設置台数が増加し、中でも、ブレード型サーバの使用が増えている。ストレージは、FC（Fibre Channel）を使ったFC-SANが既に構築されていた。N君の調査によると、最近では、10Gビット/秒以上の高速イーサネットを使用し、FC-SANとLANを統合する□□□□□技術が登場している。（H23年NW午後Ⅱ問1）	FCoE (Fibre Channel over Ethernet)
□	**259** N君は、既設機器との接続性を確保しながら、SANとLANの将来の統合化に備えるために、□□□□□と呼ばれるネットワーク接続アダプタ製品を使うことにした。この製品は、10Gビット/秒のイーサネットとFCoEに対応しており、1個のアダプタでHBA（Host Bus Adapter）とNICを兼ねることができる。（H23年NW午後Ⅱ問1）	CNA (Converged Network Adapter)
□	**260** オーバレイ方式又はOF方式で実現されたネットワークは、どちらもソフトウェアで定義できることから、□□□□□と呼ばれている。（H25年秋NW午後Ⅱ問2）	SDN (Software Defined Network)
□	**261** OpenFlowにおいて、管理・制御機能を持つものを何というか。	OFC (OpenFlowコントローラ)

☐262	OpenFlowにおいて，データ転送機能を持つものを何というか。	OFS (OpenFlowスイッチ)
☐263	OpenFlowの3つのメッセージ（Packet In, Packet Out, Flow Mod）において，OFSの内部にある管理テーブルの登録・更新の指示を出すメッセージはどれか。	Flow Mod
☐264	バックアップ対策を実施する際の要件として，RPO（Recovery Point Objective），☐☐☐☐が重要である。ここでは，RPOは，障害発生からどの時点までデータを復旧できるかを表す指標とし，☐☐☐☐は，障害が発生してからシステムが復旧するまでの時間を表わす指標とする。どちらも，短時間であればあるほど，費用は大きくなる。(H20年NW午後Ⅰ問2)	RTO (Recovery Time Objective)
☐265	選定したLBは，（ⅰ）処理の振分け機能，（ⅱ）☐☐☐☐維持機能，（ⅲ）ヘルスチェック機能をもっている。（ⅱ）には，リクエスト元のIPアドレスに基づいて行うレイヤ3方式などがある。(H21年NW午後Ⅰ問3)	セッション
☐266	TCP/IPの環境で使用されるプロトコルのうち，構成機器や障害時の情報収集を行うために使用されるネットワーク管理プロトコルは何か。(H20年秋期AP午前問60)	SNMP
☐267	SNMPにおいて，監視対象となる機器は，SNMP v1/v2c対応の機器を導入する。監視の対象範囲に☐☐☐☐名を付け，監視SVがこれを指定して，対象機器に問い合わせる。(H23年NW午後Ⅰ問3)	コミュニティ
☐268	SNMPによって，機器を管理する側を☐☐☐☐といい，管理されるネットワーク機器やサーバなどをSNMPエージェントという。	SNMP マネージャ
☐269	ネットワーク管理プロトコルであるSNMPバージョン1のメッセージタイプのうち，異常や事象の発生を自発的にエージェント自身がマネージャに知らせるために使用するものは何か。(H21年NW午前Ⅱ問17)	trap
☐270	SNMPにおいて，マネージャがエージェントにアクセスする管理情報のデータベースは，☐☐☐☐と呼ばれる。(H18年NW午前問45)	MIB (Management Information Base)
☐271	NW機器やサーバで一般的に使われているログ転送のプロトコルをなんというか。	SYSLOG
☐272	上記のプロトコルは，トランスポートプロトコルとしてRFC 768で規定されている☐☐☐☐を用いている。	UDP

□273	移設作業手順書には，作業中に発生し得るリスクを想定し，その回避策や軽減策，リスクが顕在化した場合にとるべき行動をまとめた＿＿＿＿プランも含まれる。（H21年NW午後Ⅱ問2）	コンティンジェンシ
□274	移設作業手順書の完成後，机上で検証し，できる範囲内でリハーサルを行った。その目的は，作業手順だけでなく，＿＿＿＿や移設体制の確認，発生したトラブルなどの回避策を整理することなどである。	作業時間
□275	映像配信のような大容量のコンテンツを，高いサービス品質で配信するためのネットワークを何というか。	CDN （Contents Delivery Network）
□276	CDNは，オリジナルのコンテンツを持つオリジンサーバと＿＿＿＿サーバで構成される。＿＿＿＿サーバは，オリジンサーバが複製したコンテンツを保管し，視聴者にコンテンツを配信する機能を持つ。	エッジ
□277	ネットワーク上の機器の時刻を正確に維持するためのプロトコルは何か。	NTP （Network Time Protocol）

8. WAN

□278	ラベルと呼ばれる識別子を挿入することによって，IPアドレスに依存しないルーティングを実現する，ラベルスイッチング方式を用いたパケット転送技術を何というか。（H18年NW午前問41）	MPLS （Multi Protocol Label Switching）
□279	インターネット接続において，回線冗長化構成を示す用語を何というか。（H16年NW午前問37）	マルチホーミング
□280	ピアツーピアを実現する場合ように，既存のIPネットワーク上に目的に合わせて構築する仮装ネットワークを何というか。（H20年NW午前問6）	オーバレイ ネットワーク
□281	WANを介して二つのノードをダイヤルアップ接続するときに使用されるプロトコルで，リンク制御やエラー処理機能をもつものは何か。（H20年秋期AP午前問55）	PPP
□282	PPPのリンク確立後，一定の周期でチャレンジメッセージを送信することによってユーザ認証を繰り返すプロトコルは何か。（H17年NW午前問29）	CHAP （Challenge Handshake Authentication Protocol）
□283	シリアル回線で使用するデータリンクのコネクション確立やデータ転送を，LAN上で実現するプロトコルは何か。（H19年NW午前問37）	PPPoE

☐ **284**	HDLCでは，データの開始と終了位置が判断できるように[＿＿＿]と呼ばれる8ビットの「01111110」という値を挿入する。	フラグシーケンス
☐ **285**	IPv4のアドレス割り当てを行う際に，クラスA〜Cといった区分にとらわれずに，ネットワークアドレス部とホストアドレス部を任意のブロック単位に区切り，IPアドレスを無駄なく効率的に割り当てる方式をアルファベット4文字で何というか。(H20年NW午前問25)	CIDR （Classless Inter Domain Routing）
☐ **286**	経路情報に合致するものが複数ある場合，合致しているネットワーク部の長さが長い方を選択する方法を何というか。	最長一致法 （longest-match： ロンゲストマッチ）
☐ **287**	RIP（Routing Information Protocol）において，通過するルータの数を何というか。	ホップ数
☐ **288**	RIP2によるRIPからの改良点を述べよ。	・マルチキャストの利用 ・サブネットマスク対応，等
☐ **289**	IPv6でのルーティングプロトコルに対応したものがRIPのプロトコルは何か。	RIPng
☐ **290**	RIPにおける，宛先に到達可能な最大ホップ数は幾らか。	15
☐ **291**	ネットワークをエリアと呼ぶ単位に分割し，エリア間をバックボーンで結ぶ形態を採り，回線速度などを考慮した最低コストルーティングを行うプロトコルは何か。(H20年NW午前問28)	OSPF
☐ **292**	OSPFでは，[＿＿＿]と呼ばれるメトリックを扱う。(H20年NW午後Ⅰ問4)	コスト
☐ **293**	効率的な経路交換のために，セグメント内で，経路情報の交換をするルータを決める。それが[＿＿＿]とBDRである。	代表ルータ （DR）
☐ **294**	OSPFを使用する場合には，L3SW相互がOSI基本参照モデルの[＿＿＿]層によって通信できる必要がある。(H20年NW午後Ⅰ問4)	データリンク
☐ **295**	OSPFにおいて，エリア番号が0であるエリアは[＿＿＿]と呼ばれ，必ず存在しなければならない。	バックボーンエリア
☐ **296**	単一のルーティングポリシによって管理されるネットワークを何というか。(H18年NW午前問23)	自律システム

□297	自律システム間で，経路情報に付加されたパス属性を使用し，ポリシに基づいて経路を選択するパスベクタ方式のルーティングプロトコルは何か。(H26年NW午前Ⅱ問6)	BGP（BGP4）
□298	BGPにおいて，「特定のルーティングポリシで管理されたルータの集まり」を表すのは何か。(H29NW年午後Ⅰ問3)	AS
□299	ルータのルーティング処理に関して，パッシブインタフェースの動作の特徴として□□□□□□パケットを出さない。(H29年NW午後Ⅰ問3)	Hello
□300	ルータがBGPとOSPFなどの複数の経路を受け取るとき，アドミニストレーティブディスタンスが□□□□□□経路が優先される。	小さい

第4章
基礎知識を確認！

★基礎知識の学習は『ネスペ教科書』で

ネットワークスペシャリスト試験を長年研究した
著者だから書ける

『**ネスペ教科書** 改訂2版』(星雲社)

A5判／324ページ／定価(本体1,980円＋税)
ISBN978-4434269806

ネットワークスペシャリスト試験に出るところだけを厳選して解説しています。「ネスペ」シリーズで午後対策をする前の一冊として，ぜひご活用ください。

★資格には取るに値する「価値」がある!

著者の経験から語る連勝の勉強法と合格のコツ

『**資格は力**』(技術評論社)

四六判／208ページ／定価(本体1,380円＋税)
ISBN978-4-297-10176-3

資格の意義や合格のコツ，勉強方法，合格のための考え方などをまとめた一冊。資格取得を通してスキルアップを図ることの大事さも伝えます。モチベーションアップにも役立ちます。

★ネットワークの研修なら左門至峰にお任せください

ネットワークスペシャリストの試験対策セミナーや，ネットワークのハンズオン研修を実施しています。

「ネスペ」シリーズの著者である左門至峰が，本質に踏み込んだわかりやすい研修を実施します。

詳しくは，ホームページをご覧いただき，お問い合わせください。

株式会社エスエスコンサルティング
https://seeeko.com/

■ 著者

左門 至峰（さもん しほう）

ネットワークスペシャリスト。執筆実績として，本書のネットワークスペシャリスト試験対策『ネスペ』シリーズ（技術評論社），『FortiGate で始める 企業ネットワークセキュリティ』（日経 BP 社），『日経 NETWORK』（日経 BP 社）や「@IT」での連載などがある。また，講演や研修・セミナーも精力的に実施。
保有資格は，ネットワークスペシャリスト，テクニカルエンジニア（ネットワーク），技術士（情報工学），情報処理安全確保支援，プロジェクトマネージャ，システム監査技術者，IT ストラテジストなど多数。

平田 賀一（ひらた のりかず）

システムエンジニア。執筆実績は，『IT サービスマネージャ「専門知識＋午後問題」の重点対策』（アイテック）など。
保有資格は，ネットワークスペシャリスト，IT サービスマネージャ，技術士（情報工学部門・電気電子部門・総合技術監理部門）など。
最近のお気に入りは Python だが，ようやく Class が作れるようになったレベルのまだまだ初心者。

■ 執筆協力

藤田 政博（ふじた まさひろ）

答案用紙ダウンロードサービス

ネットワークスペシャリスト試験の午後I，午後IIの答案用紙をご用意しました。本試験の形式そのものではありませんが，試験の雰囲気が味わえるかと思います。ダウンロードし，プリントしてお使いください。

https://gihyo.jp/book/2020/978-4-297-11327-8/support

カバーデザイン ◆ SONICBANG CO.,
カバー・本文イラスト ◆ 後藤 浩一
本文デザイン・DTP ◆ 田中 望
編集担当 ◆ 熊谷 裕美子

ネスペR1
れいわいち

ー本物のネットワークスペシャリストに
なるための最も詳しい過去問解説

2020 年 4 月 9 日 初 版 第 1 刷発行
2021 年 3 月 20 日 初 版 第 2 刷発行

著　者　左門 至峰・平田 賀一

発行者　片岡 巖

発行所　株式会社技術評論社
　　　　東京都新宿区市谷左内町 21-13
　　　　電話　03-3513-6150　販売促進部
　　　　　　　03-3513-6166　書籍編集部

印刷／製本　昭和情報プロセス株式会社

定価はカバーに表示してあります。

本書の一部または全部を著作権法の定める範囲を越え、無断で複写、複製、転載、あるいはファイルに落とすことを禁じます。

©2020 左門至峰・平田賀一

造本には細心の注意を払っておりますが、万一、乱丁（ページの乱れ）や落丁（ページの抜け）がございましたら、小社販売促進部までお送りください。送料小社負担にてお取り替えいたします。

ISBN978-4-297-11327-8 C3055

Printed in Japan

■ 問い合わせについて

　本書に関するご質問については、本書に記載されている内容に関するもののみとさせていただきます。本書の内容と関係のないご質問につきましては、一切お答えできませんので、あらかじめご了承ください。また、電話でのご質問は受け付けておりませんので、FAXか書面にて下記までお送りください。弊社のWebサイトでも質問用フォームを用意しておりますのでご利用ください。

　なお、ご質問の際には、書名と該当ページ、返信先を明記してくださいますよう、お願いいたします。

　お送りいただいたご質問には、できる限り迅速にお答えできるよう努力いたしておりますが、場合によってはお答えするまでに時間がかかることがあります。また、回答の期日をご指定なさっても、ご希望にお応えできるとは限りません。あらかじめご了承くださいますよう、お願いいたします。

■ 問い合わせ先

〒 162-0846
東京都新宿区市谷左内町 21-13
　　株式会社技術評論社　書籍編集部
　　「ネスペR1」係
　　　FAX 番号　　：03-3513-6183
　　技術評論社Web：https://gihyo.jp/book